现代铜加工生产技术丛书

铜及铜合金棒、线材生产技术

居敏刚　李耀群　曹建国　编著

北京
冶金工业出版社
2009

内 容 简 介

本书是《现代铜加工生产技术丛书》之一，详细、系统地介绍和论述了铜及铜合金棒、线材生产工艺、技术、设备与质量控制等。全书共分6章，内容包括：绪论，铜及铜合金棒、线材熔炼技术，铜及铜合金棒、线材铸造技术，铜及铜合金棒、线材轧制技术，铜及铜合金棒、线材挤压技术，铜及铜合金棒、线材拉拔技术等。

本书可供从事铜及铜合金棒、线材生产的工程技术人员和技术工人阅读，也可供从事有色金属材料与加工的科研、设计、教学、生产和应用等方面的技术人员与管理人员使用，同时可供企业技工培训和大专院校有关专业师生参考。

图书在版编目（CIP）数据

铜及铜合金棒、线材生产技术/居敏刚，李耀群，曹建国编著. —北京：冶金工业出版社，2009. 10

（现代铜加工生产技术丛书）

ISBN 978-7-5024-4538-6

Ⅰ. 铜…　Ⅱ. ①居…　②李…　③曹…　Ⅲ. ①铜合金—棒材轧制—生产工艺　②铜合金—线材轧制—生产工艺　③铜—棒材轧制—生产工艺　④铜—线材轧制—生产工艺　Ⅳ. TG335

中国版本图书馆 CIP 数据核字（2009）第 171123 号

出 版 人　曹胜利

地　　址　北京北河沿大街嵩祝院北巷 39 号，邮编 100009

电　　话　（010）64027926　电子信箱　postmaster@ cnmip. com. cn

责任编辑　张登科　美术编辑　李　新　版式设计　张　青

责任校对　栾雅谦　责任印制　牛晓波

ISBN 978-7-5024-4538-6

北京百善印刷厂印刷；冶金工业出版社发行；各地新华书店经销

2009 年 10 月第 1 版，2009 年 10 月第 1 次印刷

148mm × 210mm；10. 875 印张；320 千字；333 页；1-3000 册

35. 00 元

冶金工业出版社发行部　电话：(010)64044283　传真：(010)64027893

冶金书店　地址：北京东四西大街 46 号(100711)　电话：(010)65289081

（本书如有印装质量问题，本社发行部负责退换）

推廣銅加工技术

促進銅产业發展

康義

二〇〇九年八月

《现代铜加工生产技术丛书》

编写组成员

组　长　李耀群

副组长　张登科

撰稿专家　（按姓氏笔画排序）

马可定　王碧文　兰利亚　刘永亮

刘华山　杨丽娟　汪明朴　肖恩奎

孟惠芬　李耀群　范顺科　易茵菲

居敏刚　赵宝良　钱俏鹂　郭　莉

曹建国　梅恒星

前　言

改革开放以来，我国铜加工业发展迅速，许多企业通过引进、消化、吸收和自主创新，整体实力显著增强，一大批新技术、新工艺、新材料、新装备得到推广和应用，许多高精尖产品不但满足了国内经济建设的需要，而且大量出口国外。2004 年我国已成为世界铜加工材生产和消费第一大国，其中铜及铜合金棒、线材是铜加工产品中市场需求量最大的品种之一，占铜材总量的一半以上，年产 300 多万吨，此外还有电力、电讯等专用棒、线材 100 多万吨。同时，我们应当清醒地看到，我国铜加工工业尤其是铜及铜合金棒、线材生产技术与国际先进水平相比还有较大差距，特别是自主创新能力方面还较低，技术积累相对薄弱。为此，作者在总结了长期以来在生产第一线从事铜及铜合金棒、线材生产的实际经验与研发工作的基础上，参考和吸收了国内外有关方面的研究成果和经验，编写了本书，以期对我国铜及铜合金棒、线材生产技术的发展有所裨益。

本书详细介绍了铜及铜合金棒、线材生产工艺、技术、设备与质量控制等。内容主要包括：绪论，铜及铜合金棒、线材熔炼技术，铜及铜合金棒、线材铸造技术，铜及铜合金棒、线材轧制技术，铜及铜合金棒、线材挤压技术，铜及铜合金棒、线材拉拔技术等。在内容组织与结构安排上，本书力求理论联系实际，切合生产实际需要，突出实用性、先进性和行业特色，为广大读者提供一本实用的技术著作。

本书可供铜及铜合金棒、线材生产的工程技术人员和技术工人阅读，也可供从事有色金属材料与加工的科研、设计、教学、生产和应用等方面的技术人员与管理人员使用，同时可供企业技工培训和大专院校有关专业师生参考。

本书由居敏刚、李耀群、曹建国编写。在编写过程中，得到了王永如、汪建华、沈旦华、姚若浩、陆远征等专家和不少工程技术人员的大力支持和帮助，同时参考了国内外有关专家和学者的一些文献资料和企业的一些图表、数据等，并在编写和出版过程中，得到了宁波金田铜业（集团）股份有限公司董事长楼国强、常务副总裁杨建军，江铜集团董事长李贻煌，江铜铜材股份有限公司董事长林群，铜陵有色金属集团控股有限公司总经理韦江宏，铜陵铜都黄铜棒材有限公司总经理王金海，沈阳九星集团董事长李文君，奉化明兴铜业有限公司董事长唐雪琴，常州金源铜业有限公司董事长赵孟渌，苏州宁苏冶金设备有限公司总经理陈勤国等企业和领导的大力支持，在此一并表示衷心的感谢！

另外，中国有色金属工业协会康义会长在百忙之中，为本“丛书”题词，并对“丛书”的组织、编写与出版给予了很大的支持与鼓励，对此，本“丛书”的组织者与编者表示由衷的谢意！并尽最大努力把“丛书”编好、出好。

本书由于作者水平有限，不妥之处，恳请广大读者批评指正。

作 者

2009 年 8 月

目　录

1 绪　论

1.1 铜及铜合金棒、线材生产技术与设备的发展历史

金属铜的加工具有悠久的历史，考古资料证实，铜是人类认识、开采、加工、使用最早的金属，远在一万年以前，西亚就用铜来制作装饰品。公元前2500年，锡青铜的开发，使铜的硬度大为提高，为铜的使用打开了广阔的空间。

而我国是世界上四大文明古国之一，也是最早应用铜的国家之一。我国在夏代就进入了青铜时代，商、周是青铜文化的鼎盛时期，从出土的大量文物表明，当时的青铜冶炼、加工技术已处于世界最高水平。铜棒、线材的加工技术也在这个时期形成了雏形。当时我国劳动人民就可以采用简单的工具手工拉伸青铜线，用于族长、贵族头盔的装饰；而生产的青铜武器（如青铜剑、铜锥等）也是铸造青铜材料加工的佐证。而最早出现的是用黏土制模的铜铸造的技术，也一直延续到今天。

进入20世纪，随着大规模铜冶炼技术的产生，促进了世界范围内铜棒的加工技术的进步。以工频熔炉的出现为转折点，先后发明了上引、下引、水平连铸等铜棒坯料加工方法，相对于模具铸造加工过程提高了生产效率；以挤压技术和联合拉拔设备的在铜棒材生产中的运用为标志，淘汰了落后的锻造加工工艺，使铜棒材在质量、外观、产量等方面有了质的飞跃。大吨位挤压机的发展，提高了棒材的生产效率。同时反向挤压技术的快速发展和普及，又提高了铜棒材的质量。其他的挤压技术，如静液挤压、冷挤压、等温挤压也在工业中得到运用，使企业加工产品时有了更多的设备选择空间。

同时，各类轧机的出现弥补了挤压机在生产过程中的不足，生产

单个品种时能够做到连续性，单根重量大幅度增加，这对追求规模效益的普通产品是非常重要的。横列式轧机、行星式轧机、两辊轧机、Y 形轧机、多辊轧机以及各类型轧机间可以进行相互配套、串联，能够大批量生产普通截面和简单截面的铜及铜合金棒、线材。

我国自 20 世纪 50 年代起，开始发展自主的铜加工工业，并形成了一定的规模。铜棒、线材生产企业也随着需求的增加而不断壮大，但 80 年代前，铜及铜合金棒、型材、线材的生产技术及生产设备是比较落后的，以糠模铸造、锻压、回旋轧制为主要的生产方式。80 年代以后，我国许多铜材加工企业采用了比较先进的技术，并引进了相应的生产设备，建立了产量大、产品质量好的生产线，以适应国内外市场对航空航天、海洋工程、电器电子、仪器仪表、建筑及日常用品等领域的需求。从此，铜棒、线材生产设备在我国有了良好的发展空间。

1.2 铜及铜合金棒、线材的加工技术特性

1.2.1 常用铜及铜合金棒材牌号、状态、规格及力学性能

常用铜及铜合金牌号、状态、规格如表 1-1 所示。

表 1-1 常用铜及铜合金棒材的合金牌号、状态及规格

类 别	牌 号	状 态	规格/mm
纯铜棒 GB 4423—84	T2、T3	拉制、硬态	5 ~ 80
		拉制、软态	5 ~ 80
		拉 制	30 ~ 120
普通黄铜棒 GB 4424—84	H62	拉 制	5 ~ 80
		挤 制	10 ~ 160
	H68	拉 制	5 ~ 80
		拉制、软态	13 ~ 35
		挤 制	16 ~ 120
	H96	拉制、硬态	5 ~ 80
		拉制、软态	5 ~ 80
		挤 制	16 ~ 160

续表 1-1

类 别	牌 号	状 态	规格/mm
铅黄铜棒 GB 4425—84	HPb59-1	拉 制	5 ~ 80
		挤 制	10 ~ 160
	HPb59-1	拉 制	5 ~ 40
	HPb59-1	拉制、硬态	5 ~ 30
		拉制、半硬态	5 ~ 60
复杂黄铜棒 GB 4426—84	HSn62-1，HMn58-2	拉制、硬态	5 ~ 60
	HFe59-1-1，HFe58-1-1	挤 制	10 ~ 120
	HAl60-1-1，HAl67-2.5， HAl66-6-3-2，HMn57-3-1 HMn55-3-1，HSi80-3	挤 制	10 ~ 120
黄铜矩形棒 GB 4427—84	H62	拉 制	3 ~ 75 × 4 ~ 80
		挤 制	5 ~ 40 × 8 ~ 50
	HPb59-1	拉 制	3 ~ 75 × 4 ~ 80
		挤 制	5 ~ 40 × 8 ~ 50
	HPb63-3	拉 制	3 ~ 75 × 4 ~ 80
铝青铜棒 GB 4429—84	QAl9-2	拉制、硬态	5 ~ 40
		挤 制	10 ~ 160
	QAl9-4，QAl10-3-1.5 QAl10-4-4，QAl11-6-6	挤 制	10 ~ 160
镉青铜棒 GB 4430—84	QCd1	拉制、硬态	5 ~ 60
		拉制、软态	5 ~ 60
		挤制	20 ~ 120
硅青铜棒 GB 4431—84	QSi3-1	拉制、硬态	5 ~ 40
		挤 制	20 ~ 100
	QSi1-3	挤 制	20 ~ 100
锡青铜棒 GB 4432—84	QSn6.5-0.1 QSn6.5-0.4	拉制、硬态	5 ~ 40
		挤 制	30 ~ 120

续表 1-1

类别	牌号	状态	规格/mm
锡青铜棒 GB 4432—84	QSn7-0.2	拉制、硬态	5~40
		拉制、特硬态	5~40
		挤　制	40~120
	QSn4-0.3	拉制、硬态	5~40
	QSn4-3	拉制、硬态	5~40
		挤　制	40~120
锌白铜棒 GB 4433—84	BZn15-20	拉制、硬态	5~40
		拉制、软态	5~40
		挤　制	25~120
		磨光、硬态	5~15

常用铜及铜合金棒材力学性能如表 1-2 所示。

表 1-2　常用铜及铜合金棒材的力学性能

类别	牌号	合金状态	公称直径/mm	抗拉强度/MPa	伸长率 δ_{10}/%	伸长率 δ_5/%	硬度 HB
				≥	≥	≥	
纯铜棒 GB 4423—84	T2，T3	拉制、硬态	5~40	280	5	10	—
			>40~60	250	8	12	
			>60~80	210	13	19	
		拉制、软态	5~80	200	38	45	
		挤　制	3~120	190	30	40	
普通黄铜棒 GB 4424—84	H62	拉　制	5~40	380	15	17	
			>40~80	340	20	23	
		挤　制	10~160	300	30	35	
	H68	拉　制	5~12	380	15	18	
			>12~40	320	25	33	
			>40~80	300	30	—	
		拉制、软态	13~35	300	45	—	
		挤　制	16~80	300	40	45	

续表 1-2

类别	牌号	合金状态	公称直径/mm	抗拉强度/MPa	伸长率		硬度 HB
					$\delta_{10}/\%$	$\delta_5/\%$	
				≥			
普通黄铜棒 GB 4424—84	H96	拉制、硬态	5~40	270	4	—	
			>40~60	250	6	—	
			>60~80	210	11	—	
		拉制、软态	5~80	200	35	—	
		挤 制	16~80	200	30	—	
铅黄铜棒 GB 4425—84	HPb59-1	拉 制	5~20	430	10	12	
			>20~40	400	12	14	
			>40~80	380	16	19	
		挤 制	>40~160	370	18	21	—
	HPb63-0.1	拉 制	5~40	380	15	18	
	HPb63-3	拉制、硬态	5~9.5	520	2	2.5	
			>9.5~14	500	5	6	
			>14~20	460	8	9	
			>20~30	420	10	12	
		拉制、半硬态	10~20	360	12	14	
			>20~60	330	16	19	
复杂黄铜棒 GB 4426—84	HAl67-2.5	挤 制	10~75	400	15	—	
	HAl60-1-1	挤 制	10~120	450	18	—	
	HAl66-6-3-2	挤 制	10~75	750	7	—	
	HMn55-3-1	挤 制	10~75	500	15	—	
	HMn57-3-1	挤 制	10~75	500	15	16	—
	HSi80-3	挤 制	10~75	300	25	—	
	HSn62-1	挤 制	10~120	370	20	22	
		拉制、硬态	5~40	400	15	17	
			>40~60	370	20	23	

续表 1-2

类　别	牌　号	合金状态	公称直径/mm	抗拉强度/MPa	伸长率 δ_{10}/%	伸长率 δ_5/%	硬度 HB
				≥			
复杂黄铜棒 GB 4426—84	HFe58-1-1	挤　制	10～120	300	20	—	—
		拉制、硬态	5～40	450	10	—	
			>40～60	400	12	—	
	HFe58-2	挤　制	10～120	400	25	29	
		拉制、硬态	5～12	450	20	24	
			>12～40	420	20	24	
			>40～60	400	25	—	
	HFe59-1-1	挤　制	10～120	440	28	31	
		拉制、硬态	5～12	500	15	17	
			>12～40	450	17	19	
			>40～60	420	20	22	
铝青铜棒 GB 4429—84	QAl9-2	拉制、硬态	5～40	550	13	15	—
		挤　制	25～45	500	15	18	
			>45～120	480	20	24	
	QAl9-4	挤　制	10～120	550	15	17	110～190
			>120～160	500	12	13	110～190
	QAl10-3-1.5	挤　制	10～16	620	8	—	130～190
			>16～160	600	12	13	130～190
	QAl10-4-4	挤　制	10～29	700	4	5	170～240
			>29～120	650	5	6	170～240
			>120～160	600	5	6	170～240
	QAl11-6-6	挤　制	10～28	700	4	—	—
			>28～50	650	5	—	—
镉青铜棒 GB 4430—84	QCd1	拉制、硬态	5～60	380	4	—	≥100
		拉制、软态	5～60	220	35	—	≤75
		挤　制	20～120	200	35	—	≤75

续表 1-2

类别	牌号	合金状态	公称直径 /mm	抗拉强度 /MPa	伸长率 δ_{10}/%	伸长率 δ_5/%	硬度 HB
				≥	≥	≥	
硅青铜棒 GB 4431—84	QSi3-1	拉制、硬态	5~12	500	10	14	—
			>12~40	480	15	20	
		挤制	30~100	350	20	23	
	QSi1-3	挤制	20~80	500	10	—	
锡青铜棒 GB 4432—84	QSn6.5-0.1 QSn6.5-0.4	拉制	5~12	480	11	13	—
			>12~25	450	13	15	
			>25~40	420	15	18	
		挤制	30~40	360	50	55	
			40~100	350	55	60	
			>100~120	320	58	—	
	QSn7-0.2	拉制	5~40	450	15		130~200
		拉制	5~40	—	—		≥180
		挤制	40~120	360	55		≥70
	QSn4-0.3	拉制	5~12	420	8	10	—
			>12~25	400	10	13	
			>25~40	360	12	15	
	QSn4-3	拉制	5~12	440	10	14	—
			>12~25	380	15	21	
			>25~35	340	16	23	
			>35~40	320	16	23	
		挤制	40~120	280	25	30	
锌白铜棒 GB 4433—84	BZn15-20	拉制、硬态	5~12	450	5	—	—
			>12~25	400	7	—	
			>25~40	350	12	—	
		拉制、软态	5~40	300	30	—	
		挤制	25~80	300	30	—	

注：δ_{10}表示标距长度与线径比为10时的伸长率；δ_5 表示标距长度与线径比为5时的伸长率。

1.2.2　常用铜及铜合金线材牌号、状态、规格及力学性能

纯铜线材的直径及允许偏差如表1-3所示。

表1-3　纯铜线材的直径及允许偏差（GB/T 14953—94）

直径/mm		0.02～0.10	>0.10～0.50	>0.50～1.0	>1.0～3.0	>3.0～6.0
允许偏差/mm	较高级	±0.003	±0.010	±0.015	±0.020	±0.025
	普通级	±0.005	±0.015	±0.020	±0.030	±0.040

纯铜线材的牌号、状态、规格及力学性能如表1-4所示。

表1-4　纯铜线材的牌号、状态、规格及力学性能（GB/T 14953—94）

牌　号	状　态	直径/mm	抗拉强度/MPa	伸长率(L_0=100mm)/%	电阻系数/$\Omega\cdot mm^2\cdot m^{-1}$
			不小于		
T2、T3	软	0.1～0.31	196	15	≤0.01800
		>0.3～1.0	196	20	
		>1.0～2.5	205	25	
		>2.5～6.0	205	30	
	硬	0.1～2.5	380	—	≤0.01820
		>2.5～4.0	365	—	
		>4.0～6.0	365	—	

普通黄铜线（圆形）的直径及允许偏差如表1-5所示。

表1-5　普通黄铜线（圆形）的直径及允许偏差（GB 3110—82）

线材直径/mm		0.05～0.10	>0.10～0.30	>0.30～0.60	>0.60～1.00	>1.00～3.00	>3.00～6.00
允许偏差/mm	6级	—	—	-0.04	-0.045	-0.06	-0.08
	5级	-0.01	-0.02	-0.025	-0.03	-0.04	-0.048
	4级	-0.006	-0.013	—	—	—	—

普通黄铜线材的牌号、状态、规格及力学性能如表1-6所示。

表1-6 普通黄铜线材的牌号、状态、规格及力学性能（GB 3110—82）

牌号	直径/mm	抗拉强度/MPa				伸长率 ($L_0=100$mm)/%			
H68	0.05～0.25	≥380	≥420	550～750	750～950	≥18	—	—	—
	>0.25～1.0	≥360	≥400	500～700	700～900	≥25	5	—	—
	>1.0～2.0	≥340	≥380	450～650	650～850	≥30	10	—	—
	>2.0～4.0	≥320	≥360	400～600	600～800	≥35	12	—	—
	>4.0～6.0	≥300	≥350	350～550	550～750	≥40	14	—	—
H65	0.05～0.25	≥340	≥420	460～660	580～780	≥18	—	—	—
	>0.25～1.0	≥330	≥410	440～640	560～760	≥24	4	—	—
	>1.0～2.0	≥320	≥400	420～620	540～740	≥28	7	—	—
	>2.0～4.0	≥310	≥390	400～600	520～720	≥32	10	—	—
	>4.0～6.0	≥300	≥380	380～580	500～700	≥35	13	—	—
H62	0.05～0.25	≥350	≥440	600～800	750～950	≥18	—	—	—
	>0.25～1.0	≥340	≥420	550～750	700～900	≥22	4	—	—
	>1.0～2.0	≥330	≥400	500～700	650～850	≥26	7	—	—
	>2.0～4.0	≥320	≥380	450～650	600～800	≥30	10	—	—
	>4.0～6.0	≥320	360	400～600	550～750	≥34	12	—	—
状态	—	软	Y2	Y1	Y	软	Y2	Y1	Y

1.2.3 铜及铜合金棒线材生产工艺流程

1.2.3.1 铜及铜合金线材生产工艺流程

铜及铜合金线材生产工艺流程如图1-1所示。

1.2.3.2 铜及铜合金棒材生产工艺流程

铜及铜合金棒材生产工艺流程如图1-2所示。

铜及铜合金棒材轧制直接作为成品的较少，一般是作为棒材的坯料生产，经轧制的棒材还要通过进一步的拉伸等加工才成为产成品。

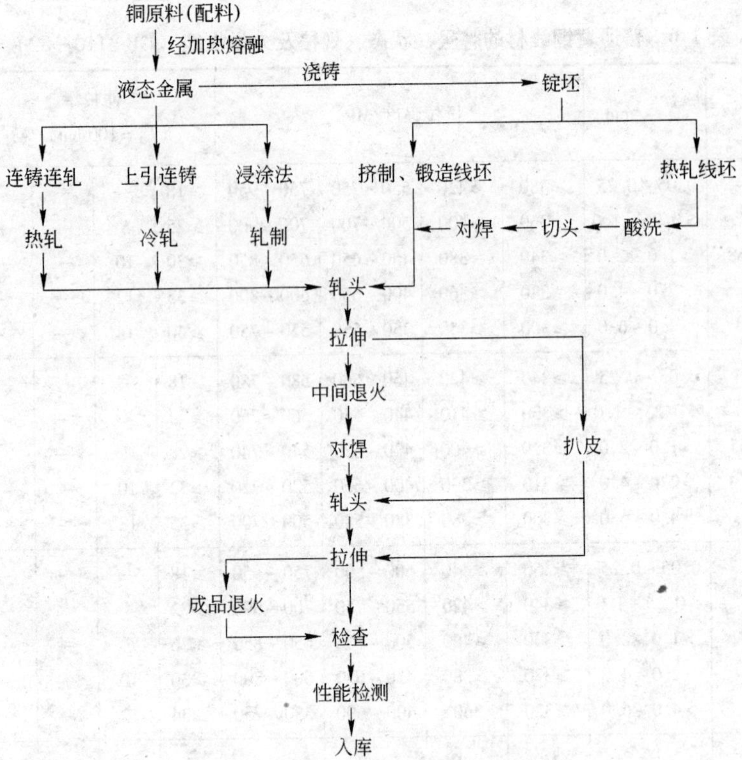

图 1-1 铜及铜合金线材生产工艺流程

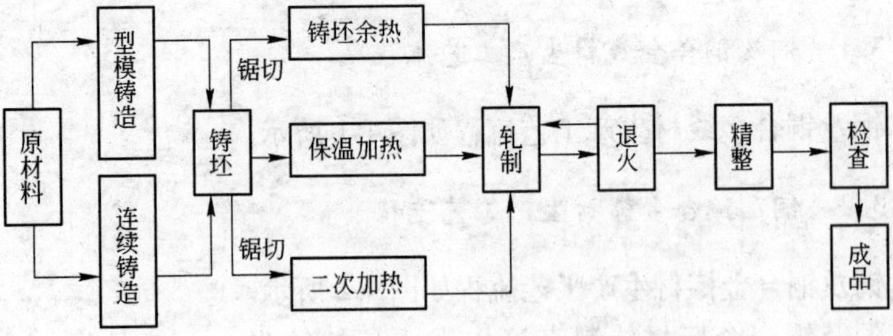

图 1-2 铜及铜合金棒材生产工艺流程

1.2.3.3 熔铸→挤压→拉伸法工艺流程

铜及铜合金熔铸→挤压→拉伸法工艺流程如图 1-3 所示。

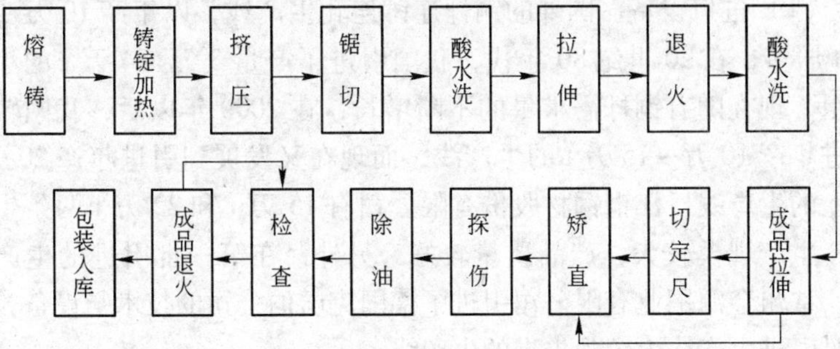

图 1-3 铜及铜合金熔铸→挤压→拉伸法工艺流程

1.2.3.4 熔铸→挤压→冷轧→拉伸法工艺流程

铜及铜合金熔铸→挤压→冷轧→拉伸法工艺流程如图 1-4 所示。

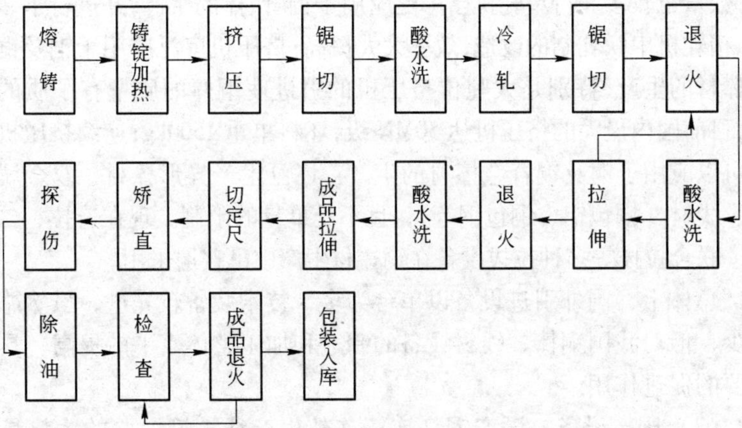

图 1-4 铜及铜合金熔铸→挤压→冷轧→拉伸法工艺流程

1.3 铜及铜合金棒、线材生产设备与技术的现状和趋势

1.3.1 我国铜及铜合金棒、线材生产设备的现状

（1）进口设备。国外的铜杆连铸连轧生产线，以年产10万~40万t居多，在20世纪80年代，我国引进了产量3万~4万t的小型机组。现在随着铜杆需求量的不断增长，在2000年以后，我国转向引进年产10万~15万t的生产线，而现在又发展到引进年产20万t以上的生产线。江铜铜材股份有限公司有15万t和22万t两条生产线，生产规模较大，产品质量较好。另外，在第一批引进的生产线中，常州金源铜业有限公司引进了德国克虏伯公司的技术与设备，是当时引进生产线中较为先进的生产线。

我国早期引进的设备在工艺、技术、装备等方面已明显落后，10万t级的生产线或现在将要引进的铜杆生产设备，其装备技术的先进性已与国外同步，但在内部管理的有效性和生产过程控制的严谨性等方面仍存在较大的差距，最终反映出我国生产出的产品，其综合性能还无法进入国际高端市场领域，整体出口能力较弱。

我国引进的棒材生产设备以行星轧机、挤压机和连续挤压机较为典型,数量也较多。行星轧机已广泛应用于铜管、棒的生产,并进行了多列中、精轧机串联轧制的改造,效率大大提高;挤压机广泛应用于铜及铜合金棒材的生产,特别是大吨位挤压机的引进使铜棒的质量有了质的飞跃,目前国内最大的挤压机达50MN级,坯料单重1500kg;连续挤压机不但可以应用于铜及铜合金棒材的生产，还可生产异形棒材、双金属棒材、线材（铜包铝、铜包钢等），且不受重量的限制。现在连拉、二连拉、联合拉拔等多种拉拔设备在铜棒材生产中已普遍采用。

总体上，国外引进设备以单台为多，技术装备较先进，虽然总量较少，但对我国铜棒、线材设备的制造和加工整体水平的提高，具有重要的促进作用。

（2）国产设备。国产铜杆连铸连轧生产线，最主要的优势是设备投资和生产成本较低，其国产设备的制造是以消化吸收20世纪80年代引进的小型机组为基础，存在机组产能小的先天不足，再加上制

造业的开发水平、技术设计力量比较缺乏，以及应用高新技术的能力比较弱，设备的精度和质量与先进国家的技术水平还有相当差距。近几年来，我国不少企业虽然不断地进行技术升级和改造，如增加初轧、增大铸坯截面、自动化和机电一体化等，产量和质量均有所提高。沈阳九星集团采用废杂铜、两台反射炉熔炼供一条国产铸轧线生产低氧铜棒，生产成本较低。

国产铜棒材的生产设备刚开始以引进、消化、吸收为主，逐渐发展并进行了技术革新与改造，目前除个别技术含量高的设备外（如超大吨位的挤压机），均能自行制造。比较突出的是铜棒、线材坯料的连铸设备、上引法设备等，不但吸收了国外成功的制造经验，并且进行了大量的技术创新，获得了许多自主知识产权，水平连铸技术可以说已经相当成熟。宁波金田公司研制的水平多头连铸法，一次可同时引出20个不同规格的棒材，流程短，成本低，效率高。铜陵铜都黄铜棒材有限公司新建的铜棒生产线，采用了目前世界上最先进的熔铸、水平连铸—挤压—联合拉拔生产工艺、技术与设备，所用设备均从德国引进，其产品可替代进口。奉化明星铜业有限公司铜棒生产线也采用目前较先进的熔铸、水平连铸—挤压—联合拉拔生产工艺与技术，设备均为国产设备，成本较低，产品质量也很好。

图1-5 ~ 图1-9为我国进口和国产铜杆生产线以及国产挤压机示意图。

图1-5 进口铜杆生产线（竖炉）

图 1-6 国产铜杆生产线（竖炉）

图 1-7 国产 100MN 挤压机

1.3.2 我国铜及铜合金棒、线材加工技术和企业现状

目前我国的铜棒材、线材的加工技术虽然有了质的飞跃，但始终是引进较多，创新不足。由于铜加工技术人才的高流动性，国内企业

图 1-8 国产 40MN 铜合金挤压机

图 1-9 国产 31.5MN 铜合金挤压机

获得其他企业新技术、新发明的成本低廉，新技术的传播迅速，也导致企业不愿对技术研发进行投入，造成铜加工技术的基础研究方面相对于国外落后很多，投入也严重不足。铜加工行业具有革命性突破技术或者说是自主知识产权，始终在国外，包括一些高附加值的产品和核心技术也始终掌握在国外公司手中。国内一些以出口为主导型的铜加工企业，总是会遇到诸如技术壁垒、贸易壁垒、知识产权等困扰，使企业在市场开发、出口总量等方面牵涉了很多的精力，而只能获得微薄的加工利润，赢利水平和能力欠佳。

目前我国的铜加工企业具有以下一些特点：

（1）企业数量多、规模小，整个行业内部缺乏有效的调控和自律；中低档产品生产能力过剩，大多数企业以低价格来赢得市场；部分地区的铜加工企业，利用国家对福利企业的扶持政策，获得了成本转嫁的方法，低价格的产品更加重了对市场的冲击。

（2）企业市场化程度较高。铜加工行业是在市场经济中发展起来的，并以民营经济为主，受计划经济模式影响小，了解市场经济的规律，内部机制灵活，有一定的抗风险能力。据有关统计资料显示，我国80%的铜杆企业属于集体所有制、股份制和私营企业，大多是在改革开放后建立起来的。

（3）企业整体的研发实力不够。我国铜加工企业中，上规模、上档次的企业不多，整个行业在过去得到国家和地方政府的研发资助也较少，大多数企业依靠自主研发、自筹经费，而这几年行业整体效益的下滑，直接影响了企业的投入力度，再加上本行业技术成熟，引进消化吸收也较充分，惰性驱使企业只愿意跟在别人后面走。在产品升级换代方面，人力资源和技术储备不足；又由于我国在知识产权和专利保护方面还有待改善，许多企业对投资大、周期长的技术研发有一定的顾虑。

（4）低成本优势正在逐渐淡化。我国铜加工行业所具有的低成本的优势，主要得益于低廉的劳动力和较低的投资成本。但这一切在改变，一方面，劳动力成本在逐渐提高；另一方面，铜及铜合金棒、线材的生产是技术、资金密集型行业，设备和技术的不断更新，原料价格不断地上涨，能源、交通的成本不断提高，使劳动力成本所占产品总成本中的比例越来越小，相对于国外，在这方面的优势已不明显。

目前，在国外铜及铜合金棒材生产采用大单重坯料，并以卷式生产法为基础，实现了高质量、高效益、机械化生产。劳动生产率在50t/（人·年）以上，高的可达到200t/（人·年）；而我国平均在

10t/(人·年)左右，最高才50t/(人·年)。成品率，国外在85%~95%之间；而我国在78%以下，最低还不到50%。我国铜及铜合金棒、线材生产企业经济效益差，主要症结在于工艺和设备落后，加工技术创新环境不具备等。

1.3.3 我国铜及铜合金棒、线材标准、规格、品种及分类现状

目前，我国铜及铜合金棒、线材标准、规格、品种不大健全，铜合金棒、线分类不细。现列入国家标准的铜及铜合金牌号为97个，而近年来研制和投入生产的已达到200个以上，虽然取得了较大的成绩，但与工业发达国家相比尚有不小差距。美国的铜及铜合金牌号繁多，可属世界之最，而且还在不断发展之中，1976年为226个，1981年达304个，1986年增加到354个，2001年增加到480个（其中加工合金占70%左右）。以铅黄铜为例，我国仅为5个（实用的约7个），日本有10个，美国却多达27个。它们的铜含量变动范围在57%~89%之间，铅含量变动范围在0.35%~4.5%之间。美国的纯铜牌号有16个之多，铜含量变动范围在99.99%~99.95%，所含杂质元素有磷、氧、镉、银、砷、铁、硫、锆、镁、铬等一种或数种，前苏联的纯铜牌号有10个，我国仅有8个。

1.3.4 铜及铜合金棒、线材生产发展趋势

现代工业企业为了提高经济效益，将铜棒、线材的生产工艺逐渐推向连续化作业。正像板材生产采用卷式生产工艺一样，棒、线材生产在向卷材化方向发展，并最大限度地增加坯料的单重。

目前，很多发达国家可以提供ϕ32mm的卷材，但单重只有460kg，少数国家已采用50MN，甚至100MN以上级别的挤压机（挤压机的制造和使用更趋向于大型化和高吨位），盘卷的棒材直径增加到ϕ50mm，单重可达到1500kg。

挤压生产用附属设备及工具不断革新改造，取得很大的技术进步。锭坯加热采用联合型加热炉（燃气炉预热后，再感应加热炉加热到挤压温度），黄铜锭坯在加热前进行表面去皮，挤压牵引装置可牵引很多根型材，并省去了张力矫直机，卷取装置可卷最大盘卷

ϕ1500mm，卷速可达 14m/s，线径达 ϕ32mm。同时，不同种类的模具钢的开发和使用，将模子的寿命提高到 4000～6000 次，并在模具设计中，普遍采用计算机辅助设计，取得了理想的效果。

随着对铜导线的质量要求越来越高，为了获得优质的低氧铜杆，国内外设备制造厂家和铜线杆生产厂家均在生产工艺、装备技术、检测和管理方面做了大量工作，如增设自动化装置，提高对工艺过程的监控等，提高质量，降低成本。

生产设备趋向于机组大型化、高产能、大截面（铸坯），通过规模效应来降低生产成本，在线检测、过程控制自动化和高可控性，不断消除人和外界因素对产品质量的影响。

目前，对我国铜及铜合金棒、线生产的一些建议和措施：

（1）随着铜棒、线材的生产向高速、多头、工序连续化的方向发展以及对材料性能要求的不断提高，需切实对引进生产线、设备进行消化和吸收，增加必要的措施条件，不断提高产品的内在质量。

（2）在现有基础上，提高生产效率，改进生产方式，并不断研究废铜在铜及铜合金棒、线材中应用的工艺及其装备，达到节约和扩大原料来源的目的，使利用废铜生产的产品质量达到国际通用的标准要求。

（3）探索稀土在铜棒、线材中的应用研究。深入了解稀土对铜导电率和加工性能的影响，在改善工艺性能和降低原料铜品位，在扩大用铜的材料来源上有所创新。

（4）修订标准，提高铜棒、线材基础标准的水平，以促进生产和质量整体水平的提高；同时研究新的测试方法，增加配套测试仪器、设备。

（5）积极开发延伸项目和基础理论的研究，如不同特性的铜合金材料，大力开发新产品，并配套必要的支持政策。

2 铜及铜合金棒、线材熔炼技术

2.1 铜及铜合金棒、线材熔炼技术概述

铜及铜合金棒、线材的熔炼是以铜的熔炼技术为基础，并始终跟随着该技术的发展步伐。随着铜合金的广泛使用和对材料要求的不断提高，铜及铜合金棒、线材的熔炼技术有了进一步的创新。

从最初的坩埚熔炼、反射炉熔炼，逐步发展到感应电炉精炼，目前普遍采用竖炉，联体炉或多体感应电炉；还不断改进熔炼工艺，使原料的使用更为广泛，即直接利用反射炉、倾动式精炼炉对废杂铜进行精炼处理并铸造成成品，利用回收的铜合金直接加工成成品。

在熔炼技术中最重要的杂质精炼除去机理，在20世纪随着元素含量检测仪器、设备产生和分析精度的提高，获得了极大的发展，能够采取有针对性的方法，去除无用、有害的杂质。表现最为突出的是铜及铜合金回收利用过程的熔炼技术。现在我们可以利用现有的熔炼技术回收98%的废铜资源，其中40%以上可以通过精炼过程而被直接制造成合格的成品。熔炼技术的发展有利于保护环境和资源的再生综合利用。

目前国内铜及铜合金棒、线材的熔炼技术的进步以工频炉为代表，在原有的基础上不断改进，发展了潜液转流和电磁搅拌等新技术，提高了生产效率和产品质量，并取得多项具有自主知识产权的专利，为铜及铜合金棒、线材的生产提供了有力的保障。

2.2　竖炉熔炼

2.2.1　竖炉的系统组成

2.2.1.1　炉体结构

竖炉（见图2-1）是由支撑部分、炉体部分、炉顶部分、燃烧系统、气源送风系统、冷却系统及电气系统（部分系统还有热能回收系统）等组成。

图2-1　8t竖炉

详细内容参见《现代铜加工生产技术丛书——铜及铜合金熔炼与铸造技术》。

2.2.1.2　附属设施

A　流槽

流槽（见图2-2）是熔融金属从一个点流向另一个点的通道，流槽由焊接的钢槽和耐火材料构成。它由燃烧器进行加热，予以保温并提供保护性气氛，通过燃烧器的孔口节流阀调节燃烧比，获得金属液中的要求氧含量，流槽又分上流槽、下流槽，上流槽与炉子出液口相

图 2-2 流槽和保温炉

连，下端与保温炉相连，其间有个撇渣槽，用于除去铜液中的浮渣。

B 保温炉

保温炉（见图 2-2）是一个圆形的筒体，在筒体的表面焊有两块圆弧形的偏心钢板，保温炉工作时，就是通过两块偏心钢板将横放的保温炉圆筒体进行旋转，以改变液位的上下位置。当然，它的旋转倾倒机构的动能来自液压系统。在保温炉的炉体上配有一个燃烧器，用作加热保温。

保温炉的作用主要有：

（1）储存一定量的铜液，便于连续浇铸中的浇包液位稳定。

（2）便于控制铜液的温度和氧含量。

2.2.2 竖炉工作原理和特点

ASARCO 竖炉是美国熔炼精炼公司于 20 世纪 60 年代在冲天炉的基础上，研制开发的用于连铸连轧生产线的新熔炼炉型。该熔炼炉具有热效率高、升温迅速、操作灵活、能够有效地控制燃烧过程，并实现控制过程的自动化等特点，目前已被各类型连铸连轧生产线广泛采用。

竖炉工作过程是：可燃气体被调整到一定的压力后，输送至竖炉的燃烧系统内，经与空气按一定的比例进行可控制的混合后，从烧嘴喷出并同时被点燃，燃烧所产生的热能加热了炉内的物料，直至熔化。铜料由加料装置输送，从熔化炉的上部进入炉膛，再往下通过炉身的过程中被预热，到达炉子下部时被熔化，熔融的铜液流至炉底由放液口流出进入上流槽，再由流槽往下流至撇渣槽，流槽和撇渣槽预先被加热，使铜液的上方保持无氧气氛，经撇渣槽的铜液流至保温炉，保温炉的铜液通过被预先加热的下流槽流往浇包，进入铸机。

竖炉是用来熔化电解铜的，没有精炼过程，因此对原料要求较高，加进去的回料不能超过 20%，铜经过熔化后的氧含量只会稍许增加，不能减少。

竖炉所用气体燃料包括城市煤气、天然气和石油液化气等，正常的燃烧值为 8000kcal/m^3（注：1kcal = 4.1868kJ，下同），最好的为 22000kcal/m^3，同时还要求燃气中含 H_2 量不得超过 20%，否则燃气在烧嘴上燃烧时容易引起回火，有产生爆炸的危险。竖炉的热效率约为 65% 左右，比其他精炼炉型高 10% 左右。每生产 1t 产品需 0.4×10^6kcal 热量（其中包括竖炉、保温炉、流槽等所消耗的热量），竖炉熔化 1t 固体铜原料需 0.25×10^6kcal，而其他类型的熔炉每生产 1t 产品约需 0.5×10^6kcal 热量。

2.2.3　竖炉生产过程的控制技术

2.2.3.1　温度的控制

整个竖炉的过程控制是围绕着温度来进行的。

竖炉熔化过程中对温度的控制是实现金属铜物理和化学变化的必要条件，熔化过程中必须有一定的温度，才能保证金属铜中各种元素的充分溶解，温度越高熔化速度越快。

因此在高温下，竖炉的燃烧气氛控制正常，但燃烧产生的高温会损耗竖炉耐火材料，使铜液中存在大量的 SiC 和 SiO_2 微细颗粒。

增大受热面积、提高热负荷是实现高速熔化的手段；在适当的温度下，获得较大的铜液流量是我们追求的目标。但过分地追求每个烧嘴的发热量来增加竖炉的总熔铜量，易使竖炉局部温度过高，加快耐火材料的损耗，因此需根据竖炉在理想条件下的熔铜量来确定其产能。

2.2.3.2 杂质的控制

高温下熔融的铜会产生氧化和吸气问题。氧在铜液中与其他金属杂质形成氧化物，对铜的性能有着复杂的影响。适当的氧含量，除可保持原有铜的特性外，还与铜液中金属杂质形成氧化物，减轻杂质对紫铜线坯性能的影响，防止铜液吸氢。

耐火材料在使用过程中，与原料的摩擦、频繁碰撞，以及高温下耐火材料的软化都会使内衬材料脱落或被氧化成微细颗粒随铜液一起流出并溶入铜液中。

铜液中的杂质，一般以浮渣的形式存在，可以被清除。但铜杆连铸连轧生产线不具备精炼的功能，因此在选择原料时应注意其杂质的含量。

2.3 精炼炉熔炼

2.3.1 精炼炉分类及各炉型在铜及铜合金棒、线材熔炼中的应用

用于铜火法精炼的炉型有反射炉、回转式精炼炉、倾动式精炼炉三种。

这三种炉型具有产量大、效率高的特点，非常适宜于大批量的处理废铜、粗铜等，主要用于生产阳极板。随着熔池精炼技术的不断提高，铜液中的杂质含量的不断降低，现在已开始直接用于纯铜线材的生产。

但是，精炼炉本身所固有的特性，目前还无法运用于铜合金棒、线材的生产，因为氧化、还原操作过程，就是为了除去非铜的金属元素，即使在还原完成后添加合金，仍将会存在混合不均匀、含量控制困难、合金挥发损失严重等缺陷。

2.3.1.1 反射炉

反射炉是传统的火法精炼设备，是一种表面加热的膛式炉，具有

结构简单、操作方便、容易控制，对原料和燃料的适应性强、生产中耗水量较少等优点。反射炉容积、炉体尺寸波动范围大，处理量可以从1t变化到400t，是目前国内较多纯铜精炼企业首选的炉型。

但反射炉也存在着以下几个方面的缺点：

(1) 劳动强度大，工作条件差，难以实现机械化和自动化。

(2) 占地面积大、炉体气密性差，燃料消耗、热能损失大，热效率较低（一般只有15%~30%），烟气泄漏多，车间环境差。

(3) 耐火材料损耗多，辅助材料消耗大。

(4) 炉内铜液搅动循环差，操作效率低。

在进行再生铜生产时，一定要将每一道工序彻底分清，特别是氧化还原交叉作业时，应避免相互影响。为此，总结了“深氧化、准还原，扒渣净”的经验和做法。

详细内容参见《现代铜加工生产技术丛书——铜及铜合金熔炼与铸造技术》。

2.3.1.2 回转精炼炉

回转炉是20世纪50年代后期开发的火法精炼设备。它是一个圆筒形的炉体，在炉体上配置有2~4个风管、一个炉口和一个出铜口，可做360°回转。转动炉体将风口埋入液面下，进行氧化、还原作业。回转炉可进行加料、放渣、出铜，操作简便、灵活。与反射炉比较，具有以下优点：

(1) 炉体结构简单，机械化、自动化程度高，取消了插风管、扒渣、出铜等人工操作，在处理杂质含量低的原料时，可以实现程序控制。

(2) 炉子容量为100~550t，处理能力大，技术经济指标好，劳动生产率高。

(3) 取消了插风管、扒渣等作业，辅助材料消耗减少。

(4) 回转炉密闭性好，炉体散热损失小，燃料消耗低。

(5) 炉体密闭性好，用负压作业漏烟少，环境污染小。

与反射炉相比，回转炉由于熔池深，受热面积小，化料较慢，适合于处理热料。

回转炉由炉体、托轮装置、驱动装置、燃烧器、炉尾燃烧室组成。

回转炉可以正、反转动，它配备有快速、慢速两套驱动装置。进料、倒渣、氧化和还原用快速驱动，浇铸用慢速驱动。此外在事故停电时，还配备有炉子向安全位置回转的事故驱动装置。

回转炉的可转动式结构，使得在实际操作过程中与反射炉有许多不同之处。

2.3.1.3 倾动式精炼炉

倾动式精炼炉是20世纪60年代中期由瑞士Maerz研究发明的，它是在反射炉和回转炉的基础上，吸收了两种炉型的长处而设计的。炉膛形状像反射炉，保持较大的热交换面积，采用了回转炉可转动的方式，增设了固定风口，取消了插风管和扒渣作业，减轻了劳动强度，既能处理热料，又能处理冷料，是较理想的炉型。

倾动式精炼炉目前已有的炉子容量为55~350t。

倾动炉由炉基、摇座、炉体、驱动装置、燃烧器及燃烧室组成。炉基由耐热钢筋混凝土筑成，在炉基上装设钢结构摇座，摇座上沿为圆弧形，装有若干个滚轮。炉体底部也是圆弧形，坐在摇座上。液压缸底部装在基础上，上部与炉底部相连接。伸缩液压缸带动炉体倾转，倾转角为±30°。炉体的倾转也可用齿轮装置带动。有快、慢两种倾转速度，氧化、还原、倒渣用快速倾转，浇铸用慢速倾转。

倾动炉外壳底部为圆弧形，弧度30°~45°，侧面亦为弧形，用工字钢或槽钢做骨架。整个外壳是一个特殊形状的钢结构焊接件。炉底用铬镁砖和黏土砖砌筑，炉顶为圆弧形，用铬镁砖砌筑，弧度为45°。

在正面侧墙上开有两个工作门，供加料用。靠近尾部开有一个放渣口。正面侧墙装有2~4个氧化、还原风管。后侧墙上有一个出铜口。在一边端墙上开有1~2个孔装燃烧器。另一端墙开有排烟孔，经烟道与燃烧室相连。燃烧室为钢外壳，内衬黏土砖，结构与回转炉相似（见图2-3）。

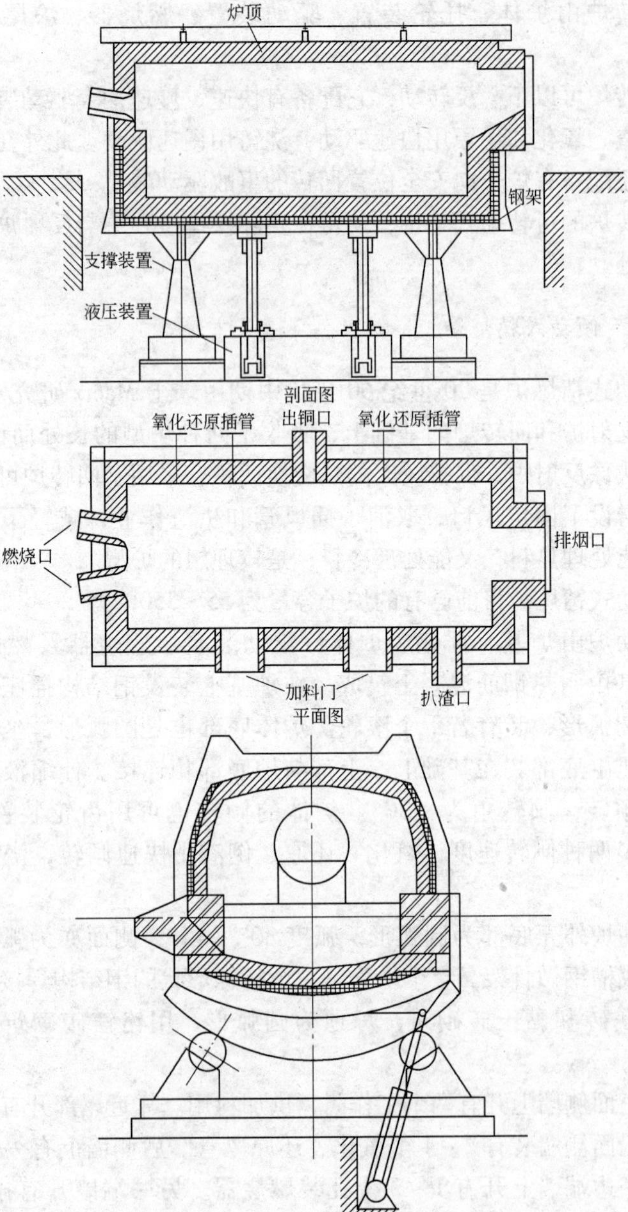

图 2-3 倾动式精炼炉结构

与反射炉和回转炉比较，倾动炉具有以下优点：

（1）炉膛具有反射炉炉膛的形状，断面合理，受热面积大，热交换条件好，炉料熔化速度快。

（2）配备有两个加料口，铜料能快速均匀地加到炉膛各个部位，冷、热料都适合处理。

（3）侧墙装有固定风管，倾转炉体，可使风口埋入液面下进行氧化、还原作业，不需要插风管操作。渣口开在侧墙上，倾转炉体可以撇出炉渣，不需要扒渣。渣口上开有放铜口，倾转炉体可放出铜液，流量调节较为灵活。

（4）机械化程度高，取消了繁重的人工操作，劳动生产率高。

但是，与反射炉和回转炉相比，倾动炉也存在不足之处：

（1）炉体形状特殊，结构复杂，加工难度大，投资高。

（2）操作时，倾转炉体，重心偏移，在不平衡状态下工作，倾转机构一直处于受力状态。

（3）炉体倾转，影响炉顶、炉墙的稳定性，在炉顶、炉墙烧损后，影响更大。

（4）在炉体倾转时，排烟口不与炉体同心转动，密封较困难。

这些不足之处影响了倾动炉的推广和发展，目前只有少数杂铜冶炼厂采用这种炉型。江西铜业在2005年建成了国内首台250t倾动炉。

倾动炉的作业数据见表2-1。

表2-1 倾动炉的作业数据

项 目	Porton Margahena 冶炼厂（意大利）	Carollton 冶炼厂（美国）	Amarillo 精炼厂（美国）
炉子台数/台	1	1	
单台炉容量/t	300	300	
炉 料	固态粗铜、杂铜	固态粗铜、杂铜	固态粗铜、杂铜
炉料品位/%	≥94	≥96	
包块尺寸/mm×mm×mm	400×400×600		
包块质量/kg	400		
加料方式	地面加料机	地面加料机	地面加料机

续表 2-1

项　目	Porton Margahena 冶炼厂（意大利）	Carollton 冶炼厂（美国）	Amarillo 精炼厂（美国）
燃　料	天然气	天然气	天然气
还原剂	天然气	氨	天然气
加料熔化时间/h	8～9	10	8
氧化时间/h	2	5	5
扒渣时间/h	1～1.5		
还原时间/h	2～2.5	5	2
浇铸时间/h	6	7	7
合计作业时间/h	24	24	22

2.3.2 火法精炼中杂质的去除

2.3.2.1 常用元素去除方法

在火法精炼过程中，要脱除的杂质可分五大类：第一类是在氧化过程中易除去的杂质，第二类是在氧化过程中一般能脱除的杂质，第三类为难以脱除的杂质，第四类是较少脱除的杂质，第五类是不能脱除的杂质。在生产实践中，主要杂质是 Pb、Sn、Ni、Fe、O、S 等。应该说 S、Zn 属于第一类，Fe 属于第二类，Pb、Sn 是第三类，Ni 则是第四类，而 O 必须在还原中脱除。

A　锡的去除

实践证明，在氧化造渣过程中，杂质脱除率高达 90%，但还有 10% 左右的锡会给生产带来麻烦。从理论上讲，铜与锡在液态时互溶，精炼炉中的锡主要来自锡青铜、镀锡铜废料。在精炼过程中锡被氧化成亚锡和二氧化锡，前者呈碱性，后者呈酸性。

$$Sn + Cu_2O = SnO + 2Cu$$

$$SnO + Cu_2O = SnO_2 + 2Cu$$

$$SnO + SiO_2 = SnSiO_3$$

酸性 SnO_2 在造酸性渣时不易反应，所以只能靠造碱性渣来去除：

$$SnO_2 + Na_2CO_3 = Na_2SnO_3 + CO_2$$

或者

$$SnO_2 + CaO = CaSnO_3$$

B 铅的去除

在液态时，铜与铅形成均匀的合金。铅易氧化生成 PbO，密度比铜大（密度 9.2g/cm^3），熔化后容易沉到炉底，不易被搅起，并与砷、锑氧化物反应，生成砷酸铅或锑酸铅。在砷、锑、铋、铅四种氧化物共存时，生成化合物$(Pb、Bi)_2(AsSb)_4O_{12}$，并溶解于铜液中。

$$PbO + SiO_2 = PbSiO_3$$

在每次加料前适当向炉底撒入一些石英砂，使沉在炉底的 PbO 熔化后能与 SiO_2 生成熔点低（700～800℃）、密度小的 $PbSiO_3$ 漂浮到铜液表面。

C 镍的去除

镍是与铜互溶的金属，能与铜生成一系列固熔体，能与砷、锑、锌、铋、锡生成化合物。镍在铜液中结晶，造成脆性，使铜杆的抗拉强度、伸长率降低明显，且给铜棒、铜线的生产和加工带来麻烦，必须在铜料分拣时尽量清除干净。

很难将铜镍用火法精炼方法分离，一般镍是在湿法冶炼时以 $NiSO_4$ 蒸发溶液时脱除，只有极少量造渣脱除。

$$NiO + SiO_2 = NiSiO_3$$

而

$$CuO + SiO_2 = CuSiO_3$$

这将造成铜的损失。火法精炼中一般是加熔剂造渣，铜液氧化后加入 Fe_2O_3 或石英砂，生成 $NiO \cdot Fe_2O_3$ 或 $2NiO \cdot SiO_2$ 炉渣。

D 锌的去除

废铜中会带入较多的锌。锌与铜液互溶，生成化合物，也能与镍、钴、砷、锑生成化合物。锌是较易脱除的杂质，沸点为 906℃，一般采用加焦炭吹风蒸锌，高温下大量的锌会蒸发，熔体表面覆盖的炭粉是为了避免氧化锌结壳，使锌顺利地以蒸气形式排出。

剩下少量的 ZnO 与 SiO_2 或 Fe_2O_3 造渣，生成 $2ZnO \cdot SiO_3$ 或 $ZnO \cdot Fe_2O_3$。

$$ZnO + 2SiO_2 = 2ZnO \cdot SiO_3$$

E　铁的去除

铁基本上都是造渣去除，废铜中常夹带金属铁。铜液中的铁容易被氧化成 FeO，与 SiO_2 造渣生成 $2FeO \cdot SiO_2$。Fe_2O_3 与 CuO 或其他氧化物生成铁酸盐造渣。

$$FeO + SiO_2 = FeSiO_3$$

$$Fe_2O_3 + 3SiO_2 = Fe_2(SiO_3)_3$$

F　硫的去除

废铜中硫主要以 Cu_2S、$CuSO_4$ 形式存在，可通过控制铜液氧含量和温度，采用浅氧化工艺脱硫。硫则是氧化时生成而随烟气排出。

$$S + O_2 = SO_2 \uparrow$$

（1）利用 SO_2 在铜液中溶解度随温度降低而减少的特性,采用低温或氧化末期进行停火降温作业,降低 SO_2 溶解度,加快 SO_2 的脱除。

（2）在氧化后期提高风压，加大风量，加剧熔体的沸腾，增大抽力，加速 SO_2 从熔体内逸出。

脱硫与温度、时间、燃气成分对应关系见表 2-2。

表 2-2　脱硫与温度、时间、燃气成分对应关系

铜液温度/℃	脱硫时间/min	炉气成分(体积分数)/%
1225	35	O_2 4.2~7.2
1190	25	CO_2 8.8~16
1150	20	CO 0
1120	15	

G　铋的去除

液态的铜与铋能互溶，不生成化合物或固熔体，易氧化成 Bi_2O_3，并与砷、锑、铅的氧化物生成化合物，溶解于铜液中。Bi_2O_3 不与二氧化硅、苏打造渣，Bi_2O_3 在精炼温度下的蒸气压极低。用火法精炼难以去除。

H　砷、锑的去除

砷、锑与液态的铜互溶，生成化合物（Cu_3As、Cu_3Sb）及固熔体；与铁、镍、钴、锡生成化合物。它们在铜中以砷化铜、锑化铜、砷酸盐及锑酸盐存在。

$$2Cu_3As + 3Cu_2O = As_2O_3 + 12Cu$$

$$2Cu_3Sb + 3Cu_2O = Sb_2O_3 + 12Cu$$

生成的三价砷和三价锑的氧化物，一部分挥发，一部分被氧化成五价氧化物。

$$As_2O_3 + 2Cu_2O = As_2O_5 + 4Cu$$

$$Sb_2O_3 + 2Cu_2O = Sb_2O_5 + 4Cu$$

As_2O_5 和 Sb_2O_5 不挥发，与 Cu_2O、NiO、PbO、BiO 等氧化物生成各种不同组分的化合物，如砷酸铜（$Cu_2O \cdot As_2O_5$），砷、锑、铅、铋化合物$(Pb、Bi)_2 \cdot (As、Sb)_4 \cdot O_{12}$等。这些化合物都溶于铜液中，增加了脱除的难度。

常用的除砷、锑方法有两种：挥发法和熔剂造渣法。

As_2O_3 和 Sb_2O_3 沸点较低（As_2O_3 在 465℃ 时，蒸气压为 0.1MPa），利用这个特性，在生产中采用氧化—还原—氧化—还原，重复作业除去砷、锑。实践表明，单独使用该方法时，效率较低，但由于火法精炼所使用的废铜中含量较少，通常采用挥发法。

I 硒、碲的去除

硒和碲能溶于铜液中，生成化合物 Cu_2Se、Cu_2Te。在氧化时有少量氧化生成 SeO_2、TeO_2 挥发，在还原末期加入苏打、煤粉可脱硒、碲。废铜中含量较低，一般不进行脱除作业。

$$Na_2CO_{3(s)} + 2C_{(s)} = 2Na_{(g)} + 3CO_{(g)}$$

$$2Na_{(g)} + \{Se\} = (Na_2Se)$$

J 氧的去除

脱除氧则在还原阶段完成，铜熔化后极易与氧反应：

$$4Cu + O_2 = 2Cu_2O$$

$$2Cu_2O + O_2 = 4CuO$$

在还原阶段，还原木（或重油）与高温铜液接触后，立即裂解产生甲烷，氢气夺取铜液中的氧：

$$Cu_2O + H_2 = 2Cn + H_2O$$

$$3Cu_2O + CH_4 = 6Cn + H_2O + CO_2$$

K　金、银的去除

贵金属在火法精炼时不发生氧化，留在铜内。少部分的银会被挥发性较强的杂质化合物带走，银的损失率可达2.5%。

不论是采用反射还是采用回转炉进行火法精炼，炉中都要经过熔化、氧化、还原、出铜这几个阶段。在进行再生铜（废杂铜）的生产时，尽可能地先进行原料的分拣，这样能达到事半功倍的效果。同时也一定要将每一道工序彻底分清，特别是氧化还原交叉作业时，避免相互影响，做到“深氧化、准还原，扒渣净”。对于不同等级的紫杂铜，可采用不同的精炼方法。

2.3.2.2　过滤器在去除杂质中的运用

铜液中始终存在着颗粒微小和分散度高的氧化夹杂物，这在熔炼过程中是无法避免的。这些杂质在纯金属铜中是有害的，应通过各种方法进行去除，包括使用过滤材料对铜液进行过滤，以达到减少杂质颗粒数量的目的。

A　网状过滤器

网状过滤器通常用玻璃丝，也有用陶瓷纤维布与耐热金属丝编织而成（见图2-4），可以使杂质受到机械阻隔从而同熔体分开或无法进入特定的区域。但该过滤物只能对颗粒较大的非金属杂物（如浮渣）较为有效，而对细微的金属颗粒则效果差。一般网孔不能小

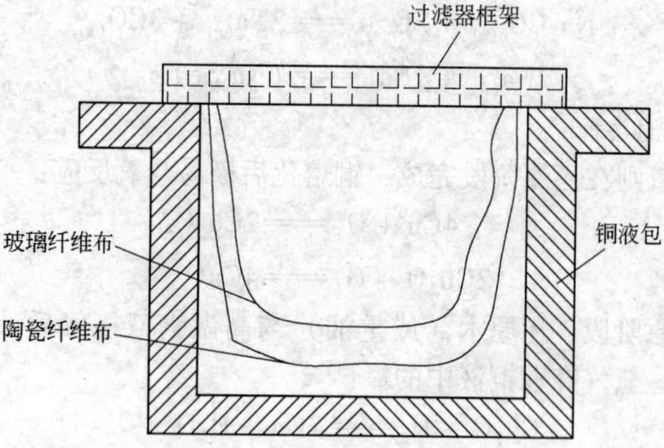

图2-4　网状过滤器结构示意图

于 0.55mm²。

B 块状过滤器

这种过滤器（见图2-5）通常由高温耐火材料烧结而成，内部有蜂窝状的结构，孔洞的大小可根据需要定制。过滤效果比网状过滤器高2～4倍。熔体与过滤器间有较大的接触面，当通过具有变化截面的细长孔道时，熔体在其中以不同的速度流动，形成了低压涡流，提高了过滤效果。过滤器孔洞内壁有粗糙的表面、不规则的突起和孔洞直径大小，都增强了过滤效果，使过滤器内壁能够吸附更多的细微杂质颗粒。同时也为它们之间的化学作用创造更有利的条件。这种过滤器具备除渣与除气的双重效果。

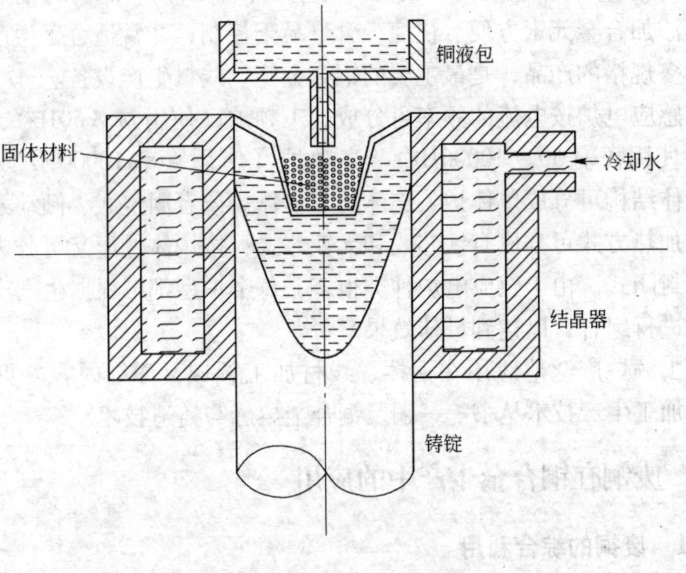

图 2-5 块状过滤器示意图

不论是网状过滤器还是块状过滤器，都有使用时效的问题。在使用24h后，效果将急剧下降，由于其更换无法在生产过程中进行，限制了过滤器的使用。

C 电磁过滤

在生产高纯度铜线产品时，常用的过滤器已无法满足产品对苛刻的杂质含量和需要连续使用的要求。这促进了电磁过滤技术的发展。该技术是通过在熔池周围设置可控的磁场，适宜地搅动熔池内的溶液，再在熔池内部设置电极，利用金属杂质的特性和特殊性能的负极，吸附熔液内的细微杂质粒子。

2.4 工频炉熔炼

工频炉是一种将电能转化成热能的设备，这些电能转化成的热能聚集在炉体内部，使其炉内的金属熔化。

感应电炉在铜加工方面应用较为广泛，纯铜、铜合金的管、棒、线均可生产，同时该炉型具有单炉产量小（目前国内最大的单体炉为5t），精炼除杂功能弱，也是因为量小，所以铜液的均匀性是最好的，添加合金元素方便、快捷，含量易于控制，非常适合于生产小批量、多规格的产品，是最主要的铜合金棒、线材生产设备。

感应电炉按电流的频率可分成：工频炉（使用频率50Hz）、中频炉（使用频率50～10000Hz）、高频炉（使用频率10000Hz以上）；按炉体结构可分成单体炉、连体炉、多体炉或者固定式、倾动式；按感应加热方式可分成有铁芯式和无铁芯式；按炉体外形又可分为敞开式和封闭式。由于感应电炉种类很多，每个炉型都可根据生产产品的特点进行组合，以达到最佳效果。

工频炉广泛地应用在铜棒、线材加工领域，详细内容参见《现代铜加工生产技术丛书——铜及铜合金熔炼与铸造技术》。

2.5 废铜在铜合金生产中的应用

2.5.1 废铜的综合利用

使用工频炉生产纯铜产品，和其他精炼炉一样，主要是控制杂质的含量，原料的选择余地不大。生产工艺控制技术较高的企业，除了使用阴极铜以外，还按一定比例添加1级紫杂铜（光亮铜线、后道工序的回炉料等）。总体来说，添加的数量与产品质量成反比。

利用回收的废杂铜生产铜合金，这是资源利用率最高也是最经济的方法。这不仅可有效利用废铜中其他金属存量，而且还减少了精炼成本和添加合金的数量，节约了能源。但是我国废铜回收还没有明确的标准，废铜的预处理能力薄弱，分类不清，造成了使用中出现许多问题。因此，如果想直接利用这些废铜进行铜合金的生产，需要在原料入厂后，进行人工分拣，再根据不同合金所需的成分合理利用。

再生铜资源大都是多金属的，对其处理应要求最完全地综合回收其中的全部有价值的组分。目前回收的含铜废料的40%用于生产铸造合金，20%用于生产变形合金，3%用于制取化合物，34%经精炼处理后加工成粗铜、纯铜制品，质量太低而不能用的小于3%。

含铜废料的构成见表2-3。

表2-3 含铜废料的构成

来源	废料的种类	所占的比例/%	铜在废料中所占的比例/%		
			铜	黄铜	青铜
轧材生产	炉渣	1.7	4.8	—	—
铜基合金的生产	炉渣	2.8	8.2	—	—
电线电缆的生产	电导体的切头	8.0	23.3	—	—
轧材的金属加工	边料和变形废料块	13.6	7.4	24.9	2.7
异形铸件的金属加工	变形合金的切屑	17.7	16.6	26.2	4.2
	铸造合金废料块	0.5	—	0.3	1.5
	铸造合金屑	14.4	0.5	8.6	45.0
折旧废件	铸造合金制品废件	14.7	0.5	11.3	41.6
	变形合金制品废件	17.4	12.2	28.7	5.0
	废电线电缆	9.2	26.5	—	—
总计		100	100	100	100

不同种类的废铜资源中铜及其他金属含量见表2-4。

表2-4 不同种类的废铜资源中铜及其他金属大致含量

种类	来源	特点	铜含量/%	其他金属含量/%	利用
低质量的含铜废料	冶炼铜基合金时的炉渣、铸造车间的炉渣和浮渣	大小不一，化学成分波动大	15~38	Zn：3~45 Sn：0.1~3.5	回炉精炼

续表 2-4

种类	来源	特点	铜含量/%	其他金属含量/%	利用
含铜垃圾	金属珠粒，型砂、地面清扫物等	含铜形态不同，低质	20～50	Zn：10～25 Sn 约 0.5	清洗后，回炉精炼
电缆和废导体	报废电缆和导体	可大批量剥皮处理	30～98	Fe：18～30	高品质废铜，可直接利用
切屑	切头、切余料、金属屑	夹杂物少，有镀件	>50	Zn：10～30	分拣
汽车废料	报废的汽车、电机、热交换器、电子设备等	夹杂黑色金属	15～35	黑色金属（铁、铝等）总量 30～50	拆离、分拣
废家电	日常废旧物资回收	夹杂多金属原料	10～12	铝 5.5、锡 0.6、镍和铅 0.4，黑色金属约 70	分类回收，综合利用
双金属铜料	工厂铜合金废料	铜含量波动范围大	7～70	Zn：0.1～10 Fe：40～50 其他金属约 20	熔炼铜合金

由于铜合金的牌号很多，这里无法一一列举，但在选择使用这些废料制造铜棒、线材时，应充分考虑其他金属含量的波动性，要把产前准备工作的重点放在组织生产配料过程中，并适当留有余量，合金回炉料应多批次添加，同时保留适当的纯铜，以作稀释之用。

2.5.2 废铜利用前的预处理

由于二次铜资源的特点，无论是生产纯铜制品还是铜合金产品，都需要进行分类预处理。预处理过程包括分类分选、干燥、压块、配料。

2.5.2.1 分选

直接使用本厂的边角料、报废料就无需筛选了，该过程只针对外购的杂铜、废料，因为国内回收的金属比较杂。

对混杂的废有色金属进行分选的目的，是将废件和废料分选成单一的金属或合金，去除其他无用或有害的金属和非金属物质。主要的分选方法有形态分选、机械分选、重介质分选、冶金分选等。

形态分选是根据外观标志（颜色、断裂特征、硬度、密度、磁性等）和实物标志（零件名称），以目视或借助点滴分析法、光谱分析法或专用仪器，对非有色金属进行分选。

机械分选包括粒度分选和去除铁质夹杂物工序。粒度分选在整个预处理流程中既能起主导作用，也能起辅助作用，分选过程一般采用筛分机，比较常用的有固定格筛、滚筒筛和振动筛。选用筛分机时要根据处理原料的特性进行选择。

电磁分选的目的是从再生原料中选出铁质磁性物体以及包含该物质的物体、零件。

2.5.2.2　干燥

在某些情况下，各种废料的湿度可达20%。对进入精炼炉、工频炉的再生金属都是有水分要求的。如转炉、精炼反射炉和电炉，水分的允许含量是很严格的（不超过3%），因此需要进行干燥处理。干燥的主要方法是烘烤。

2.5.2.3　打包与压块

打包的目的是把松散的、轻薄的废料压实并制成一定质量、尺寸和密度的块状物。密实的物料便于装炉熔炼，熔炼过程中氧化造成的金属损失也小，同时原料的运送效率提高，费用也下降。工厂内需要打包的一般是边角料、报废料、废棒材、废线材、废管材等。打包块的密度取决于压力的大小以及所压制的物料的厚度，一般需使用20～45MPa的压力。

2.5.2.4　配料

配料过程是杂铜二次利用最为关键的工序，它将直接关系到后道工序生产能否顺利进行，产品是否符合质量要求。

首先必须明确将要配比使用的杂铜的通常化学成分含量，再对照、比较需要生产的铜合金牌号中的化学成分含量，尽可能地将配置原料中的有价值的成分都回收利用，并适当地留取一定比例的余量。

批量生产中，以使用熟知的、稳定的杂铜配料为上，对成分复杂、不熟悉的原料应先进行小批量试用。一般常用纯净的杂铜生产铜合金。

2.5.3 脱气和添加剂的使用

杂铜最合理的利用方案是将其直接熔炼成铜合金，这样原料中的有价值的成分都回收利用了。因此，世界上工业发达的国家都力求增加直接利用杂铜的比例，如英国和德国直接利用杂铜生产铜合金的比例占到50%，美国和俄罗斯为60%，日本则高达80%。我国在收集杂铜原料过程中混杂严重，因此直接利用的比例比工业发达国家低得多。

为了产出合格的铜合金，必须使用较优质的废杂铜，而且在熔炼合金时要使用覆盖剂和一定量的添加剂。常用的覆盖剂为纯碱、萤石、硼砂、碎玻璃、碱金属氯化物、木炭、石墨等。熔剂消耗量为炉料量的0.5%～1%。

在杂铜熔炼成铜合金的过程中，关键工艺在于控制合金元素含量、除杂质、脱气、减少金属烧损、合金化的均匀性。

铜合金中有害杂质之一的氢，能造成铸件中出现气泡和气体缩孔。铜合金熔体的脱气主要是脱氢，因为它在溶解的气体总量中占95%～98%。脱气的方法是往熔体内鼓入惰性气体（氮、氩）。脱气设备由液态金属罐、真空室和供氮、氩的系统组成。直接插入包覆耐火材料的气管或在炉底安装多孔套管（由耐火材料制成），通过鼓入压力为200～300kPa的惰性气体，进行脱气作业。水分是氢的主要来源，氢的另一来源是存在于用火焰加热的熔炉内的碳氢化合物。如甲烷从700℃时开始裂解，在800℃时裂解约40%。为了减少合金中的氢气含量，应该往熔炼炉内加干炉料，熔炼过程应在弱氧化或中性环境中进行。

铜合金中包含的氧过高，会与各种金属、合金生成有害的氧化物，造成铜合金产品出现质量问题，常用磷、锂、硼、钙等作脱氧剂。应用最广的脱氧剂是以磷铜（含磷 8% ~15%）形式加入的磷，反应式为：

$$5Cu_2O + 2P = P_2O_5 + 10Cu$$

生成的 P_2O_5 在 359℃下就挥发。

精炼铜合金，也采用联合脱氧剂。如在含锡青铜的情况下，先用磷除去大部分氧，再用锂添加剂除去残余的氧，这样就可得到细晶粒体结构和高力学性能的合金。为了提高锂的利用率和简化操作，使用了用铜做成的密封圆筒——“锂筒”，内装 5 ~100g 金属锂。将锂筒加入准备铸造的成品中，然后搅拌合金，澄清 3min 后再浇铸。

用磷来脱除熔融的黄铜实际上是不适宜的，因为铜锌合金中的锌对氧有更大的亲和力。

2.6 其他新技术的应用

2.6.1 潜液转流

2.6.1.1 潜流技术

铜及铜合金材的铸造是铜材生产的第一道重要的工序，传统经典模式是：感应熔炼—金属液体流槽转运—保温炉铸造的三段式，感应熔炉与保温炉分离，金属液体通过流槽转运。这种模式的缺点是设备占地面积大、结构复杂，特别是金属流槽转运造成吸气、金属氧化、氧化锌挥发、能量损耗等，其中无氧铜含氧超标的重要原因即在于此。国外主要是通过加强流槽保护来防止吸气及金属氧化；国内于 20 世纪 70 ~80 年代曾经引进和制造分体式水平连铸机组多台套，用于生产坯料。

为了缩短工艺流程，达到节材、节能、环保的目的，在 21 世纪初，迅速发展了一种潜液转流技术，其实质是取消了铜及铜合金熔体转运的流槽，把感应熔炼炉和保温炉做成一体，形成潜流式联体炉组（见图 2-6）。

这种潜流式联体炉的感应熔炼炉和保温炉在同一炉体腔内，两炉

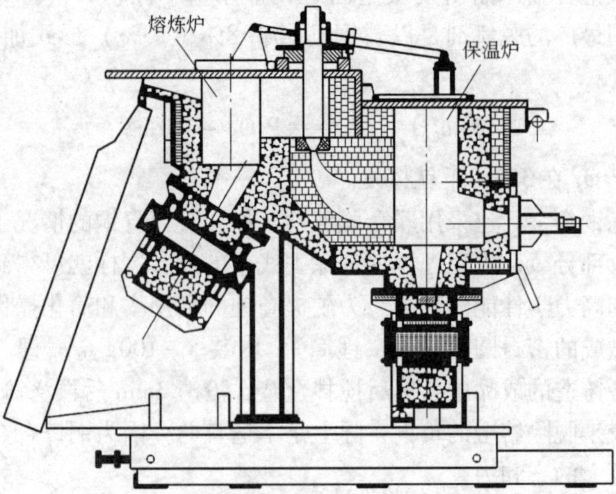

图 2-6　潜流式联体炉组

之间设置了一个隔墙，熔融的金属转流过程是通过感应熔炼炉和保温炉之间专门设计制造的管状通道来完成，该通道隐于两炉体底部或在铜液液面之下，以潜流形式连续或间隙地向保温炉进行补充，避免了在转流过程中金属液体大面积与空气接触，防止金属的吸气和氧化。

这种潜流式联体炉具有结构紧凑、简单的特点，在铜及铜合金棒坯、线坯的水平连铸、上引连铸中已获得广泛的应用。特别是使用该技术生产的纯铜含氧量均小于 $10\times10^{-4}\%$。

2.6.1.2　铜合金熔炼的应用

联体炉进行铜合金的熔炼时，需要对生产过程中炉内的金属熔液，进行化学成分控制和调整，熔炉中的熔液不能连续地对保温炉进行补充，而是需要一次性集中供应已调整好化学成分的合金熔液。为此，就需要在两个炉室之间的通道内设置一个装置，起到开关金属流的作用。例如底座塞棒。

铜合金生产中应用该技术还要注意，塞棒虽然可以控制熔液的流动，但是金属熔液能够流动是因为联体炉之间存在一定的液位差，考虑到熔炼炉内的铜合金液尽可能多地进入保温铸造炉内，设计时应充分考虑两炉间的高度差。

熔炼炉由倾动式改为固定不动，这就便于在熔炉炉口设置固定的房式烟尘收集罩，使加料、熔炼、清渣等过程都处于密闭状态。再加上后续的烟尘处理系统，这将极大地改善生产现场环境，达到了环保的效果。

2.6.1.3 无机械结构的通道控制技术

底座塞棒虽然能达到潜流式控制输送铜合金熔液开关的目的，但由于底座和塞棒长期处于高温金属熔液中，必然会对该机构使用寿命产生较大的影响，而且更换底座不容易，对炉内耐火材料也有影响。

无锡华东工业电炉有限公司，研发了一种新的无机械性构件接触的金属液体阀门技术和装置。其特征是：以一个受外界温度控制的金属输液管道来替代底座塞棒。当需要关闭时，通过对该金属管道进行冷却，使其内部的金属熔液凝固，起到类似阀门关闭的作用；当需要打开时，通过对该金属管道进行加热，使内部固体合金熔化成液态，起到类似阀门打开的作用。即利用可控制的温度，使输送管道内的金属在液态和固态之间相互转换，来达到开通或阻断金属熔液流动的目的，起到无机械性构件接触，而又有金属阀门效果的作用。同时该新技术也弥补了电磁泵、虹吸管不能用于输送液态重有色金属的盲区，提高了潜流式铜合金熔炼铸造技术的覆盖范围。

目前该新技术还在不断完善过程中，还需解决管道制造材料的使用寿命和加热装置及布局等问题。

2.6.2 喷射流感应体

虽然国内外铜合金的熔炼炉基本上采用工频有芯感应电炉，但炉型结构特别是感应器和熔沟的形式差异很大，这关系到合金熔炼的质量，而且对电耗影响显著。

目前，总的趋势是由传统的 U 形熔沟向变断面以及 W 形熔沟变化，以达到改善炉内金属液的流动、促使温度和合金成分的均匀，提高生产效率、降低能源消耗的目的。感应器已发展到热态快速更换，并装有漏铜监测和自动报警装置。

对工频炉等断面熔沟的研究表明，熔沟中电磁力与电流和磁场呈直角，一般不产生平行于轴的分量。在此电磁力的作用下，主要在熔沟截面上形成涡流搅动，在熔池相接的熔沟口处，产生由线圈侧指向熔沟槽外壁方向的搅动。熔体的这一激烈的紊乱运动使沟内金属成为热的良导体，比静止状态的热效率高许多倍。

通过测温仪，可以知道感应炉熔沟中存在较大的温差，其中熔沟底部温度最高。过高的温度促使熔体与耐火材料之间发生化学反应。熔沟扩大，熔体也容易向耐火材料中渗透，甚至可能引发黄铜中锌的蒸气（气泡）产生而阻断熔沟的现象。

美国 AjaX 磁热公司“喷流感应体”制造成功，显著地降低了熔沟中熔体的温差，单个感应体的功率达到了 3000kW。目前，“W”形熔沟“喷流”感应体技术已日趋成熟，并在世界范围内得到了广泛推广。

2.6.2.1　单向流动现象

单向流动指的是，感应体内熔沟槽中的熔体是按照单一方向有序流动，而不再是紊流运动。不过，有关单向流动的理论研究似乎滞后于实践。

仅仅改变熔沟形状，熔沟中金属过热温度并没有大的改变。当把熔沟的形状改变扩大到熔沟各处截面面积的改变，即通过熔沟截面相对于感应线圈轴向、径向尺寸（即厚度）的变化，使两侧熔沟口截面小于中间熔沟口截面时，熔沟内各处温差大幅度降低，并实现了单向流动。这种流动的形成，主要是中间熔沟厚度与两侧熔沟厚度之比有关。在金属流动过程中，侧熔沟起主导作用。

熔沟中的金属具有一种潜在的电磁力，并在变断面熔沟中的侧出口处感应电流的突然散流，从而造成了熔体在此处射流状态。电流突然散流的强度和量，以及与熔体各部位潜在的电磁力共同作用的结果，造成了熔体流动的动力，此动力克服涡流阻力即可产生熔体的流动。熔沟中金属在电流线弯曲的部位，产生较大的电磁力，而且电磁力随着曲率增大而加大。电流线的松散度与熔沟和熔池交汇处截面的突然增大有关。与中间熔沟相比，若两个侧熔沟截面小，则两个侧熔沟与熔池交汇处可能成为引发熔体流动的起点。

变断面熔沟试验表明：单向流动不仅与侧熔沟出口处熔沟曲率形状有关，而且与熔沟断面的厚度变化有关，即与中间熔沟断面厚度和侧熔沟断面厚度之比有关。

2.6.2.2 喷射流感应体的设计

喷射流感应体的基本设计思想来自熔沟断面的变化。适当的改变侧熔沟口和中部熔沟口的形状和截面面积，从中部熔沟起到侧熔沟口逐渐减少熔沟的径向厚度，从而形成熔体单向流动的压力梯度。这种结构使得中央沟和侧沟间的磁场强度和场型存在着固有的差别，为形成均匀纵向速度分量创造了有利条件。实际上，感应体中纵向速度分量占了整个熔沟，使熔体由中央向下进入熔沟底部，分成两路向两侧熔沟口喷出。金属熔体在流动过程中逐步升温，中央沟口温度最低，两侧熔沟的出口处温度最高。

如图 2-7 所示，喷射流感应体熔沟内的熔体是单向流动，温度较高的熔体从两边的侧熔沟中喷出，温度较低的熔体从中间熔沟口进

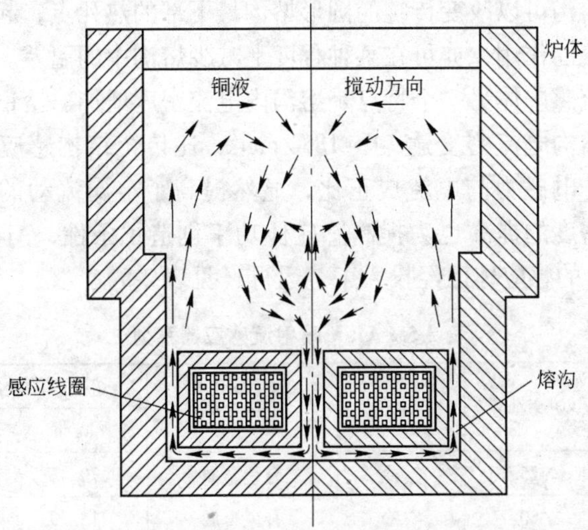

图 2-7 喷射流感应体熔沟内金属搅动方向

入。实践证明，喷射流感应体熔沟中熔体流动的速度和温度梯度的变化，都与输入功率的平方根成比例。熔体温差最大只有二十多摄氏度，这有利于输入功率的提高，可以做成大功率感应体，同时也有效地提高熔沟的使用寿命。而对应的普通感应体熔沟，当输入功率为250kW时，沟底与沟口温差为70℃，输入功率为500kW时，温差达到140℃，相当于功率每提高100kW而温差扩大近30℃。

喷射流感应体中熔体的流速之高是出乎意料的。800kW的感应体熔炼铜合金时，熔沟中熔体的喷流速度可到762mm/s，每小时熔体的循环量可以达到270t。

由于喷射流的存在，感应炉的熔沟需要有一个坚固的喉口和具有相当容积的金属熔池，否则熔体容易过热。

2.6.2.3 喷射流感应体的应用

从图2-7可以看出，喷射流感应体的熔沟形状基本上呈由直线段组成的“山”字形。熔沟呈矩形，熔沟下部拐弯处以圆角过渡，上部伸向熔池的三个熔沟口都呈喇叭状。两侧熔沟断面及喇叭口均小于中间的熔沟。感应体线圈及水冷套，与熔沟形状相同，亦呈矩形。

矩形熔沟可以改变传统的圆形熔沟最下部的热死点，起到改善熔沟中热对流的作用，亦可在某种程度上减少熔沟中的温差。

喷射流感应体另一个特点是熔沟内电流密度增加。熔铜用的喷射流感应体熔沟电流密度达14～18A/mm^2，比传统结构感应体熔沟电流大一倍。电磁力与电流成正比，显然提高了金属流动的动力。同时，电流密度的提高也为提高感应体功率创造了条件，AjaX磁热公司2000kW的感应体已经投入工艺运行（见表2-5）。

表2-5 AjaX喷射流感应器系列

系 列	功率/kW	冷却方式	适用范围	熔铜时的效率及电耗	
				kg/h	kW·h/t
A	25	空冷	有色金属	79.45	314.66
C	50	空冷	有色金属	158.9	314.66
EH	120	空冷	有色金属	381.36	314.66

续表 2-5

系列	功率/kW	冷却方式	适用范围	熔铜时的效率及电耗	
				kg/h	kW·h/t
F	200	空冷	有色金属	635.6	314.66
TC	400	空冷	有色金属	1271.2	314.66
TE	500	空冷/水冷	有色金属	1589	314.66
TG	1000/1750	水冷	黑色/有色金属	3178/5561.5	314.66
TM	2000	水冷	有色金属	6356	314.66
TJ	1200	水冷	有色金属	3813.6	314.66

喷射流感应体的主要缺点是：需要较深的喉口和炉膛熔池，因此需要的起熔体较多，正常作业时炉膛内亦需始终保持一定数量的熔体。

2.7 熔炼技术发展方向

本节只介绍目前国内较为普遍的铜及铜合金熔炼技术。但随着现代社会科学技术的进步，对铜及铜合金产品品质、性能的要求也越来越高，同时也促进了熔炼技术的发展。

在传统的铜及铜合金材料体系的基础上，目前，高性能铜合金材料的研究发展方向主要有四个方面：高纯度或超高纯度化、复杂多元化、微合金、复合材料。

2.7.1 高纯度或超高纯度化

比较有代表性的是水平引铸单晶铜和7N级纯铜，电子工业对铜的高导电、导热性提出了越来越高的要求，高温超导材料对铜低温下的塑性和强度、微合金化铜合金对基体材料纯净化也提出了更高的要求，这些都促进了铜高纯度熔炼技术的发展。

2.7.2 微合金化铜合金材料

作为具备优良综合物理性能和力学性能的功能结构材料，高导电、导热性是其最大的优势。根据合金化原理，在纯铜中加入适宜的元素，在保证高导电性的前提下，可提高材料的强度、高温抗软化性、高弹性等。此类材料所具有的特性，受到世界各国材料科技工作者的青睐，是近些年来发展最快的一类铜合金（见表2-6）。

表 2-6　具有代表性的微合金化铜合金系及主要性能

合金体系	合金牌号	化学成分（质量分数）/%	抗拉强度/MPa	伸长率/%	电导率/% IACS	其　他
Cu-P	TP0、TP2（C1220）	Cu-0.015～0.04P	220～270	20～40		HV80～110
Cu-Fe-P	C192(KFC)	Cu-0.15Fe-0.03P	350～450	8～20	>80	HV100～130
	C194(QFe2.5)	Cu-2.3Fe-0.03P	420～580	6～18	>65	HV110～160
Cu-Cr	QCr0.5(C18200)	Cu-0.7Cr	480～620		>78	
Cu-Cr-Zr	KLF185	Cu-0.7Cr-0.2Zr			>80	HV185
Cu-Ni-Si	Cu-Ni-Si（C7025）	Cu-3.2Ni-0.75Si	650～800	4～10	40～56	
		Cu-1.0Ni-0.25Si	600～720	4～10	44～59	
Cu-Ag	Tag0.1(C105)	Cu-0.1Ag	400～500		>97	
Cu-Ag-Cr	Cu-Ag-Cr	Cu-0.1Ag-0.3Cr	450～589		>85	
Cu-Sn		Cu-0.1Sn	400～550	6		

2.7.3　复杂多元化铜合金

在现有青铜、黄铜的基础上添加五元、六元等多种组元，可实现材料高弹性、高耐磨、高耐蚀、易切削等不同的功能（见表2-7）。

表 2-7　复杂多元铜合金材料及其主要性能

合金体系	合金牌号	化学成分（质量分数）/%	抗拉强度/MPa	伸长率/%	电导率/% IACS	其　他
锰黄铜	HMn62-3-3-0.7 HMn61-2.3-0.8-0.8 HMn60-3-1-0.75 HMn59-2-1-0.5	—	500～700	3～8	—	耐磨材料
铝黄铜	HAl64-5-4-2 HAl65-5-4-3	—	500～700	3～8	—	耐磨材料

续表 2-7

合金体系	合金牌号	化学成分（质量分数）/%	抗拉强度/MPa	伸长率/%	电导率/% IACS	其他
无铅黄铜	C39000	Bi/Ti 0.005~0.01	400~600	5~10	—	切削性能相当于 HPb62-3
加硼/砷黄铜	HSn70-1B HSn70-1As	B 0.003~0.008 As 0.005~0.01	500~700	5~10	—	耐蚀材料
Cu-Al-Sn Cu-Ni-Sn	—	Cu-9Al-1Sn Cu-3Ni-1Sn	800~1200	—	8~20	弹性材料

2.7.4 复合材料

铜合金材料强化方式主要有两种：一是引入合金元素强化铜基体形成合金；二是引入第二强化相形成复合材料。

近年发展起来的弥散强化无氧铜是典型的人工复合材料，常用的弥散质点有 Al_2O_3、ZrO_2、Y_2O_3、ThO_2 等。人工复合材料法是指人工向铜中加入第二相的颗粒、晶须或纤维对铜基体进行强化，通过向铜基中引入均匀分布的、细小的、具有良好热稳定性的氧化物颗粒来强化铜而制得的材料。其第二相的组分一般在1%以下甚至更低，但对材料的强化作用十分明显，尤其是大大提高了材料的高温强度。如 Cu-2.5% TiB_2（体积分数），电导率为 76% IACS，抗拉强度为675MPa。

另一类发展较快的是原位复合材料（自生复合材料），原位反应复合材料是指在铜基体中，通过元素之间或元素与化合物之间发生放热反应生成增强体的一类复合材料。这类复合材料中的增强体没有界面污染，与基体有良好的界面相容性，与传统的人工外加增强体复合材料相比，其强度有大幅度提高，同时保持较好的韧性和良好的高温性能。如 Cu-20% Nb（体积分数），电导率为 66% IACS，抗拉强度为 1450MPa。

随着对铜合金新材料及其制备方法研究的深入进行，可以相信，高性能铜及铜合金新材料在高科技领域的应用会越来越广泛。

3 铜及铜合金棒、线材铸造技术

铜及铜合金的铸造过程就是将熔炼后的金属熔液，通过受控制地注入不同类型的热交换装置（如铸模、铸机、结晶器等），经过不同介质、不同强度的冷却，使铜及铜合金从液态转变为一定形状和要求的固态。

3.1 铸造技术的分类及结晶原理

3.1.1 铜及铜合金棒、线材常用铸造方法的分类

铜及铜合金棒、线材常用铸造方法的分类如图 3-1 所示。

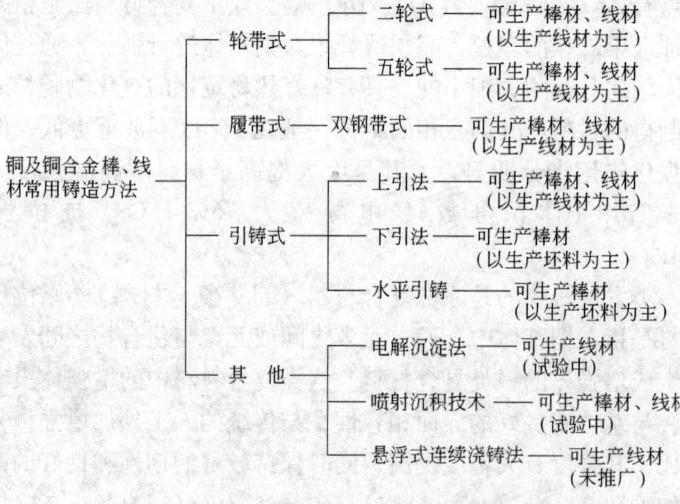

图 3-1 铜及铜合金棒、线材常用铸造方法分类

在这些铸造方法中，轮带式、履带式、引铸式都是成熟的技术，并被广泛应用，而其他类的方法，还基本处于试验性质，未能在铜加

工行业中推广。

在铜及铜合金实际生产使用中，轮带式、履带式被应用于规模化的韧铜低氧杆生产，并成为国内铜线材生产的主要设备，形成了中、高端的引进设备和低端国产仿制设备并存的局面。

上引法被大量地应用在无氧铜杆、铜棒、简单铜合金的生产,该类设备在引进消化吸收后,逐渐替代了进口设备,并拥有了许多的自主知识产权,因其价格低、工艺简单而成为国内目前普及率最高的设备。

下引法（半连续铸造）、水平引铸在铜合金生产领域被广泛应用，大炉型、多炉型潜流式、大截面铸锭、大单重铸锭、多头引铸等技术创新成果，使其几乎成为铜棒、铜板材、铜管生产企业的唯一选择。

新铸造技术的应用前景也随材料科学研究的不断深入，使其在特殊合金的制造方面更加受到重视。

3.1.2 结晶原理

3.1.2.1 铸锭结晶过程中有关枝状晶体生长及热对流原理

有关枝状晶体生长及热对流原理介绍如下：

（1）在固定金属池中，枝状体朝平行于散热方向生长。

（2）若溶液池中有紊流存在，则它对向前延伸的液固界面产生剪切作用，而枝状体将逆流生长。

（3）一旦枝状体生长方向形成，需有干扰，如剪力、气泡、一条等轴晶体等，才能改变这个方向。

（4）液固界面上的剪力可能从向前延伸的界面上剪去凝固金属碎片，使其成为等轴晶的晶核，而不管这些晶核是否依赖于过热残留在液体金属内。

（5）熔融金属过热度越高，则其越容易产生对流。型腔的高宽比高，则热对流就强；比值低可抑制对流。

3.1.2.2 典型的组织分布情况

铸件的结晶组织，大致可分为三种：细密的等轴状晶体、柱状

（或称凿状）晶体、粗大的等轴晶体。

（1）最外层是等轴细晶。由于在浇铸开始阶段，外围熔体和模壁接触，形成迅速的激冷作用，因而能获得极细密的等轴状（近似球状）晶粒。等轴状晶粒组织致密，力学性能优良。但由于结晶区太薄，所以对整个铸件的性能影响不大。

（2）由于铸件的收缩，金属和模壁间产生热传导性能较低的空隙，使冷却强度大为降低，愈向铸件中心，结晶速度降低愈多，因而就产生了晶轴向铸件中心方向发展的柱状晶体。柱状晶区为相互平行的柱状晶层，但在柱状晶体的交界处，强度和塑性较低，在热加工时，容易在该交界处开裂。但是柱状晶比较致密，不像等轴晶那样容易形成显微疏松，所以对于要求纯度高、塑性好的铸件，希望柱状晶区大些好。

（3）在铸件的中心，由于结晶速度降低更多，最后生成较为粗大的等轴晶粒。

这三种结晶组织的分布，在实际生产中并不是同时都存在的。根据浇铸条件的不同，特别是冷却条件的不同，有的最外层细密的等轴晶粒出现得很少或几乎没有，有的柱状晶体发育得几乎布满整个铸件——从边缘到内心，也有的等轴状的粗晶很多。

3.1.2.3 各种因素对结晶组织的影响

纯金属和合金的结晶组织在凝固过程中受到许多因素的影响，造成不同的结晶组织在铸件内部分布的不同。

A 金属或合金性质的影响

由于不同的金属或合金具有不同的凝固温度的过渡区范围，以及不同的含热量，因此就必然影响结晶组织形态的发展，其中以凝固温度过渡区范围大小的影响最为显著。

通常纯金属大多容易出现柱状晶组织，合金多倾向生成等轴状晶组织，合金的结晶温度区间范围越广，等轴状晶组织就越显著。纯金属或结晶温度区间（即过渡区范围）小的合金，由液态向固态的转变比较快，因而单一方向发育的柱状组织容易发展。如果合金的过渡区较宽，则由液态与固态共存的过程较长，晶粒朝着多方向生长

(见图3-2),因而容易发育成树枝状晶体。

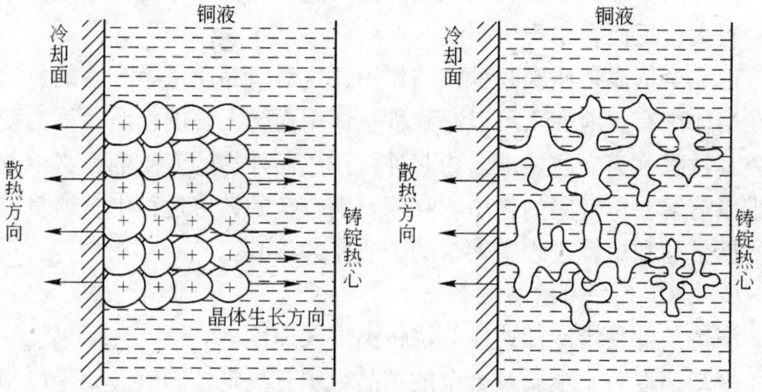

图3-2 结晶过程晶粒生长

金属或合金的热传导能力对晶粒的粗细有较大的影响。热传导能力越大,则断面上温度的升降越快,合金内部结晶的方向性也越小,而获得细小的等轴晶粒的可能性越大。合金的热含量大,则单位时间内,热量来不及放散,所得等轴晶粒就越粗大。此时,断面上温度升降慢,使合金的结晶有充分的时间发挥其方向性,而获得柱状组织的可能性就大。如果合金热含量小,则易获得细小的晶粒。

B 外来的细小掺入物对结晶的影响

在实际浇铸过程中熔融的金属不可避免地有外来掺入物进入,这种掺入物对金属或合金的结晶组织状态有很大的影响。这些物质可能来源于熔炼过程和自身携带的外来元素等杂质。

外来掺入物对结晶的主要影响是细化晶粒。它们在结晶过程中起了产生晶核的作用。如果在液态的金属或合金中没有足够产生晶粒的核心,即使温度降低到凝固点以下,也不可能生长出晶粒,这种状态称过冷。这种生长核心的作用称为种核作用。外来掺入物越多,作为种核的种子就越多,也就是核心越多。在一定的体积范围内,核心数量越多,围绕核心生长的晶粒就越细;反之,核心数量越少,晶粒就越粗大。

有许多外来的极细微的掺入物,在金属结晶过程中的种核作用十分强烈。所以有许多杂质，如铁元素、铜的氧化物等，虽然是有害杂质，但有利于细化晶粒。高纯度的铜经过彻底精炼净化的熔液，往往晶粒粗大，反而容易产生裂纹。

但完全依靠杂质来起种核的作用，这对产品质量是有害的，通常是在熔体中有意地加入可以起到种核作用而又无害的物质，称为变质剂，其过程称为变质处理。为起种核作用而外加的变质剂，必须首先是难以溶解在母金属的物质。在铜及铜合金的铸造过程中，通常以自身所携带的和熔炼过程中夹带的杂质作为核心。

C　浇铸条件对结晶的影响

浇铸条件是指冷却速度与浇铸温度及速度。

冷却速度对于金属及合金的结晶组织有决定性影响。如果冷却速度很小，则所获得的结晶组织必然是粗大的等轴晶体；冷却速度增大，就会出现柱状晶体；冷却速度越大，柱状晶体的分布范围越广。如果冷却速度极大，可以获得十分细密的连续柱状晶体组织及极细微的等轴晶体组织。

浇铸温度及速度对结晶组织也有很大的影响。通常过低的浇铸温度容易获得细小的结晶组织；过高的浇铸温度容易获得粗大的结晶组织。而浇铸速度对结晶组织的影响是：较低的浇铸速度容易获得具有显著方向性的结晶组织；过高的浇铸速度易获得过分发育的致密性较差的树枝状晶体。

D　熔体的运动对结晶面的影响

金属及合金在结晶过程中，结晶面开始形成结晶体枝晶骨架时，晶体是十分脆弱的。此时如果受到熔体运动的干扰，很容易被破坏，被破坏的枝晶骨架就形成了结晶的晶核，晶核越多，晶粒就越细小。

熔体的运动方式分为三种：

（1）机械或电磁感应的搅拌，使熔体正在结晶形成骨架时破碎，从而出现大量可作为结晶核心的枝晶碎块，使晶粒普遍细化。

（2）振动波的影响。在振动波的作用下，结晶面的边缘的树枝状的晶枝破碎，产生大量的晶核。振动波改善结晶组织的效果，主要取决于振幅的大小，但当振动大于0.5mm时，晶粒细化的效果不再显著，液体内部自身的振动，不能再使晶粒细化。

（3）熔体导入结晶器的方式，直接影响结晶面各区域的温度分布。在热熔体浇铸的地方，金属必然要受到过热，这就使结晶器内温度分布不均，将影响晶粒大小和形状的均匀性。在连续浇铸过程中，若改变浇铸方式，直接向结晶面边缘供过热的金属，便可以在铸件断面任意区域得到柱状组织。如将过热的熔体集中浇铸于铸件的中部，便会促使铸件中部得到柱状组织，若偏斜浇铸，将导致柱状组织的区域偏移。

3.2 铸造过程中的冷却量的计算

3.2.1 热交换过程

在连续的浇铸过程中，从熔体注入结晶器内时，到铸件冷却至给定的温度，铸件将先后受到两次冷却，即一次冷却和二次冷却。一次冷却是指在结晶器中，冷却水通过结晶器外壁对铸件进行间接冷却，这部分冷却是决定铸件质量的关键因素之一；二次冷却是指铸件由结晶器出来后的调温冷却，另外在铸件进入轧制前，它本身要传导及辐射一部分热量，为其所接触的工具及空气等介质所吸收。

连续铸造过程也就是金属在凝固过程中与周围介质（冷却水、空气）之间进行热交换的过程。这种热交换连续、均匀地进行着，要保持相对的平衡。即单位时间内进入结晶器中的熔体所带入的总热量与两次冷却及空气散热的总热量之间保持平衡，这是实现正常连续生产的关键，任何时候，这种平衡一旦被打破，连续浇铸将终止。

相同体积的熔体的总热量随金属的不同而存在差异。熔点高、比热容大、密度大的金属，单位体积放热量也大，实现热平衡就越困难。

不同金属的热导率见表3-1。

表3-1 不同金属的热导率

金属	Cu	Al	Mg	Zn	Fe	Ni	钢
热导率 /W·(cm·℃)$^{-1}$	0.8	0.52	0.376	0.303	0.15	0.14	0.115

在连续铸造过程中，热的传导依靠 3 种介质，即凝固金属本身、结晶器部分的材质、凝固金属与结晶器之间所生成的空隙。

熔体带入结晶器内的总热量，特别是固体热是依靠金属本身的热传导能力，传递给结晶器的，再通过冷却水将热量带走。在浇铸过程中，熔体一旦凝固后就要发生收缩，收缩后使金属与结晶器间遗留空隙，空隙内充满气体，而气体为热的不良导体，会严重阻碍热量的放散。检测结果表明，此空隙如果增加到 1mm，就可能使散热能力降低到原来的 1/600 左右。对于轮带式铸机更为明显，铸件在凝固后与结晶器腔壁形成一定的空隙，造成传热变坏。

3.2.2 热交换量计算

3.2.2.1 铸造过程中热释放总量

已知：铜比热容 C_p，经换算为 0.092kcal/kg · ℃（注：1kcal = 4.1868kJ，下同）

熔化潜热 50kcal/kg

计算公式：

$$Q = C_p \times T \times m$$

式中 Q——总热量；

T——温度差；

m——质量，kg。

假设铸造过程为表 3-2 的特定条件：

表 3-2 铸造过程计算热交换量的特定条件

项 目	产量/kg · h^{-1}	熔液浇铸温度/℃	铸锭或成品最终温度/℃	冷却水温差/℃
假设条件	8000	1140	45	7

则铜及铜合金熔液凝固时需释放的热量为：

$$Q_1 = 0.092 \times (1140 - 45) \times 8000 = 805820\text{kcal}$$

铜及铜合金的熔化潜热为：

$$Q_2 = 50\text{kcal/kg} \times 8000\text{kcal} = 400000\text{kcal}$$

故，铜及铜合金每小时热释放总量为：

$$Q_{总} = Q_1 + Q_2 = 805820 + 400000 = 1205820\text{kcal}$$

3.2.2.2 冷却水量的计算

已知：水比热容 C_p 为 1kcal/kg·℃

$$Q_{总} = 1205820\text{kcal}$$

冷却水温差 T 为 7℃

计算公式： $D \times C_p \times T = Q_{总}$

式中 D——冷却水总量。

$$D = 1205820 \div 1 \div 7 = 172260\text{kg/h} = 172.26\text{t/h}$$

这里未考虑铸造过程中，通过空气等其他介质所释放的热量。在实际设计时应考虑环境温度和冷却水冷却效果的变化等因素，总的冷却量应按适当比例放大。

3.3 铸件常见的质量缺陷

3.3.1 缩孔与疏松

疏松是一种最常见的铸造缺陷。它以极细小的针孔状态存在。一般借助于显微镜做低倍放大观察即可发现细点状的小孔。

疏松现象大致有两种：当金属或合金液态变为固态时，由于发生体积收缩而得不到熔体的补充，在最后凝固的地方出现空洞，一般称为缩孔；另一种是金属内所含的气体，在凝固收缩时释放出其他所生成的气眼，称气孔疏松。它们之间很难鉴别，但仔细观察可发现缩孔呈多角形且发暗，而气孔多呈圆球形而发亮。

气孔是造成疏松缺陷的主要原因，在铸件降温结晶过程中，气体随溶解度的下降而不断扩散、聚集，造成局部气体含量的过饱和，当进一步结晶时，气体以小气孔的形式析出，造成疏松缺陷。缩孔是铸件中的一种伴生现象，均出现在铸件断面的中心区，铸件的缩孔若切除不净，在后续的锻造和轧制过程中会形成缩孔残余缺陷。

在连续铸造过程中，铸件的缩孔对产品质量的危害是不容忽视的。它的产生与浇铸温度、速度以及冷却效果等条件是密不可分的。

因此在减少熔体气体含量的同时，应该选择适当的浇铸温度、速度，提高冷却效果。在半连铸铸造时，可通过控制浇铸速度及临近结束时减慢铸造速度来减少缩孔与疏松。

3.3.2　偏析

所谓偏析就是指铸锭凝固后内部各区域的化学成分存在差异，它是合金凝固过程中产生的一种现象。

偏析大致有三种形式：晶内偏析、重力偏析、区域偏析。无论哪种形式的偏析，都对铸件质量产生极坏的影响。虽然偏析缺陷是由化学成分的不均匀性而造成的，但无法通过化学方法来改善，而主要通过工艺的改善来解决。

（1）加强冷却。对于任何有利于加强金属在凝固过程的激冷强度的条件，都有利于减少偏析倾向。如果选择适当的浇铸速度、合理的冷却制度等，都能使偏析现象减少。

（2）加入晶粒细化剂。通过加入微量元素的方法来消除或减轻偏析倾向可获得良好的效果。

（3）采用振动结晶器、卧式铸造等方法都可有效地解决偏析问题，改善铸件表面质量。

铸锭中一般多为重力偏析，可以利用浇铸时的搅拌、加快冷却速度来减轻。对于高铅黄铜的生产，更要强化搅拌，以免产生铅的严重偏析。

3.3.3　裂纹

裂纹、裂缝缺陷是有色金属铸造过程中遇到的最严重和最常见的问题。这种缺陷将造成大量废品。浇铸后的铸件可能产生两种裂纹：裂纹在表面的叫表面裂纹；裂纹在内部的叫内部裂纹。裂纹产生的原因又可分为热裂纹和冷裂纹（在凝固过程中产生的裂纹叫热裂纹；在完全凝固以后产生的裂纹叫冷裂纹）。

热裂纹是在温度较高的结晶过程中，沿晶界发生的微小裂纹，尤其是铸造温度较高时，如果金属供流不均匀，在冷却水流变化较大的情况下，在水流较弱处可能产生连续性的热裂纹。冷裂纹一般发生在铸锭温度较低的弹性状态，由于铸件内外温差大，收缩产生的应力也较大，并且应力集中到某薄弱处（如夹渣、成层热裂纹处），当应力超出金属的强度或弹性极限时，就会造成大的穿过晶粒内部的冷裂纹。

裂纹产生的最直接原因是收缩应力作用的结果。特别是在浇铸铜合金时，因合金本身塑性不好、强度不高，则是铸锭产生裂纹的内因。

裂纹的排除方法是适当降低浇铸速度和金属温度；冷却效果均匀；控制浇铸工艺参数（包括浇铸速度、金属熔液温度和冷却水温度、流量、压力等）。一切可以减小铸锭内、外温差和提高铸锭中心强度的措施都可以减少中心裂纹产生的可能性。

3.4 脱模剂

铜及铜合金的铸造过程就是高温熔液在不同铸模中被介质冷却凝固成形，由于铸模材质的差异，铜液凝固后极易牢固地黏附在金属材质的铸模上，必须使用脱模剂使熔液与铸模之间形成间隔，以利于铜及铜合金的脱模。

脱模剂应具备以下特性：

（1）耐高温、耐磨损、耐冲击、导热性好、热膨胀性低、化学性能稳定、致密。固体材质还需要有一定的机械强度和较高的纯度。

（2）在引铸法中使用石墨材料作为铸模（结晶器），其材料本身就是一种优良的固体润滑剂和脱模剂。石墨材料所具备的特性，使其在高温熔液的作用下，通过产生微量的剥落，形成一个间隔层，所以引铸法无需使用脱模剂。石墨铸模的使用周期较金属铸模短，但价格相对比较便宜。

（3）脱模剂常用于金属材质的模具，即铜线材的生产。脱模剂与润滑剂一样，存在多种不同的状态和形式，如固体粉剂、液体乳剂、油剂等。其基本机理都是相同的，即在模具表面形成均匀的覆盖层，将熔液与模具表面隔开。

（4）固体粉剂、液体乳剂的基础材料均使用耐高温性能优良的炭，而油性脱模剂则是纯度较高、表面亲和性好的高分子化合物。

铸造用脱模剂见表3-3。

表3-3　铸造用脱模剂

脱模剂名称	主要成分	使用方法	作用过程
炭　黑	碳	喷涂	乙炔经不完全燃烧后产生炭黑，炭黑在缺氧状况下，高温裂解成炭颗粒，并在铸模表面形成附着层
片状石墨粉剂	石　墨	喷涂	直接在铸模表面形成黏附层
骨粉（乳剂）	氧化钙	喷涂	烘干后，直接沉积在铸模表面
石墨乳	石墨	喷涂	烘干后，直接在铸模表面形成黏附层
油　剂	高分子化合物	喷涂	附着在铸模表面的油在缺氧状况下，经高温裂解成炭颗粒，并在铸模表面形成薄膜

3.5　引铸法

3.5.1　上引法

上引法又称上引连铸线坯法。

上引连铸生产工艺是20世纪60年代末，国外在研究加工紫铜线时发展起来的一种线材生产加工工艺。国内70年代末开始进行研究，80年代投入工业化生产，90年代得到较大的发展，单台设备的产能已从开始时的2000～3000t/a发展到当前的10000t/a以上。由于上引连铸生产工艺简单，产品质量稳定，其产品质量能满足电力、电子等行业的质量要求，因此已成为中小型铜线加工企业的主流生产工艺。随着这项技术的不断发展和生产设备的不断完善，上引连铸法生产的品种也由单纯的生产紫铜线发展到生产紫铜管和黄铜、白铜等不同牌号的线材、异形材产品。

应该特别提及上引法生产工艺。该工艺从引进到消化吸收的整个过程是最成功的，国内已大规模普及，该工艺的很多技术均拥有自主知识产权。目前，上引无氧铜杆设备以国产仿制为主，现每年新增约30套。

上引无氧铜杆生产设备见表3-4。

表 3-4 上引无氧铜杆生产设备

分 类	引 进	国产（ϕ20mm）	国产（ϕ8.0mm）
数量/套	20	500	600
年产能/t·套$^{-1}$	2000～4500	2000	4000～5000

注：表中数为估算值。

3.5.1.1 技术特点

上引连铸是用一个石墨结晶器从上向下插入已精炼的铜液中，通过牵引机牵引铜杆，在石墨结晶器内形成真空，铜液在结晶器内经填充、冷却、凝固、再次提升这样一个循环过程而实现铜杆成形的（见图3-3）。

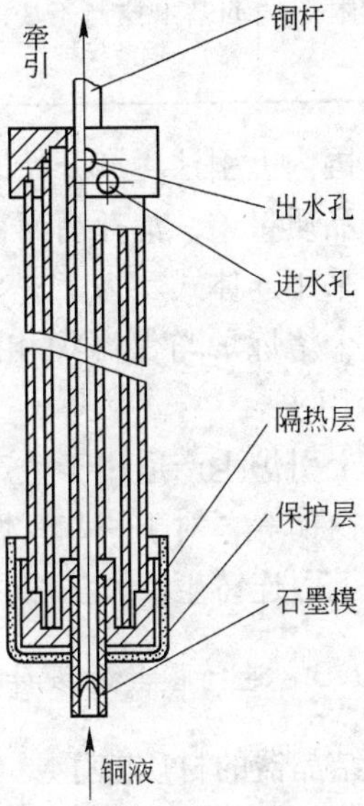

图 3-3 上引法生产设备结构

在这个成形过程中，有诸多的因素会影响过程的进行，结晶器内的冷却强度、铜液的温度、铜液的内在质量等都会对上引铜杆线坯的形成过程产生影响。对于上引连铸过程，匀速牵引在理论上来说也应该是可行的，但这将对控制上述的这些影响因素提出苛刻的要求，因此目前实际生产过程是通过“停—快速提升”这种方式来减小这些因素的干扰作用而实现连铸过程连续进行的。

3.5.1.2 上引连铸生产

上引炉生产设备就炉子而言有两种形式：一种是分体式，另一种是连体式。分体式是设熔炼炉、保温炉两个独立部分，铜在熔炼炉中熔化和精炼，合格后的铜液倒入保温炉进行上引法生产。连体式炉子是将保温炉、熔炼炉做成一体，铜加入熔化炉熔化后，铜液通过铜液下的通道自动进入保温炉。这两种生产方式各有利弊，详见表3-5。

表 3-5 分体式、连体式熔炼炉的优、缺点

炉 型	优 点	缺 点
分体式	成分控制均匀、保温炉温度波动小、铜液经过精炼，质量可控制	铜液在转移过程中保护困难、保温炉液位冲击较大、液位跟踪器频繁启动
连体式	炉子液位稳定（生产操作熟练后可基本控制不变，不用液位跟踪器）、铜液保护好、操作简便	保温炉的温度受加料影响大、精炼作用差，原料品质波动对产品质量影响明显、生产合金时成分波动大等

国内上引法生产开始时也有采用熔炼与保温实现单炉生产的，后因产品质量差，消耗高而被淘汰。目前，上引炉生产紫铜线越来越趋向于采用连体式。为了进一步提高产量，又采用多体炉结构，即两个或多个熔炼炉与保温炉相连，同时采用多头上引，国内最多可达到24个引头。

上引炉生产适用于生产纯铜及一些互熔性好的铜合金，如简单黄铜，白铜等，对于一些互熔性差的铜合金，生产比较困难，一般较少采用上引连铸生产方法。

3.5.1.3 连铸模具的设计

结晶器的材质除了要有良好的散热能力外，其强度（不易变形）及耐磨、耐腐蚀性也是极为重要的。金属类结晶器材料多采用铜、铜银合金、铜锆镉合金等，无法进行脱模剂表面连续喷涂的则采用自润滑特性好的石墨。

石墨压型机见图 3-4。

图 3-4 石墨压型机

结晶器宜用含石墨量高的、中等偏软的石墨材料，以提高石墨的导热性。常用的石墨材料为高纯石墨。模具的连接一般采用螺纹连接。典型石墨结晶器结构设计见

图3-5，推荐的结晶器结构尺寸见表3-6。

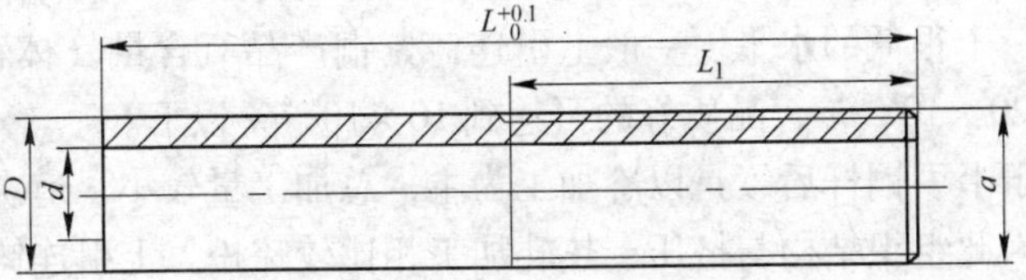

图 3-5 石墨结晶器结构

表 3-6 推荐的石墨结晶器结构尺寸

规格尺寸/mm	8.0～12.0		14.4～20			20 以上
结晶器尺寸/mm	8.5	10	14.4	17	20	25
D	18		30		33	39
d	8.6	10.1	14.5	17.2	20.2	25.2
L	120		140			140
a	$M18\times1.5$		$M30\times2$		$M33\times2$	$M39\times3$
L_1	70					

石墨具有高温强度和自润滑特性，且导热性良好，在气孔率30%时，导热系数为418～460kJ/m·h·℃，不及铜、铝，但比黄铜、青铜和软钢高，因此是制作结晶器的理想材料之一。石墨结晶器的致密、细腻、耐磨、抗氧化的特性与选材、配料和制造有关。考虑到石墨是六方晶体，具有各向异性的特性，在 C 轴方向有良好的抗压性和较小的摩擦系数，在 A、B 轴方向有好的导热性，这样采用热解的方法，在结晶器的工作表面上定向地生长出一层 C 轴垂直于工作面、A 和 B 轴平行于工作面的石墨，能够有效地提高使用寿命。

虽然 A 和 B 向导热性与铜相近，但 C 向却是良好的隔热材料，因此必须控制这一定向石墨层的厚度，一般以0.05mm左右为好。又由于定向石墨层致密（密度为2.177～2.04g/cm^3，接近于2.268g/cm^{3}的理论密度），纯度极高，抗氧化性能十分出色。

3.5.1.4 上引法产品质量和主要缺陷分析

上引连铸产品，由于在生产过程中铜液是用木炭、石墨鳞片来隔绝空气的，空气中的氧气难以扩散到铜液界面，而铜液中以氧化亚铜形式存在的氧，在铜液表面不断地被还原，使得生产的铜杆氧含量能控制在一个很低的水平。一般上引连铸紫铜产品氧含量（体积分数）可达到 $20\times10^{-4}\%$，品质好的可达到 $10\times10^{-4}\%$ 以下。

由于上引铜杆后续是以冷加工为主，总加工量较小，道次加工变形小，因此组织结构与挤压、热轧加工相比较疏松。上引连铸铜杆的氧与其他杂质含量低，但其产品氧与杂质含量对电导率的影响要比普通韧铜敏感得多。氧和杂质的增加都将会造成电导率的大幅度下降。氧含量超过 $30\times10^{-4}\%$、铁含量超过 $100\times10^{-4}\%$ 时，无氧铜的电导率将会急剧下降。

上引连铸裂纹有表面裂纹、空心、夹杂，其他还有杂质元素超标、擦伤、划伤等。这些缺陷会造成后续加工过程中成品或中间产品易断、有毛刺，物理力学性能（如电导率、抗拉强度、伸长率）达不到标准要求等。上引法产品的主要缺陷见表 3-7。

表 3-7　上引连铸产品的主要缺陷及产生原因

序　号	缺陷名称	产 生 原 因
1	裂　纹	1. 铜液杂质元素、氧含量偏高，造成上引杆组织结构晶界存在低熔点金属或组织； 2. 工艺安排不合理，温度高低波动大、速度太慢、节距偏长； 3. 结晶器使用时间过长，表面不光滑
2	空　心	1. 温度过高，结晶器冷却能力不足，结晶慢，中心出现疏松； 2. 铜液有吸氧或吸气，造成铜杆中有气体吸出
3	夹　杂	1. 原料杂质多，铜液本身杂质含量偏高； 2. 结晶器位置偏高，处于铜液上表层，表层的杂质有的被吸入； 3. 清理操作不当，操作过程将杂质搅入铜液中
4	杂质超标	1. 阴极铜元素超标； 2. 辅料含有异物
5	擦伤、划伤	多为机械故障

3.5.2 水平连铸法

3.5.2.1 引铸条件

这种方法是指金属熔体在与地平面平行安装的铸锭机上连续从结晶器中被拉出的铸造工艺。与半连续铸造相比，这种铸造方法具有以下特点：结晶器与炉体紧固成一体，不与空气直接接触，避免了熔体在结晶器中的氧化，操作简便，不需要控制金属熔体的液面，也不存在液面不稳定的问题；设备结构简单，安装方便，不用挖铸造井，占地面积小，投资少；浇铸速度快，辅助时间短，生产率高。

国产水平连铸机见图 3-6。

图 3-6 国产水平连铸机

水平连铸和上引法一样，都是一个连续的过程，铜液在水平方向被引出，同时结晶器低于液面，故为保证水平连铸过程能够连续不断地进行，至少要满足以下三个基本条件：

（1）金属液能够连续不断地供给；

（2）在结晶器的某一区域内金属液以一定速度结晶凝固，并按此速度把凝固的金属拉出结晶器；

(3) 热量交换应平衡，即液态金属变为固态金属时释放的热量应与冷却水带走的热量、其他方式散发的热量及拉出结晶器后金属余热的总和相等。

前两个条件中任何一个发生问题，都将导致水平连铸的失败；第三个条件发生问题，在一定范围内可以通过自我调整（如自动改变结晶位置）达到新的平衡。所以从炉子到结晶器出口的这一区域内，金属从液体到固体，发生着一系列复杂的晶核形成、生长扩大、金属凝固等过程，在这一区域内，金属所处的状态也可分为液态、半凝固态和固态。

为了使水平连铸连续稳定进行的三个基本条件得到保证，在实际生产中，都采取一些必要的工艺措施，如采用振动引锭、节轮停一拉连铸、链轮停一拉连铸、微引程反推连铸等来确保晶核的形成、长大，如不采用这些工艺，就不能保持水平连铸的连续进行，必定产生拉漏现象；采用水冷以确保金属液按一定的速率结晶凝固，对大规格铸坯有时采用三次水冷却以保持连铸的热平衡；采用炉子内金属液较大过热度、底座和结晶器的预热等方法，确保图 3-7 中液态金属区内

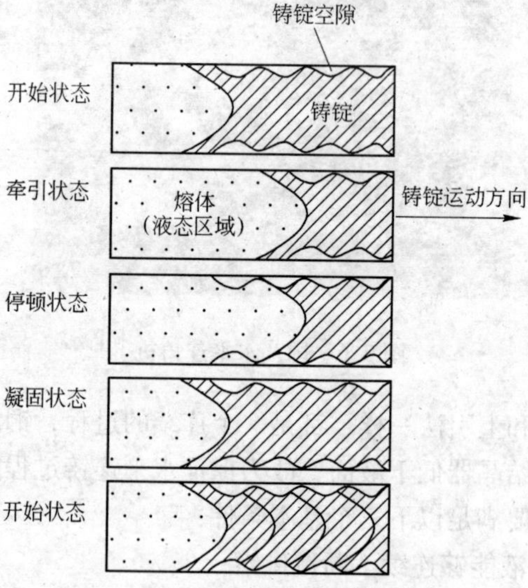

图 3-7 水平连铸结晶器结晶过程

的金属液具有一定的过热度和较好的流动性。

但是在现实生产过程中，往往由于工艺参数、现场操作控制、设备结构和结晶器、底座工装等方面的原因，会在水平连铸的过程中出现拉断、拉漏，甚至引不出锭等现象。这就有必要从水平连铸工艺原理出发，对这些现象的本质进行分析并加以改进。

图 3-8 为铜合金水平连续铸锭平面布置图。

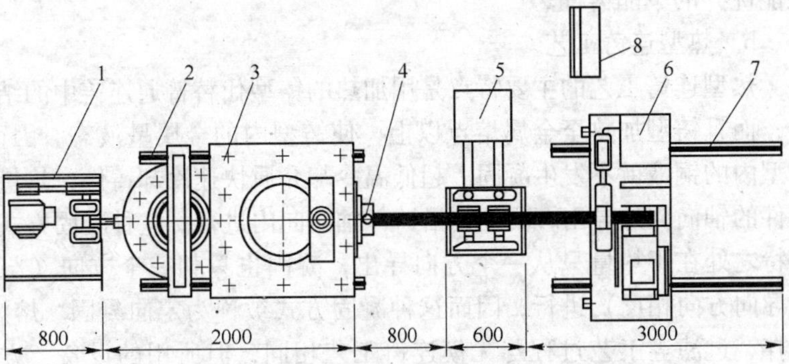

图 3-8 铜合金水平连续铸锭平面布置图

1—装置；2—导轨；3—保护罩；4—结晶器；5—引锭装置；
6—自动锯；7—导轨；8—操纵台

3.5.2.2 适用范围

水平连铸具有劳动强度低、环境污染小、锭坯质量好、投资少、见效快等优点，其应用范围不断扩大，尤其在铜加工行业中，规格大到 ϕ250mm 以上，小到 ϕ12mm 甚至更小；断面形状也从单一的圆形发展为扁形、方形及异形等。特别是在铜合金的铸造中被广泛采用。

3.5.2.3 水平连铸实际应用——定向凝固“单晶铜”技术

A 单晶铜制造技术

a 无模连铸工艺

它与传统连续铸造的根本区别在于采用区域熔炼、电磁搅拌、电磁过滤与物理场过滤、电磁约束成形等新工艺、新技术，实现了金属液的无铸模成形，而非传统连铸的水冷铸模或结晶器成形。区域熔炼、电磁搅拌、电磁与物理场过滤等先进工艺技术的应用，使得金属液内杂质得到有效去除，金属液更加纯净。同时，无模（结晶器）的电磁约束成形使得金属晶核无法在模壁上结晶，并通过端部的超低温介质冷却形成金属液体单方向凝固的高温度梯度，使金属液在脱离电磁约束成形作用的出口处瞬间凝固成形，从而得到表面光亮如镜、性能优异的单晶铸杆。

b　热型连铸工艺

热型连铸工艺的主要特点是用加热的铸型代替普通连铸中的结晶器，而且铸型加热至金属熔点以上，使铸型内的金属呈液态。因而，铸型内的铜液就不发生凝固。超低温冷却介质快速冷却铸件，热量沿铸件的轴向向外导出，凝固则沿铸件轴向向内进行。这种凝固方式的独特之处在于热量只从一个方向导出，凝固也只朝一个方向（与热量导向方向相反）进行，因而这种凝固方式被称为定向凝固。熔炼、搅拌、过滤等工艺过程与无模连铸工艺相同，但所用的设备、方法不同。

而多向凝固——普通的连铸（例如上引法），金属是在水冷的结晶器中凝固，热量沿铸件的四周向结晶器外导出，凝固则由铸件四周向中心反方向进行，因而这种凝固方式又被称为多向凝固。

两种工艺的铸造组织凝固过程对比见图 3-9。

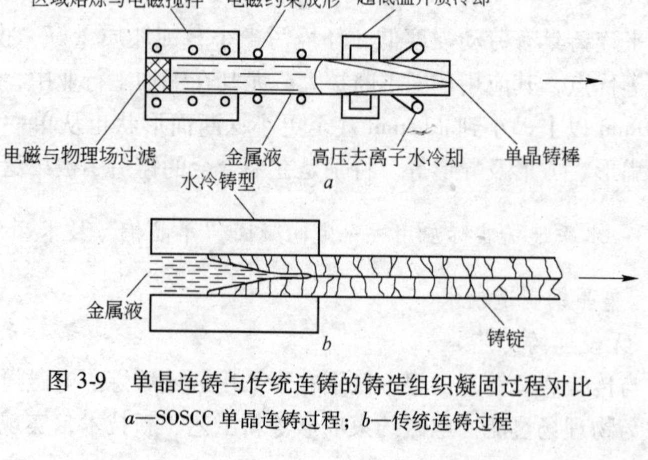

图 3-9　单晶连铸与传统连铸的铸造组织凝固过程对比

a—SOSCC 单晶连铸过程；*b*—传统连铸过程

B 定向凝固技术

上述两种单晶铜制造工艺中均使用了定向凝固技术，该技术是单晶铜生产过程中的核心技术，只有有效地控制金属铜凝固过程，才能生产出单晶铜。

a 晶粒的生长方向始终一致

刚开始凝固时，晶粒在引锭杆的端面上生长，没有方向性。随后，不符合热流方向的晶粒生长受到抑制。只有与热流方向一致的晶粒才能继续长大，最后形成晶粒生长方向一致的定向凝固组织。当晶粒生长速度较慢时，由于界面能的差异，会发生大晶粒吞食小晶粒的过程。吞食的结果只剩下一个晶粒，这就是单晶。

晶粒的生长形态取决于温度梯度和生长速度。温度梯度大，晶粒生长速度慢，晶粒数量就少，容易得到单晶；温度梯度小，晶粒生长速度快，晶粒数量就多。热型连铸工艺由于冷却水就在铸型出口附近对铸件强烈冷却，造成很大的温度梯度，因此其单晶生长速度可达几十毫米/分。而在普通的多向凝固方式中，热流向四周流出，晶粒由四周向铸件的热中心生长，无固定方向，而形成常见的多晶组织。

b 铸件凝固时金属液可以得到充分的补缩

凝固前金属内所含的气体、夹杂物能顺利排出。凝固时，金属由液态转变成固态，体积要缩小。如果没有金属液补充，就会形成缩孔。普通连铸铜杆轴线上就经常出现缩孔，就是因为中心部分得不到充分补液。定向凝固中，凝固界面始终与金属液接触。金属的凝固收缩可以得到充分、及时的补充，完全消除缩孔，获得高度致密的组织。凝固时金属中的气体溶解度降低，以气泡形式析出。夹杂物也会被排斥到凝固前沿。在定向凝固中，此气泡及夹杂物容易扩散到金属液中。而在普通的凝固方式中，这些杂质被推到晶粒体之间和最后凝固的地方（热节），最后还是滞留在铸件内。

c 单晶生长速度与品质

单晶铜最大的特点是以获得极高纯度的铜来保证产品的性能。较快的单晶生长速度是工业化生产的前提，但单晶铜杆的品质却与产量成反比。

单晶体生长越快，因容积较小，铸型内铜液中杂质越无法通过铜液自身缓慢的对流完全排出，故铸型内杂质的浓度不断升高，并最终直接影响单晶铜杆的纯度；较慢的单晶生长速度，可以通过铜晶粒自身的生长过程所具有的排他性，将杂质排挤出去，经铸型内铜液缓慢的对流被不断地稀释，通过铜液过滤设备除去。

因此单晶铜的生长速度应控制在铜液自身稀释能力的范围内，就可获得质量与产量的平衡点。目前在日本，OCC 法可获得的最高纯度达 7N 级（99.99999%）的单晶铜。而该单晶铜生长的速度约为 2mm/h。

d　铸件与铸型的摩擦力小

在普通的连铸中，铸件在结晶器壁上凝固后，附着在器壁上，形成很大的摩擦力，必须用振动铸件或结晶器的方式以使铸件与结晶器脱离，这样就造成铸件表面的节状疤痕。摩擦力大时还会导致铸件裂纹。在热型连铸工艺中铸型内的金属绝大部分呈液态，只有在铸型出口 1mm 处才完全凝固，铸件与铸型之间只存在很小的摩擦力，无需振动便可脱模。铸件表面光洁，无裂纹。而无模连铸工艺几乎无摩擦力。

e　特点

综上所述，与普通连铸工艺相比，热型连铸、无模连铸工艺有以下特点：

（1）可以获得单晶或柱晶组织；

（2）可以最大限度消除孔洞类缺陷，获得致密组织；

（3）可以获得表面光洁的铸件。

单晶铜与上引多晶铜金相组织对比见图 3-10。

a　　*b*

图 3-10　单晶铜与上引多晶铜金相组织对比

a—单晶铜；*b*—上引多晶铜

C 单晶铜杆

利用单晶连铸技术制备的单晶铜杆具有良好的力学性能、电学性能、信号传输保真性能和耐腐蚀性能，具体有以下几个方面：

（1）高纯度。杂质总含量与原料电解铜相比，降低了25%以上。

（2）低电阻。与传统连铸的多晶无氧铜材相比，降低了8%以上。

（3）超塑延展性。冷压延变形率达到6000%以上，且铜带边缘不产生任何裂纹（普通无氧铜在冷压延变形率达到1000%时就在边缘产生裂纹），直径为6.2mm的单晶铜杆不加任何退火可压延成0.1mm的铜箔。

（4）高伸长率。铜杆伸长率达到40%～70%，较普通无氧铜明显提高。直径6～8mm的单晶铜杆不加任何中间退火可冷拉成0.1mm的细线，并且在拉拔过程中无断丝现象。

（5）组织致密。测试结果表明，单晶铜的密度接近铜的理论密度，达到8.953g/cm^3。

单晶铜线规格与性能见表3-8。

表3-8 单晶铜线规格与性能

序号	规格/mm	抗拉强度/MPa	伸长率/%	电导率/%IACS	铜纯度/%	状 态
1	ϕ14～5.0	≥200	≥2.5	≥98	99.997	硬态、长度1.5m
2	ϕ4.0～1.0	≥320	≥2.0	≥97	99.997	硬态、圈状
3	ϕ1.0～0.10	≥370	≥1.5	≥96	99.997	硬 态
4	ϕ0.09～0.07	≥420	≥1.5	≥96	99.997	硬 态
5	ϕ3.0～1.0	—	≥20	≥102	99.997	软 态
6	ϕ1.0～0.10	—	≥20	≥102	99.997	软 态
7	ϕ0.09～0.07	—	≥15	≥102	99.997	软 态

（6）相关单晶铜、单晶铜产品以及制造、检验设备的图片资料，见图3-11。

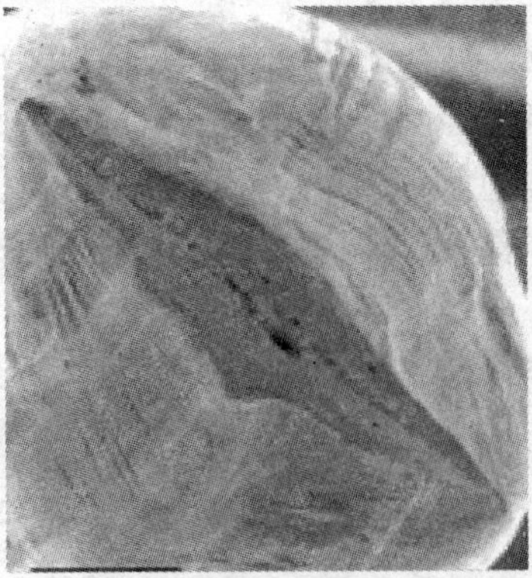
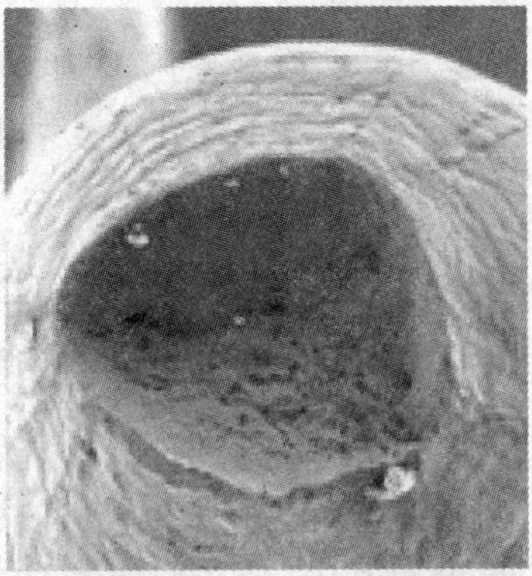

单晶铜杆断口与普通无氧铜杆断口的形貌对比(左为单晶铜，右为无氧铜)

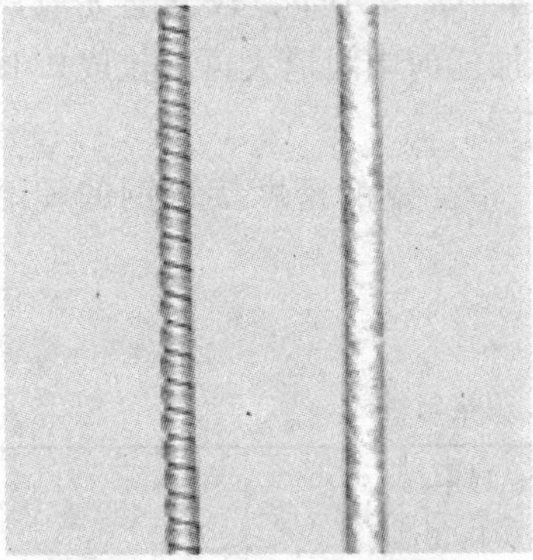

单晶铜杆与普通无氧铜杆扭转对比
(左为单晶铜，右为无氧铜)

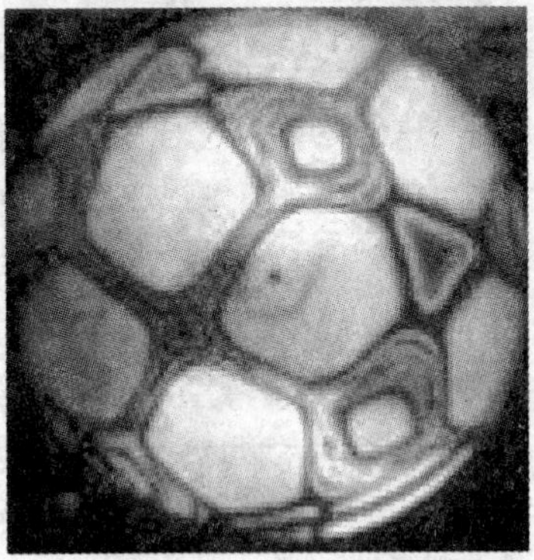

250℃ 氧气中的单晶铜原子

单晶连铸生产设备

图 3-11 单晶铜有关图片资料

3.5.3 半连续铸造

半连续铸造全称立式半连续直接水冷铸造（vercical direct chill castimg）。它于1933年由法国人Junghaus首先研制成功。半连续铸造的基本特征是将金属熔体均匀地导入通水冷却的结晶器内，结晶器内的金属熔体受到结晶器壁和底座的冷却作用迅速凝固结晶，形成一层较坚固的凝固壳。待结晶器中金属熔体的水平面达到一定高度时，铸锭机的牵引机构就带动底座和已凝固在底座上的凝固壳一起以一定的速度连续、均匀地向下移动。当已凝固成锭坯的部分脱离开结晶器时，立即受到来自结晶器下缘处的二次冷却水的直接冷却，锭坯的凝固层也随之连续地向中心区域推进并完全凝固结晶。在铸锭长度达到规定尺寸后，停止铸造，卸下铸锭，铸造机底座回到原始位置，即完成一个铸次。

这种铸造方法常用于铜及铜合金铸锭的铸造，它与上引法、水平引铸法一样，使用结晶器作为铸模，只是铸锭是向下引出的。

铸造进入正常状态以后，从结晶器上端引入的熔体和从结晶器下端引出的固体金属总量是平衡的，而单位时间内金属熔体所带入的总热量与一次冷却及二次冷却（包括最后的自然冷却）散失的总热量也是平衡的，在这个过程中半连铸铸造和连续铸造是完全一样的。

3.5.3.1 液流控制装置

液流控制包括熔体转注过程的控制和铸锭浇注过程的控制，转注过程要求熔体在封闭式流槽、保护性气体或覆盖层的保护下平稳流动，严禁有敞露的落差飞溅和液流冲击，防止熔体重新污染。浇注过程中，为了保证铸锭质量，结晶器中的液面水平（称金属水平）应保持稳定。

熔体流及熔体表面需用固体、气体或液体保护剂保护，固体保护剂主要是炭黑，气体保护剂主要是煤气和氮气。采用气体保护进行铸造称为封闭式半连续铸造法，如图3-12所示。

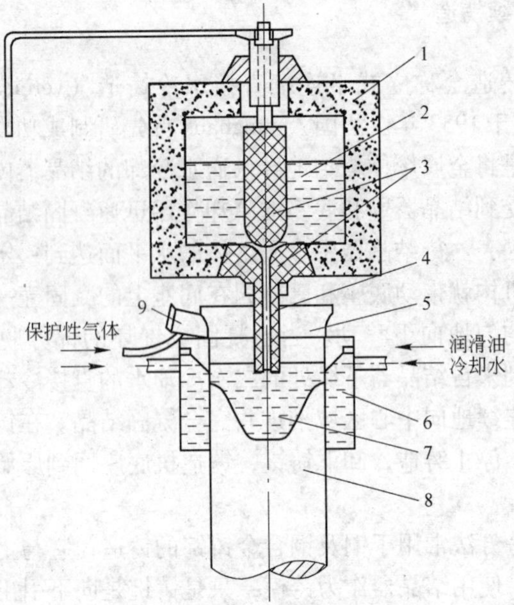

图 3-12 封闭式半连续铸造过程

1—炉头箱；2—熔体；3—液流调节装置；4—浇注管；5—保护罩；6—结晶器；7—液穴；8—铸锭；9—观察孔

3.5.3.2 钢丝绳式半连续铸造机

钢丝绳式半连续铸造机包括铸造平台、升降台、传动装置、水冷系统。半连续铸造机具有结构简单牢固、上下运行平稳灵活、有效长度大、铸锭根数多、生产效率高、操作方便、控制系统先进等特点。生产中常用的半连续铸造机主要有三种形式：钢丝绳传动式、丝杆传动式和液压传动式。各种不同半连续铸造机的主要技术性能分别列于表 3-9 ~ 表 3-11。

A 优点

钢丝绳式半连续铸造机的优点是：

(1) 铸造简单、成本低；

表 3-9 部分钢丝绳式半连续铸造机的主要技术性能

技术性能	铸造机产量/t				
	5	6	10	16	23
底盘最大行程/m	7	6.7	6.7	7	6.7
允许铸造铸锭的最大质量/t	5	6	10	16	23
底盘快速提升速度/m · min^{-1}	3.33	3.33	3.33	3.78	3.33
冷却水耗量/m^3 · h^{-1}	85	90	276	415	552
铸造速度范围/m · h^{-1}	4.5~20	0.5~10	0.5~8	2~7	0.8~10
底盘快速上升用交流电机功率/kW	20	13.2	26.5	28	36
底盘慢速下降用直流电机功率/kW	1.4	1.75	1.75	1.7	1.75

（2）铸造速度稳定；

（3）载重大，适于铸造较大的铸锭；

（4）与液压传动铸造机相比，铸造坑的有效利用率高，铸锭长度长。

B 缺点

钢丝绳式半连续铸造机的缺点是：

（1）升降底盘移动不够平稳，易产生摇晃和游动；

（2）若维护使用不当，易引起钢丝绳断损而酿成事故；

（3）铸造时，漏出的铜液粘在钢丝绳和滑轮上不易清理。

3.5.3.3 丝杆式半连续铸造机

部分丝杆式半连续铸造机的主要技术性能见表 3-10。

表 3-10 部分丝杆式半连续铸造机的主要技术性能

技术性能	铸造机荷重/t					
	1	1.5	1.5	1.6	11	12
铸锭最大长度/m	6	4.8	4.5	5.5	6	5.5
铸锭最大质量/t	1	1.5	1.5	1.6	11	22
底盘最大上升速度/m · min^{-1}	约 2	2.27	2.014	1.93	2	1.8
铸造速度范围/m · h^{-1}	0.8~10	3~24	2.6~21	0.8~9	0.8~21	0.8~25
冷却水最大耗量/m^3 · h^{-1}	36	40	60	70	90	90
冷却水压/MPa	0.2~0.3	0.2~0.3	0.2~0.3	0.02~0.2	0.02~0.2	0.02~0.2

A　优点

丝杆式半连续铸造机的优点是：

（1）铸造速度稳定；

（2）载重大，适于铸造较大的铸锭；

（3）与液压传动铸造机相比，工作平稳可靠，铸造坑的有效利用率高，铸锭长度长。

B　缺点

丝杆式半连续铸造机的缺点是：

（1）设备维护保养工作量大，丝母磨损快，更换频繁；

（2）设备制造周期较长。

3.5.3.4　油压式半连续铸造机

油压式半连续铸造机的主要技术性能见表3-11。

表3-11　油压式半连续铸造机的主要技术性能

技术性能	1.8m 铸造机	2.4m 铸造机	3.4m 铸造机	3.5m 铸造机
柱塞最大行程/m	1.8	2.4	3.4	3.5
铸锭允许最大长度/m	1.5	2.0	3.0	3.0
铸锭可达最大尺寸/mm	ϕ145 70×240	ϕ400 100×500	ϕ245 150×330	ϕ295 150×330
铸造速度范围/m·h^{-1}	0.5～30	0.5～30	0.5～35	3～24
冷却水耗量/m^3·h^{-1}	30	40	40	45
油泵压力/MPa	2.5	2.5	2.5	2.5
油泵流量/L·min^{-1}	25	25	25	50
油泵电机功率/kW	1.7	1.7	1.7	2.8

A　优点

这种铸造机的优点是适于铸造较小的铸锭。

B　缺点

这种铸造机的缺点是：

（1）铸造后期，随着铸锭质量的增加，铸造速度往往加大；

（2）制造、检修工作比较复杂，如维护使用不当，容易发生漏油现象；

（3）铸造坑的有效利用差，如坑深6m，铸锭最长不到3m。

3.5.3.5 半连续铸造的技术特点

（1）铸造过程中浇铸系统与结晶器间的合理配置，可减少金属熔体的飞溅和扰动，防止氧化膜和夹渣等有害物质的混入；

（2）可连续、稳定地将熔体金属注入结晶器中，因此可以采用较低的浇铸温度进行铸造，有利于消除铸锭的气孔和疏松缺陷；

（3）以水为冷却介质，熔体的凝固结晶是在极强的过冷条件下完成的，铸锭结晶组织致密，又因为结晶始终保持顺序结晶，具有明显的方向性，这有利于消除缩孔等缺陷；

（4）铸锭长度较长，可根据加工车间工艺要求进行合理切断，从而减少切头、切尾损失；

（5）同铁模铸锭相比，机械化程度高，劳动条件好。

3.5.3.6 实际操作

A 注意事项

在原材料熔化过程中，要加适量工业盐或其他清洁剂；在清除垃圾过程前，要尽量提高炉温，有利于垃圾的清除，均匀搅拌铜水，并取样化验。

B 出炉标准

（1）铜棒炉前分析的主要元素是铜、铅。以相应的铜及铜合金牌号国家标准规定的要求为出炉标准。分析的结果出现含铜量（质量分数，下同）大于1.5%时，要加适量的锌进行重新化验分析，直至符合要求；当偏小量大于0.5%时，加适量的铜进行重新化验分析，直至符合要求；一旦含铅量超过规定量，要加适量的废紫铜进行重新化验分析，直至符合要求；当偏小量大于0.3%时，要加适量的铅进行重新化验分析，直至符合要求。

（2）产品有其他元素的要求时，必须对试样进行光谱测试，在确保各元素符合顾客要求后再进行浇铸。

1）铜水必须在化学分析报告单的记录符合炉前分析的出炉标准

时，才能出炉。

进行炉前分析时，如发现元素超标，熔炼工根据化验单补充适当的原材料数量。

2）每炉铜水在浇铸过程中必须每隔5～10min进行一次搅拌，防止某些密度较大的化学元素沉淀而导致铸锭成分的偏析，特别是高铅易切削铜棒，更要防止铅的不均匀性。

C　浇铸

（1）浇铸时要注意浇铸温度，一般控制在合金熔点以上100℃左右。

（2）浇铸时间在保证铸锭质量的前提下，越短越好，以防止浇铸时间过长，炉中熔体吸气、氧化现象加重，对铸锭质量造成不利的影响。

（3）浇铸速度的控制，如果浇铸速度过小，则铸锭容易产生冷隔缺陷，而且生产效率低。但浇铸速度过大，也会产生金属熔体的飞溅和涡流等现象，使铸锭洁净组织受到影响。因此，在保证铸锭质量的前提下，应适当提高浇铸速度。

3.5.3.7　半连铸技术的发展

A　结晶器

结晶器是下引法最核心的工装件。国内外已有多种结晶器结构形式和专利。这是从事技术开发人员研究的课题。其中包括结晶器的结构尺寸、安装方式、材料选择、水冷方式、气体保护和石墨模具的装配方式以及石墨模具的材质选择等。有引铸结晶器用的石墨，需要有很高的纯度和致密度、高的耐磨耐冲击、抗压抗弯和导热性能以及低的热膨胀性和高的化学稳定性等，至今这种高质量的石墨材料还没有真正实现国产化生产，还需要从国外进口。

B　引锭装置自动化控制

目前，立式浇铸机已采用计算机控制的交流伺服电机或者直流电机传动和液压伺服传动。不管采用何种形式，首先要保证电气控制和机械设备的制造精度，才能达到引拉和微引程反推需要的精度，并可根据工艺要求快速进行程序修改，以及工艺和生产数据的统计管理。

目前国内制造的伺服电机和计算机控制模块等硬件，在质量上与国外产品有较大的差距，主要的硬件还是采用进口设备。

C 电磁铸造的应用

近几年国内外一些大专院校、科研单位和生产厂家，都在研究和试验将电磁铸造技术用于铜及铜合金的铸造。在立式半连铸机上，已取得可工业性生产的进展（如美国奥林公司从前苏联购买的电磁结晶器生产含锡5%的锡青铜，我国上海大学与太仓铜材厂合作在立式半连续铸造机上采用电磁搅拌生产无氧铜锭坯等）。最近。在国家“863”项目的推动下，上海大学与宁波兴业电子铜带有限公司正在研制将电磁铸造技术应用于水平连铸结晶过程的特殊装置，以获得细化水平连铸坯锭的结晶组织及进一步达到除气和除杂质的效果。

3.5.4 稀土元素在铸造中的应用

3.5.4.1 特性

由于稀土元素所具有的特性，它在铜及铜合金材料的生产中已得到广泛应用，但这些特性也使其应用受到限制。如稀土活跃的化学特性和较低的熔点，使其在添加过程中的损耗很大。

稀土较低的熔点，使其在高温的熔液中极易挥发，而较高的价格又使其添加量受到限制；活跃的高温化学性能，又使其成为造渣剂，一方面，能除去有害的杂质，另一方面，在铜合金中一些有益的元素同样会化合成高熔点的杂质，在侵蚀耐火材料的同时也被无效地消耗了。综合考虑这些因素，稀土总是在铸造开始前进行添加，在搅拌后立即进行浇铸。这样可有效地减少稀土的损耗。

3.5.4.2 作用

稀土的化学特性源于它是一种具有较大负电性与很大化学活性的元素。它在铜及铜合金的生产中可起到以下几个方面的作用：

(1) 稀土在铜中固溶度小，易与其他元素化合，生成高熔点化合物，成为弥散分布的异质成核核心，可起到细化晶粒、缩小柱状晶区、改善铸锭组织的变质作用；

（2）稀土易与氧、氢、氮、硫以及铅、铋等杂质作用成渣，可起到脱气、除杂、净化熔体，消除其存在于晶界的有害影响，提高合金热塑性与再结晶温度，进而改善合金的加工工艺性能与成品的使用性能等作用；

（3）稀土能使表面氧化膜等更加致密，并增强氧化膜与基体之间的结合强度，从而起到提高耐热、耐蚀与防止表面变色性能的作用。

3.5.4.3 机理

稀土在铜及铜合金的生产中使用面较广，这里仅以铅黄铜中的应用为例，加以说明。

铅黄铜与二元黄铜相比，最大的差别在于把低熔点的铅作为一主合金元素加入（其含量为0.25%～4.5%），且一般以独立相形式存在于合金中。因此，其存在的形态如何，直接影响到铅黄铜的加工工艺性能与成品使用性能。为此，近年来人们针对这一问题，曾着力研究添加稀土元素的作用及其机理。

有关研究表明：铅黄铜中添加稀土后，其切削加工性能的各项指标，如加工表面粗糙度、毛刺、切削力、切削温度、刀具磨损及耐用度等都有不同程度改善，尤其显著的是降低表面粗糙度、毛刺及刀具磨损；添加稀土可提高铅黄铜的高温塑性，从而改善热加工性能，如在HPb58-3中加入0.1%混合稀土，750℃时的伸长率由未加时的40%提高到120%，而在HPb-4中加入0.1%的稀土，750℃时的伸长率大约为未加稀土的10倍；添加稀土可防止铅黄铜热轧时开裂。诸多的研究说明铅黄铜中添加稀土后合金组织结构发生变化，而使其热、冷加工性能与成品使用性能得到了改善。对其作用机理的解释如下：

（1）如同一般铜合金，添加稀土后使铅黄铜的组织改善，晶粒细化、柱状晶区减小，甚至消除，有利于铅元素的更分散分布。

（2）添加稀土后使铅的物理化学性能发生变化。稀土能降低铅液的表面张力，并增加铜与铅的负电性差值，减弱铅对黄铜基体的浸润能力，从而使铅能呈小颗粒网状分布于黄铜基体之中；同时，稀土在晶界上的偏聚作用可减小晶界缺陷及强化晶界。所有这些无疑会提高合金的高温塑性，减少拉铸过程或热加工时的“热裂”现象。

（3）高锌黄铜随加热温度的升高有一个 α→β 的转变过程，虽然 β 相塑性较 α 相好，但当温度高达可使（α + β）组织完全转变为 β 时，由于晶粒长大及晶界强度严重削弱，热塑性反而变差。然而添加稀土可使这一相变温度提高 20℃以上，同时有促进 β 相形成的作用。而且高温的 β 相具有固溶 0.3% Pb 的能力，从而使游离 Pb 减少，这些无疑起到了提高热塑性的“间接作用”，并提高合金的强度。

（4）与一般铜合金一样，添加稀土可起到脱气、除杂、净化熔体作用，使铅黄铜制品力学性能得到改善。

所进行的有关研究还表明：为改善铅黄铜性能，稀土的适宜添加量一般小于 0.1%，最佳添加量为 0.04% ~0.05% 左右。为更好地利用稀土的有效作用，熔炼铅黄铜时可添加 Cu-P 中间合金进行预脱氧，减小稀土氧化造渣损耗；对于较高含量的铅黄铜，可添加 Al 元素，起到脱氧并扩大 β 相区，增加 Pb 向 β 相中的转移量，减小晶界 Pb 含量，提高高温晶界强度及热塑性的作用。

3.6 浸涂法（浸渍法）

20 世纪 60 年代，在铜连铸连轧法出现的同时，美国通用电气公司受制作蜡烛以及钢丝镀锌、铜丝镀锡的启发，研究开发了一种由内向外凝固制备铜杆的方法，被 Robert M. Parke 命名为 Dip-Forming。

浸涂成形法又称浸渍成形，主要用于生产无氧铜杆。

该方法与蜡烛的制作工艺相类似。除了本方法外的所有铸造方法，金属液体都由外向内凝固。浸涂法除了能生产无氧铜杆外，还可以生产各种外包的复合线。因此，其生产工艺与其他连铸连轧生产线区别较大。详细内容参见《现代铜加工生产技术丛书——铜及铜合金熔炼与铸造技术》。

3.6.1 热平衡计算

浸涂后增加的铜质量与芯杆质量之比为生成率。生成率可通过熔融铜放热和芯杆吸热的平衡计算得出，还可通过微积分方程计算。

浸涂法凝壳的增厚与减薄见图3-13。

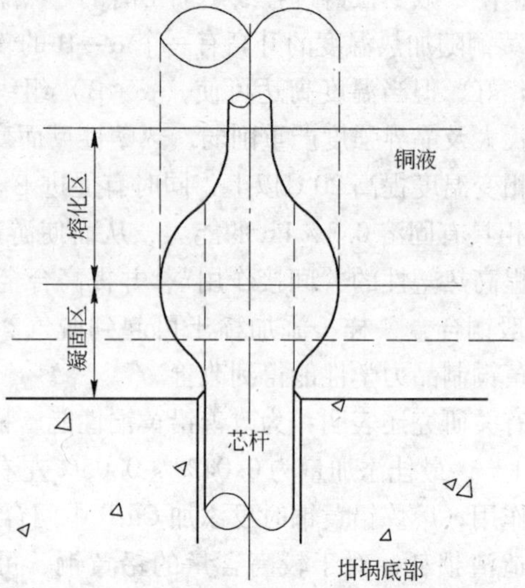

图3-13　浸涂法凝壳的增厚与减薄

凝壳质量与芯杆质量之比称铸造比，以R表示。R越大，效率越高。铸造比R与铜液温度$T_{水}$、进入铜液时的芯杆温度$T_{芯}$和引出铜液时的铜杆温度$T_{杆}$有关系。可以推算如下：

已知：铜的热焓如表3-12所示。

表3-12　铜的热焓 *Q*

温度/℃	100	200	300	400	500	600	700	800
热焓/kJ·kg^{-1}	38.9	79.4	122.5	165.9	211.1	260.0	308.9	357.4

温度/℃	900	1000	1100	1200	1300	1400	1500
热焓/kJ·kg^{-1}	397.5	482.3	726.5	778.3	812.6	879.1	930.5

芯杆吸热：　　$Q_{吸} = Q_{T杆} - Q_{T芯}$

铜液放热：　　$Q_{放} = Q_{T水} - Q_{T杆}$

吸热与放热应相等：$1 \times Q_{放} = x \times Q_{放}$

即通过1kg芯杆应凝结出1kg铜液。

按定义，x即铸造比R，有

$$R = x = \frac{Q_{吸}}{Q_{放}}$$

正常生产状态下，假设芯杆的温度为90℃，铜液温度为1133℃，铸造杆温度为1063℃，则：

芯杆吸热 = 108.3 − 6 = 102.3kcal/kg

铜液放热 = 166.5 − 108.3 = 58.2kcal/kg

生 成 率 = 102.3 ÷ 58.2 ≈ 1.75

即芯杆的质量为1时，生成率为1.75；同理，芯杆的质量为1时，铸造杆的质量为2.75。

表3-13列出了可能温度范围下的效率情况。由表可见，铜液温度和芯杆温度低，有利于效率的提高。铸造杆温度高对效率虽然有利，但过高的温度在技术上有一定困难。

表3-13 温度对R值的影响

$T_{芯}$	$T_{杆}$	$T_{水}$	R值
100	960	1140	1.37
100	1020	1140	1.86
100	960	1100	1.47
100	1020	1100	2.03

3.6.2 工艺流程

种子芯杆经过拉伸、扒皮后，进入坩埚，铸造后，水冷至规定温度进入轧机，经过轧机轧制成规定的尺寸，工艺过程要求至少有两个尺寸的产品，即种子杆和成品杆，种子杆返回到工艺过程中去，成品杆可直接供拉拔使用。整个生产过程均为自动控制，包括添加电解铜、焊接种子杆及成品杆的运送等，是在封闭和惰性气体的保护下进行的。浸涂法工艺流程见图3-14。

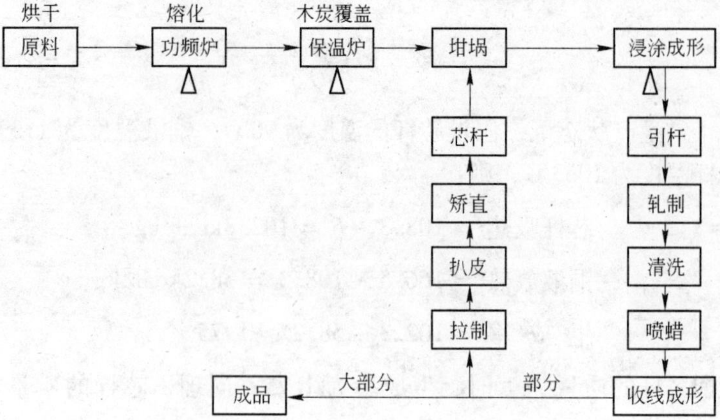

图 3-14　浸涂法工艺流程图

□代表工序名称；△代表工艺控制点

3.6.3　浸涂法生产的特点及主要性能

（1）浸涂成形法实际上是一种特殊的铸造方法，将清洁的芯杆作为铸模，可减少维修、保养及机械磨损元件的消耗；

（2）由于刚铸好的杆垂直上升，直至冷却前不接触金属部分，因此不会被杂质污染。

（3）生产系统从熔炉、轧机到冷却管出口完全封闭，且彼此分开，整个系统利用惰性气体保护，防止熔融金属杆和轧辊氧化，生产出清洁光亮、大长度无氧铜杆，同时也可大大延长轧辊的使用寿命。

（4）工艺的特性决定了必须无氧，因此产品具有无氧铜的所有特性和优点。

3.6.4　浸入时间的计算

在芯杆从铜液中引出后，铜杆的实际情况是表面温度高而中心低。铜杆截面温度不均匀程度与芯杆浸入铜液的时间、界面换热和芯杆内传热的快慢有关。

通过以下公式可以计算出浸入铜液最佳时间：

$$t = \frac{CR_{芯}}{h} = \frac{\sqrt{\rho H} \times \sqrt{\rho h + \rho C(T_{熔} - T_{芯}) + \frac{\lambda}{v}\frac{dT_{芯}}{dZ}}}{\rho C(T_{水} - T_{熔})}$$

式中 ρ——铜的密度，g/cm^3；

C——铜的质量热容，J/(g·℃)；

λ——铜导热系数，$J/(cm^2 \cdot s \cdot ℃)$；

H——铜的熔化潜热，J/g；

$T_{熔}$——溶化温度,℃；

$T_{水}$——铜液温度,℃；

$T_{芯}$——进入铜液前芯杆温度,℃；

$R_{芯}$——芯杆的半径，cm；

v——浸涂时的牵引速度，cm/s；

h——铜液与芯杆界面上的换热系数，$J/(cm^2 \cdot s \cdot ℃)$；

$\frac{dT_{芯}}{dZ}$——芯杆进入铜液时，轴向温度梯度。

实验结果与该方程的变化趋势是一致的。通过实验,得到了熔点时的热交换系数 $h = 3900Bta/(ft^2 \cdot r \cdot ℉)$，相当于 $2.2J/(cm^2 \cdot s \cdot ℃)$。实际的浸入时间也仅 1 ~2s，甚至更少。通过浸入时间的确定，同时也可确定牵引速度和熔池深度。

3.6.5 控制要点

3.6.5.1 铸造设备

浸涂成形的铸造系统，由石墨坩埚和芯杆组成，坩埚为铸造器，芯杆为铸模，又是产品的一部分，铸杆质量好坏的关键在于芯杆的质量，因此芯杆在进入坩埚前必须经过拉伸、扒皮，清除表面氧化物、油污和气体等，并严格保证尺寸公差，拉伸、扒皮部分可看成铸造设备的一部分，扒皮后的芯杆在真空中矫直进入石墨铸造坩埚。

铸造设备见图 3-15。

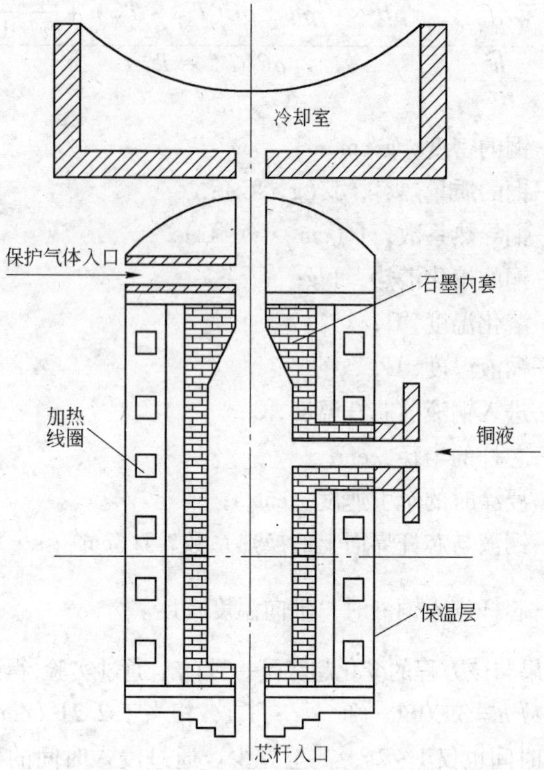

图 3-15　铸造设备

3.6.5.2　保护其他装置

在整个浸涂生产过程中，从电解铜到铜杆应有严格的气体保护，不得氧化。即在预热炉、熔化炉、保温炉、石墨坩埚、冷却室、轧机等内均有气体保护。熔化炉表面还应有木炭覆盖，木炭的作用是保护铜液不受氧化，还原铜液表面的氧化铜。为减少铜中氧的含量，保护气体中需含有微量氢气。

保护气体成分包括氮气、氢气及一氧化碳。氮气可由天然气（丙烷、丁烷）燃烧经分子筛制成，也可由空气制取。

3.7 轮带法

轮带法是金属铸造方法之一。该铸造方法具有连续性强、产量大、质量稳定等特点，适用于 ETP 铜（韧铜）的铸造。

轮带式铜连铸机是利用钢带与铸轮或挡块形成一个两端开口、四周密闭的腔室，并以铜液凝固速度不断地做往复式运动；铜液则在这个腔室的一定区间内被冷却凝固后随连铸机的运动而不断被引出。

连铸机与轧制设备相连接后，利用铸造的余热进行热轧，而这一流水作业就是大家所熟悉的连铸连轧生产线。

3.7.1 轮带法在生产中的应用

铜杆的生产是从 20 世纪中、后期开始的，采用连铸连轧生产工艺，降低能耗，减少污染，提高成品率，逐步淘汰已有百余年历史的热轧法铜杆生产工艺。当时，国内外采用的新工艺和设备生产铜杆的方法有：意大利康梯纽斯公司的 Properzi 法、美国南方线材公司与西方电气公司共同开发的 SCR 法、德国西马克·梅尔公司（原克虏伯公司的子公司）的 Contirod 法，法国赛西姆公司的 Secor 法、芬兰奥托昆普公司的 Upcast 法（即上引法）和美国通用电气公司的 Dip 法（即浸涂法）。

经过五十多年的实践，美国南方线材公司的 SCR 法和德国西马克·梅尔公司的 Contirod 法在国内外均使用最广、发展最快。这两种生产工艺能够不断地简化工艺流程，稳定产品质量，最大限度降低产品的加工成本，提高成品率，并能朝大型化、规模化方向发展。它代表了 21 世纪铜杆加工的发展方向。

3.7.2 典型生产工艺流程

当前世界各国采用的铜杆连铸连轧生产线的工艺有：意大利的 CCR 系统，美国的 SCR 系统、Dip-Forming 系统（浸涂法），德国的 Contirod 系统等。除浸涂法外，这些系统的原理基本相同，工艺上的差异主要是在连铸机的形式和结构上。

典型生产工艺流程见图 3-16。

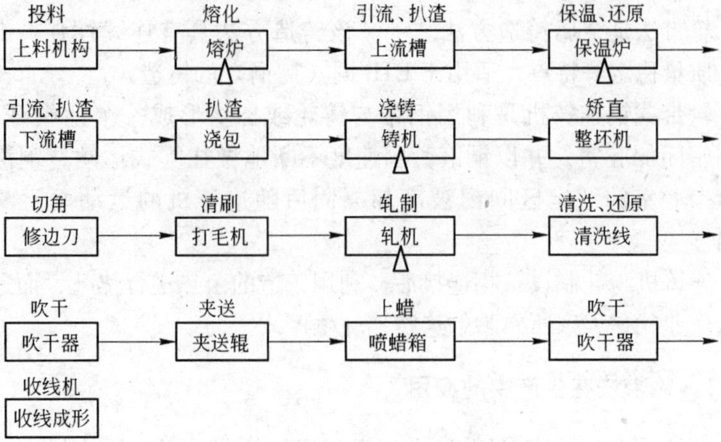

图 3-16　典型连铸连轧工艺流程图

□代表工序名称；△代表工艺控制点

3.7.3　两轮式

Properzi 两轮式连铸机（见图 3-17）是意大利康梯纽斯公司研制的，原用于连铸铝和锌，后改为浇铸铜。

图 3-17　意大利康梯纽斯公司的两轮连铸连轧生产线

两轮式连铸机的基本结构与五轮式连铸机基本相同。采用一个主动轮加一个直径略小的辅助轮，外侧包络钢带的配置方式，由于钢带包络的铸轮扇区（大于3/4圆周）比五轮式连铸机大，故可采用直径较小的铸轮，但同时也造成铸坯截面面积也偏小。

这种设备的布置方式存在一个弊端，即必须将铸坯引出的角度与两个铸轮所在的铸造平面错开，铸坯以铸造平面偏差约5°的角度引出，使铸坯受到额外的变形，对于较小截面的铸坯来说，有存在隐性缺陷的倾向。

浇包是可移动式的机构，要求可分别做升降、横向、纵向移动，其运行速度为2mm/s，采用闸板机构控制铜液的流量，半敞开式沟槽浇嘴，插入铸轮的U形槽内，浇铸的角度约15°；这与德国的Contirod浇铸系统相似，相对于塞棒来说，只是闸板流量控制机构精确控制能力弱，铸造的浇铸液面波动性大，同时闸板处极易积渣，影响铜液的流动；浇包又受到空间的限制，容量偏小。

铸轮外缘直径为ϕ1800mm，用铜银合金或铜铬锆合金（其化学成分为：铬的质量分数0.6%～0.8%、锆的质量分数0.1%～0.2%，其余为铜）铸造碾压加工而成。铸轮的截面是U形槽，铸坯截面面积2100mm^2。铸轮电机使用无级调速，转速1.7～17m/min，其速度不均匀变速不大于1%，铸坯脱模温度为900℃。

冷却系统最大冷却水流量为200m^3/h，生产时冷却水流量为90m^3/h。扬程为108m的铸轮冷却水喷嘴呈扇形排列，可使水均匀喷射在铸轮内、外侧及两边，其中内冷却水喷嘴设置了3个不同的冷却区域，喷嘴每隔5°分布一只；两边的侧冷喷嘴每侧一排，也是每隔5°分布一只，外冷喷嘴设置也相同。

包络的钢带采用冷轧低碳钢带，化学成分（质量分数）要求：$w(C) \leqslant 0.02\%$、$w(S)$、$w(P) \leqslant 0.04\%$、$w(Mn) \leqslant 0.35\%$；洛氏硬度RB45或更低，钢带使用张力为700～900kg，钢带厚2mm，宽5mm，长12.8m。

3.7.4　五轮式

3.7.4.1　设备概述

连铸机系统由一旋转的横截面呈“凹”形的铸轮以及与铸轮相互包络的钢带组成模腔（1/2 至 3/4 圆周）。铸轮与钢带，以及模腔内的铜（液态和固态共存）同步转动，在模腔的一端铸入熔融的铜液，同时另一端引出凝固的铸坯。

该种方法以 SCR 五轮与 Properzi 两轮为代表。所不同的是 SCR 五轮连铸机有四个辅助轮，Properzi 两轮连铸机只有一个辅助轮。两者的工艺流程与双钢带式基本相同。

SCR 法是美国南方线材公司与西方电气公司共同开发的连铸连轧方法。其结晶轮尺寸大，铸坯截面面积为 1355 ~ 5805mm^2，适用于韧铜的大量生产。

国产五轮式连铸机见图 3-18。

图 3-18　国产五轮式连铸机

3.7.4.2　铸机的作用

铸机在连铸连轧生产工艺中占有极其重要的地位，它是一台关键性的工艺设备，是整条生产线的骨干部位，它的控制与操作首当其冲地对铜杆质量产生影响，它对生产线的正常、稳定与否具有举足轻重的作用，它是整条生产线的核心部分；它的基准速度的设定决定了其他各部分的速度，也决定了生产能力。可以说，铸机部分不仅对产品质量而且对产品产量产生重大的影响。

3.7.4.3 铸机设备

A 构造

铸机由电气系统、机械系统、冷却系统及浇铸系统等组成。电气系统包括铸机操作控制箱、直流电机等。机械系统包括主机座、圆弧齿蜗轮蜗杆减速箱、铸轮、惰轮、压紧轮、张紧轮、脱模靴、钢带、送料机、出料架、钢带加热器、气刷及夹送辊等。冷却系统又可分为涂炭黑和水喷淋两个系统。涂炭黑系统包括乙炔、压缩空气流量控制箱、铸轮涂炭黑嘴、钢带涂炭黑嘴及金属软管等。水喷淋系统包括铸轮冷却，即内冷却 1 区、内冷却 2 区、钢带冷却 1 区、钢带冷却 2 区、压轮处喷淋、脱模靴喷淋。浇铸系统包括浇包、浇铸管量针及液位控制的手轮机构。

B 基本构件的作用

铸造的过程就是把熔化的金属液通过铸轮与钢带形成的铸模，经过冷却凝固后形成铸坯，这一过程就是金属由液态变化为固态的过程；然后，由夹送辊将铸坯送至坯整装置，其间有一个旋转式的剪切机，可切断废料，便于清除。压紧轮的作用是将钢带紧紧地贴在铸轮上，保证良好的铸模型腔；两个惰轮仅仅起到导向、过渡的作用；张紧轮的作用是保证钢带有足够的张力，这是浇铸时平衡力的需要，其张力对钢带寿命、铸模型腔具有一定的意义；脱模靴的作用是便于结晶后的铸坯轻易地脱模；送料机的作用是将铸坯传至夹送辊。钢带加热器的作用是干燥钢带，并使钢带具有一定的温度，以便于涂炭黑。气刷的作用是将铸轮和钢带上的水珠吹干。手轮控制机构的作用是通过蜗轮蜗杆及丝杠灵活调节垂直方向的位移；量针的作用是通过调节机构来达到浇铸液面稳定的目的。

五轮铸机的结构见图 3-19。

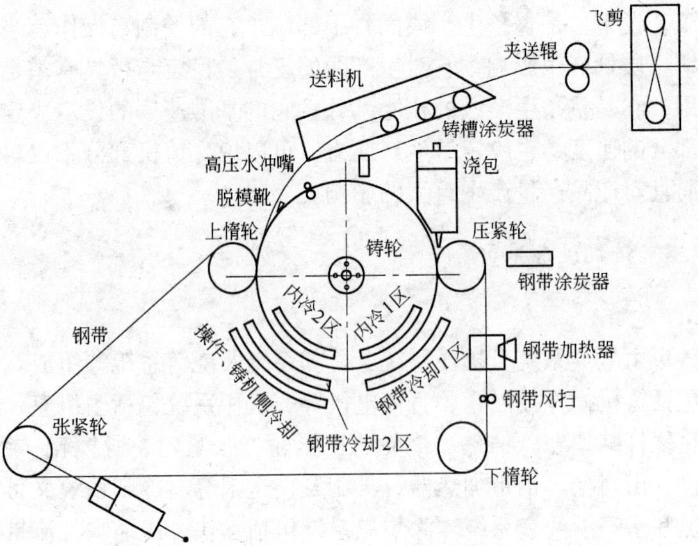

图 3-19　五轮铸机的结构

铸机横截面见图 3-20。

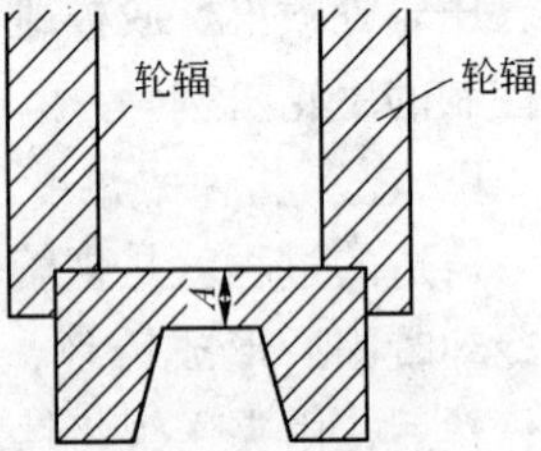

图 3-20　铸机横截面
（A 最小值为 16mm）

3.7.4.4　塞棒及控制机构

塞棒的主要作用是控制浇铸液位。它的控制原理是通过顶部的锥体部分与铸管的形腔配合的开度大小来达到控制目的的。材料选用耐热钢、美国标准 AIS1446；其化学成分（质量分数）：w(C)0.1%、w(Mn)1.00%、w(Si)0.5%、w(Cr)25%、w(Ni)0.7%、$w(N_2)$0.15%、w(S)、w(P) 小于 0.015%。目前我们使用的是国内的耐热钢，首选材料是 1Cr18Ni9Ti 不锈钢，此材料的耐热度很高。塞棒的锥度与浇铸管在安装时一定要密封，否则浇管就容易漏铜，堵塞浇管。

3.7.5　双钢带式

美国 Hazelett 双钢带连铸机的模腔由上下两条张紧且平行的钢带

和左右两条被导位限定位置的链块（由较小的钢带将基本相同形状的铜合金块串联而成）所组成。

钢带绕在带槽的上游主动轮和下游张紧轮上并受其旋转而拖动，形成直线运动的模腔，且呈15°水平倾角，可消除铸坯表面因弯曲变形而造成的开裂。张紧轮使钢带张紧并保证钢带的运动轨迹，使其达到最佳平直度，铸坯截面尺寸大，经充分压缩，可彻底破坏铸造组织，提高产品质量。采用水平浇铸，不会产生湍流；对称的模腔和较薄的钢带，使铸坯冷却快且均匀，允许铜液在较低的温度下进行浇铸。

挡块链则是依靠与它接触的下钢带的驱动而同步移动。这样组成的铸模是完全直形、对称的，因而铸件也就具有这样的形状。为补偿铸坯凝固的收缩，铸模可以适当调节，以保证钢带和挡块链与铸件保持良好的接触。

Contirod 连铸连轧铜线坯铸机结构见图 3-21。

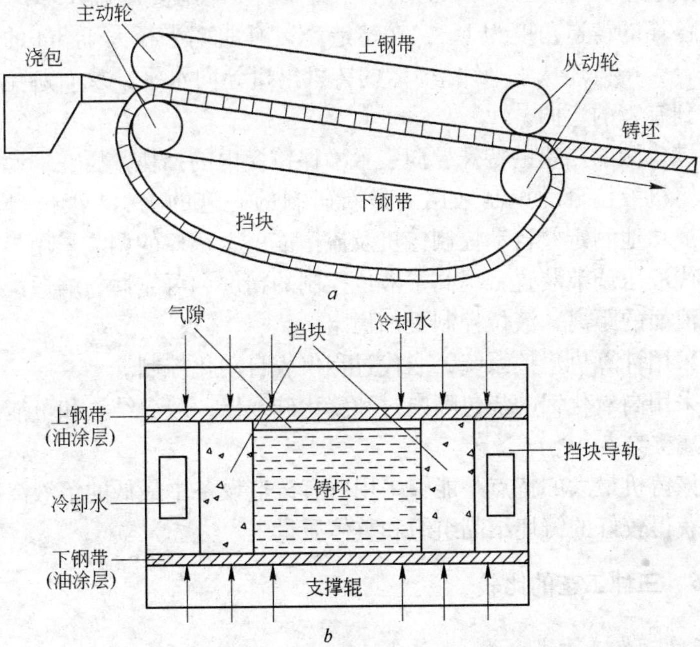

图 3-21 Contirod 连铸连轧铜线坯铸机结构

a—总示意图；*b*—剖面图

铸机的铸造钢带厚 1.1mm，铸模长约为 3.5m，挡块由铜合金制成。由于铸铜时散发的热量很多，故除上、下钢带排出热量外，排出两侧挡块的热量还有一套专门的水冷装置，挡块链运行至铸机入口处前需干燥。由于铜铸坯在出铸机出口时中间还有未固化的液体，因此在铸机出口处还有二次冷却装置。为控制铸造区的湿气，还专门设有排气系统来保持铸造区干燥。

铸模的热量主要由上、下两条钢带排走，挡块链吸收的热量也部分传给钢带。通过调节铸模涂层和内表面气体控制热传递。由于热量主要由钢带排走，Hazelett 采用了一种独特、高效，在钢带背面形成的快速水膜冷却技术，保证了钢带在整个铸模长度上保持恒定的温度。这不仅可使铸件在钢带间形成均匀一致的、对称的冷却，还确保了铸模精确的形状，延长了钢带使用寿命。由于冷却效率较高，因此，所用钢带厚度很薄，约为 1mm。钢带由带槽的支撑辊支撑，使冷却的有效区域超过了铸模区，极大地有利于铸模形状的调整（见图 3-22）。

铸坯的铸造角度为 15°，在铸造区装有曲率半径大于 8m 的弧形辊道台，将铸坯从水平线呈 15°的铸机出口导向水平，从而避免使铸坯受到有害的弯曲。

进口侧的挡块链特殊导向装置确保铸模内的挡块紧压在一起。

铸机液位自动控制采用了最新研制的先进的 EMLI 液位自动控制，成功地测定并自动控制铸机及流槽液位，塞棒的调节采用步进电机取代液压调节装置，提高了液位控制的精度和可靠性，缩短浇嘴尖至铜液面的距离，液位控制更加稳定。

采用计算机集控系统，取代过程仪表自动化控制。

采用高氧化铝的浇包嘴内衬和碳化硅塞棒，减少结渣和可能产生的金属夹杂。

该铸机最大的特点是能够采用所有铸造设备中最低的熔液浇铸温度，获得较好的铸坯结晶组织和整体质量。

3.7.6　三种工艺的比较

3.7.6.1　生产方式分类

A　轮带法

a

b

图 3-22 双钢带式连铸连轧生产线

a—双钢带式铸机；*b*—连轧机组

这种方法以美国南方线材公司的五轮连铸连轧生产线为代表（SCR）和意大利康梯纽斯公司（Continous）的两轮连铸连轧生产线为代表（CCR）。

B 双钢带法

这种方法为哈兹列特（Hazlette）连铸机与 Krupp 轧机联用。

C 浸涂法

这种方法为美国通用公司采用。

有关国家的连铸连轧生产线（或方法）的型号规格分别见表

3-14 ~ 表 3-16。

表 3-14　德国 Contirod 连铸连轧铜杆生产线型号规格

型号规格	SCR1000	SCR1300	SCR2000	SCR2500	SCR3000	SCR4500	SCR5700	SCR7000
铸坯截面/mm^2	1290	1355	2100	3800	3800	4516	7000	7000
生产能力 /$t \cdot h^{-1}$	5	7	12	20	25	30	35	45
年产量/万 t	2.88	4.03	6.91	11.5	14.4	17.3	20.2	25.9
轧辊尺寸 /mm × mm		1 × 203 8 × 203	1 × 305 8 × 203	2 × 305 8 × 203	2 × 305 8 × 203	2 × 305 10 × 203	1 × 457 2 × 305 10 × 203	1 × 457 2 × 305 10 × 203
铜杆直径/mm	8	8 ~ 14.7	8 ~ 16	8 ~ 18	8 ~ 18	8 ~ 22	8 ~ 22	8 ~ 25
扁带尺寸 /mm × mm		7 × 21	6 × 27	6 × 27	6 × 27	6 × 27	8 × 27	8 × 27

表 3-15　美国 SCR 连铸连轧铜杆生产线型号规格

型号规格	5C8	8C10	10C10	14C10	18C10	25C12	45C14	60C14
铸坯截面 /mm × mm	45 × 35	60 × 35	60 × 35	60 × 50	60 × 50	90 × 60	120 × 60	130 × 70
生产能力 /$t \cdot h^{-1}$	5 ~ 6	8 ~ 9	10 ~ 11	13 ~ 15	16 ~ 19	25 ~ 30	40 ~ 45	55 ~ 60
年产量/万 t	2.7	4.3	5.4	7.5	9.7	16.1	23	31.5
轧辊尺寸 /mm × mm	1 × 280 7 × 220	3 × 280 7 × 220	3 × 280 7 × 220	3 × 360 7 × 220	3 × 360 7 × 220	5 × 360 7 × 220	2 × 480 5 × 360 7 × 220	4 × 480 3 × 360 7 × 220
铜杆直径/mm	8 ~ 16	8 ~ 20	8 ~ 20	8 ~ 22	8 ~ 22	8 ~ 30	8 ~ 30	8 ~ 30
扁带尺寸/mm	60	60	90	90	90	90	150	150

表 3-16 法国 Secor 法、意大利 Properzi 法型号规格

工艺方法	设备型号	铸 机	生产能力 /t·h^{-1}	铸轮直径 /mm	铸锭截面 /mm^2	用 途
意大利 Properzi 法	6E	两轮	2.8	ϕ1400	1130	生产铜、铝杆
	7C	两轮	4.5	ϕ1400	2163	
	14/1800	两轮	8.0	ϕ1800	3472	
	14/2000	两轮	9.1～10	ϕ2000	3472	
法国 Secor 法	—	两轮	2.5	ϕ1100	1150	生产铜、铝杆
	—	两轮	4.5	ϕ1400	2150	
	—	两轮	7	ϕ1800	3500	
	—	两轮	10	ϕ2200	4500	

3.7.6.2 技术特点

几种有代表性的连铸连轧生产线主要设备的技术特性见表 3-17。

表 3-17 几种有代表性的连铸连轧生产线主要设备的技术特性

生产线	铸机	产能 /t·h^{-1}	模腔、铸轮直径/mm	铸坯截面面积/mm^2	轧机（辊径/mm×机架数）	成品线径 /mm
Contirod	Hazelett	6～60	模腔 2235～3708	长方形 2100～9000	两辊轧机，机架 9～14 个 辊径：ϕ195～480	低氧 ϕ8.0～24
SCR	五轮型	5～45	铸轮 ϕ1676～3048	梯形 1355～6845	两辊轧机，机架 9～13 个 辊径：ϕ203～457	低氧 ϕ8.0～24
Properzi	两轮式	8～10	铸轮 ϕ1400	梯形 1600	Y 形轧机，机架 10 个 辊径：ϕ180～203	低氧 ϕ8.0～16
国产浸涂法	五轮式	8～12	铸轮 ϕ1500	梯形 1745	Y 形/两辊轧机，机架 13 个 辊径：ϕ255	低氧 ϕ8.0～24
		3.5～12	—	圆形 ϕ11.8～20.8	两辊轧机，机架 4～6 个 辊径：ϕ204	无氧 ϕ8.0～24

两轮式的铸机，铸坯截面面积较小，铸坯从铸轮中引出后，需向侧边偏斜，才能避开钢带引向轧机；五轮铸机的铸坯运行不受钢带的

阻挡，截面面积就可增大，然而仍需要将铸坯由圆弯曲变直，较大的变形弯曲度使铸坯的受拉面在高温下容易出现裂纹，这是一大限制；而 Hazelett 铸机在引坯时基本不受这两个因素的影响，铸坯的截面面积较大。

以上的连铸连轧生产线除浸涂法（采用功频电炉）外，均采用竖炉熔化原料。

3.7.6.3 现状与发展趋势

20 世纪 80 年代初期，在世界范围完成了紫铜线坯工业生产设备的改组过程。各种连铸连轧法已逐渐取代了老式的线杆轧制法。它们具有很高的热效率、生产效率和成品率，且质量稳定。

我国已引进了除 FRHC 制杆法以外的所有连铸连轧生产线。其中 SCR 法，国内引进和仿制的最多；FRHC 制杆法，2002 年国内也已仿制成功（平炉替代精炼炉）。由于市场竞争激烈，连铸连轧设备的引进和仿制选型已向 10 万 t 级以上发展。

A 进口设备

国外的铜杆连铸连轧生产线，以年产 10～40 万 t 居多，在 20 世纪 80 年代，我国引进了产量在 3 万～4 万 t 左右的小型机组。现在随着铜杆需求量的不断增长，在 2000 年以后转向引进年产 10 万～15 万 t 的生产线，而现在又发展到引进年产 20 万 t 以上的生产线。

早期引进的设备在工艺、技术、装备等方面已明显落后，10 万 t 级的生产线或将要引进的铜杆生产设备，装备技术的先进性已与国外同步，但在内部管理的有效性和生产过程控制的严谨性等方面存在较大的差距，最终反映出我国生产的产品，其综合性能还无法进入国际高端领域，整体的出口能力弱。

B 国产设备

国产铜杆连铸连轧生产线，最大的优势是设备投资和生产成本较低。国产仿制设备的消化吸收是以 20 世纪 80 年代引进的小型机组为范本，存在机组产能小的先天不足，再加上制造业的开发能力、技术设计力量还很薄弱，应用高新技术也比较缺乏，设备的精度和质量与先进国家的技术水平相比还有相当差距。近几年来虽然不断地进行技术升级和改造，如增加初轧、增大铸坯截面、自动化/机电一体化等，产量和质量均有所提高，但是设备、产品的总体性能与国外相比还显不足，乃至国产设备生产的铜杆总给人以低品质、低价格的印象。

C 存在差距

由于对铜导线的质量要求越来越高，为了获得优质的低氧铜杆，国内外设备制造厂家和铜线杆生产厂家均在生产工艺、装备质量、检测和管理方面做了大量工作，如增设自动化装置，提高对工艺过程的监控等，提高质量，降低成本。

生产设备趋向于机组大型化、高产能、大截面（铸坯），通过规模效应来降低生产成本；在线检测、过程控制自动化和高可控性，不断消除人和外界因素对产品质量的影响。

但是，国内的铜杆生产设备，均以仿制为主，研发水平落后，技术创新薄弱，导致国产设备没有技术上的优势。

国内、外差距比较见表3-18。

表3-18 国内、外差距比较

比较内容	国 外	国 内
设 备	1. 单机最大产能40万t/a，规模效益好； 2. 购置成本高，主要部件必须引进，加工精度高，可靠性好； 3. 技术先进，生产过程可控性强，自动化程度高，可连续运行，故障率低； 4. 配件价格、维修成本高，生产成本低； 5. 工作强度小，环境好，生产过程环保； 6. 采用过程检测，产品质量稳定； 7. 辅助设备完善； 8. 操作人员技术水平高、专业队伍稳定，责任性强	1. 单机最大产能8万t/a，规模效益一般； 2. 投资小、国产化率高，设备制造精度低，可靠性差； 3. 技术落后，以人工控制为主，波动大，连续运行差，故障率高； 4. 配件价格低、维护成本高、生产成本高； 5. 工作强度大、环境差、危险性高，污染严重； 6. 缺乏在线质量检测与控制的装备和手段； 7. 缺少完备的辅助设备； 8. 人员流动大，操作水平低、缺乏技术工人

续表3-18

比较内容	国外	国内
新技术运用	1. 采用双叉加料系统，不冲击炉壁，布料均匀，炉子热效率提高10%； 2. 采用模糊逻辑技术监测控制铜液温度； 3. 在连铸机上采用电磁搅拌铜液，减少铸坯气孔，改善结晶组织； 4. 铸机钢带采用双向张紧装置，提高钢带使用寿命； 5. 铜液液位自动控制采用更先进的EMLI电磁传感器，比传统的光学传感器更精确可靠； 6. 轧机分粗、中、精3组，中轧与精轧间设光电控制活套，实现无张力轧制，中轧与精轧间设冷却管，降低精轧温度，改善拉丝加工性能	1. 竖炉的制造和控制还不成熟，生产线多配套阳极炉，各炉次成本和氧含量不均匀，产品质量稳定、性能均一和节能等特点很难得到充分体现； 2. 计算机过程监控技术还不完善； 3. 缺乏在线质量检测与控制的装备和手段； 4. 只能利用已成熟的技术对设备进行改造升级，缺乏创新
铜杆质量的研究	1. 研究断线原因，改进熔炼、浇铸和轧制工艺； 2. 研究阴极铜电解过程中的添加剂与氢脆的关系； 3. 研究杆、线深加工选材的判别试验方法； 4. 研究原料铜的选择分类，使之优材优用，物尽其用； 5. 研究拉线、热处理、工模具、晶粒结构、改进柔软性	我国引进以后，缺乏消化吸收和再提高、再投入，使制成品的内在质量落后于发达国家，在铜杆质量基础研究方面欠缺
铜杆标准水平	提高铜杆标准水平： 1. 规定更多的杂质元素及其含量； 2. 对无氧铜规定氢脆性试验及其方法； 3. 规定表面氧化膜的厚度及其试验方法 制定漆包线用铜线标准： 1. 提高对漆包线用铜线的要求； 2. 提高漆包线的柔软性，减少回弹	现行铜杆基础标准水平低，如按ASTM标准要求，分析测试手段和方法跟不上，还需研究新的方法，增添仪器设备
对铜的节约和利用	1. 废铜分类，按最终制品要求物尽其用； 2. 使用废铜（最多达100%），保证电导率达到ISO1553标准要求； 3. 对废电线电缆的处理和分离提纯	采用阳极炉精炼，技术、工艺落后，产品质量有待提高

3.7.6.4 发展与展望

（1）随着线缆生产朝高速、多头、工序连续化、超细化的方向发展，以及对漆包线柔软度、回弹性能要求的提高，需切实对引进生产线进行消化和吸收，增加必要的措施条件，不断提高电工用紫铜线坯的内在质量。

（2）在现有基础上，提高生产效率，改进生产方式，并不断研究废铜在电工用铜中应用的工艺及其装备，达到节约和扩大原料来源的目的，使利用废铜生产的产品质量达到国际通用的标准要求。

（3）探索稀土在电工用铜中的应用研究。深入了解稀土对铜电导率的影响，在改善工艺性能和降低原料铜品位，扩大电工用铜的材料来源上有所创新。

（4）修订标准，提高电工用紫铜线坯基础标准的水平，以促进生产和质量整体水平的提高；进一步制定漆包线用紫铜线的专用标准，研究新的测试方法，增加配套测试仪器、设备。

（5）积极开发延伸项目，如铜合金高速接触网接触线。

3.7.7 铸造凝固过程的控制

3.7.7.1 原因解析

对于轮带式连铸机，也同引铸法一样，是通过介质的冷却作用，实现热交换的过程，促使铜液发生凝固。由于铜液凝固结晶直接过程关系到产品的质量，而铸造过程中对铜液凝固的影响因素很多，影响的程度也较为复杂，因此非常有必要对连续铸造过程影响热传递的方式进行原因解析（见图 3-23）。

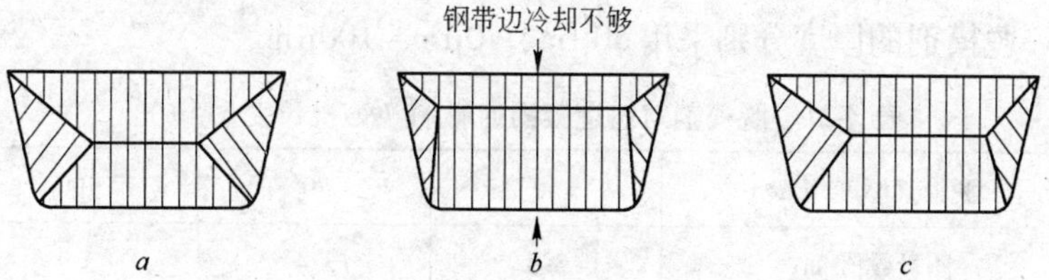

图 3-23 对连续铸造过程影响热传递方式的原因解析

a—对称性好；*b*—铸轮边冷却太多；*c*—不对称

不同条件（见表3-19）下所获得的铸件结晶是不同的。

表3-19　凝固条件设定

模腔总长度/mm	铸造温度/℃	冷却水量/kL·min^{-1}	冷却水温/℃	钢带导热系数/kW·(m^2·K)$^{-1}$	挡块（铸轮）导热系数/kW·(m^2·K)$^{-1}$
3500	1130	10	25	2.45	3.86

3.7.7.2　影响因素

A　冷却水的影响

如表3-20所示，将冷却水量由通常的10kL/min增加到30kL/min。

表3-20　冷却水流量对铸造凝固的影响（铸机长度3.5m）

冷却水流量/kL·min^{-1}	10	20	30
测量数值/m	3.0	3.1	3.3

注：测量值量是固液界面（铸坯的凝固点）与铸机入口之间的距离。

从表中可以看出，即使大幅度增加3倍的冷却水量，但固液界面形状变化也是很微小的。这说明，即使大幅度增加冷却水，也不能期望提高铸造的冷却效果。这个结果与使用石墨铸模的水平连铸的结果是相同的。

冷却水流量增加的效果不明显与铸造模腔内熔液冷却过程有关，即熔液冷却凝固时产生了阻碍热传递过程的物质或因素，使铸造过程的后段冷却作用受到了影响。

B　脱模剂的影响

脱模剂的厚度分别采用50μm、70μm、100μm。

表3-21　脱模剂对铸造凝固的影响（铸机长度3.5m）

脱模剂厚度/μm	50	70	100
测量数值/m	3.2	3.4	3.9

注：测量值量是固液界面（铸坯的凝固点）与铸机入口之间的距离。即当脱模剂厚度达到100μm时，铸坯在铸机内未完全凝固。

当脱模剂的厚度从50μm增加到100μm时，铸机内液相区就有约25%的大幅度扩大。因而可以说脱模剂的厚度对凝固有非常大的影响。

不论是SCR铸机使用的炭黑还是Hazelett铸机所使用的钢带油，均以两种方式抑制冷却作用：

（1）脱模剂涂层太厚，相对于铸机材质和水的导热性而言，其本身就是隔热材料，将直接对热交换过程起阻挡作用；

（2）脱模剂涂层内趋于保留潮气，潮气和熔融金属接触就要释放出来，形成一个薄的但非常疏松（多孔）的激冷层，这个激冷层本身就是对热交换的抑制者。

C 气隙的影响

在铸造过程中，熔液在模腔内凝固并收缩，使铸坯与钢带之间或铸坯与铸轮之间产生一定厚度的空隙。该空隙将在脱模剂接触熔融金属时被裂解出的气体填充形成气隙（见图3-24），由于气体是热的不良导体，将阻碍冷却过程中的热传递。

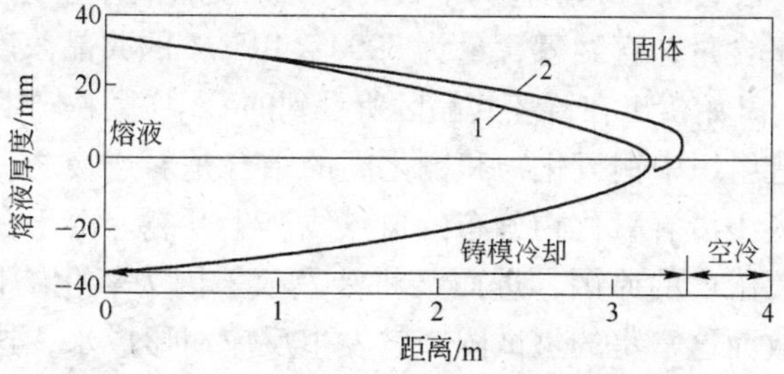

图3-24 固液界面与浇铸口的距离
1—无气隙；2—有气隙

在实际铸造过程中，离铸造机入口1.5m处将产生0.1mm厚的气隙。考虑到铸造机上面（靠钢带侧）存在气隙，铸坯液相区的底部可见向上侧后方延伸。由此结果可判断气隙起到隔热作用。这样的气隙存在，对铸坯凝固时固液界面形状有较大影响。

D 过热度对结晶的影响

在铸造腔内部，熔融的金属沿冷却方向迅速固化，首先形成树枝状的晶体（枝晶）。由于铸造紊流的存在，脆弱的枝晶尖端折断，碎屑重新进入熔融的金属液中。如果碎屑进入过热的金属熔体，那么它将被再熔。当温度降低时，熔体过热度不足而导致有更多的碎屑继续存在，由此，这些碎屑将被作为晶核，在铸坯中促进更多的晶体形成。在约1110℃最低的实际浇铸温度下，它们几乎全都成为等轴晶的铸坯组织。

但在这种低温下，浇铸的紊流也有吸入气体的危险，这种吸入的气体将被保留在黏稠的熔液中，并最终在凝固的铸坯中形成较大的气泡。

控制适合的过热度，使其朝预想的方向发展，这才是需要关注的。

E　氧对铸造组织的影响

对于ETP铜（韧铜）而言，它首先是一种纯金属，然而它的凝固却更像合金，因为这种金属中存在氧。铜液中的氧含量通常为$200 \sim 450 \times 10^{-4}\%$，但首先凝固的金属其氧含量只有$70 \times 10^{-4}\%$。氧平衡后是不会返回到液体金属中去的，而是提高液体金属与凝固金属交界处的氧含量，直到氧含量为$3900 \times 10^{-4}\%$的共晶浓度。在这个共晶点上，开始析出在铸坯共晶区所看到的Cu_2O微粒。

在铸造组织中铜氧化物和铜之间的结合是弱连接之一。这种弱连接在铸坯中沿着氧化物分布的斑点线产生开裂。由于在枝晶和晶粒边界上氧浓度的原因，进而又将涉及氢。因为氧化物以Cu_2O微粒析出，故而这富集的氢试图与它发生反应而形成水，这将导致氧化物和铜界面结合的弱化。在原料中的有些杂质亦趋于富集在这些枝晶和晶粒边界上，从而使它们在轧制加工过程中产生更多开裂的倾向。

铸造组织的细化能避免这种现象的发生，这是我们追求铸坯等轴晶的原因。

使铸造组织细化的因素很多，但其中铸造温度影响较大。即凝固界面附件的熔液的温度梯度越低，凝固速度越快，晶体越容易细化成等轴晶。在其他条件不变的前提下，在实际的操作过程中，采用低温浇铸、快速冷却的方法，是获得所需等轴晶的两个必要条件。

3.8 其他新技术的应用

3.8.1 悬浮铸造

线杆的悬浮铸造是通用电气公司的一项研究，可望成为铜及铜合金棒、线生产的新一代技术。

3.8.1.1 工作原理

在一组若干个线圈中加以不同的相位电流造成一个圆柱形向上运动的磁场，处于磁场内的导体被感应出电流。感应电流与磁场作用，使导体受到向上和向内的电磁力。若此导体为液体，则向上磁力与液体的重力相平衡，而向内磁力则使液体维持圆柱状而不坍塌。在线圈与液柱之间设置冷却壁，以强化液柱冷却，液柱的上部首先凝固。因为固体的电阻小于液体的电阻，故感应出的电流和产生的磁力都大于液态部分，于是固态部分将液态部分向上牵引。这样线圈下部不断补充液态金属，上部不断引出凝固的金属，这就是悬浮铸造。

3.8.1.2 特点

悬浮式连续浇铸法（GEKEC）是将电磁悬浮场与上引法中应用的高效热交换器联合使用的一种方法。这是一种简单而又经济的连续铸造成形方法，能克服其他浇铸技术中经常发生的模具与金属接触面上的摩擦和粘结问题。

其优点是铸造速度快、连续性强、铸件表面无缺陷或夹杂，还能延长与熔融金属接触件的使用周期。

悬浮法铸造的线杆本身，由于感应电流集肤效应和金属自重的相互作用，液穴内的液态金属里外、上下循环流动，这样细化了线杆的金相组织，均匀性和晶粒结构良好，从而改善了性能。这对凝固温区大的铜合金（如锡青铜）特别有利。此方法特别适合于从各种纯金属和合金直接浇铸成小直径的线杆。

3.8.1.3　进展情况

1991 年曾有报道，试验室规模的试验，用容量为 25kg 的炉子，铸出了直径为 9.5～14mm 的铜、铝杆和各种合金线材，铸造速度为 60～70mm/s，产品性能良好。半工业性试验，用 350kg 的熔化炉，保温炉容量为 700kg，也铸造出了直径为 12～14mm 的线杆。过程用 PC 控制，操作台、电气系统、液压系统、循环水系统、PC 自控系统，全部安置在 10m × 10m 的场地内。

目前该方法仍未见在铜加工工业化领域大规模使用的报道。但是，在铝合金、铁及铁合金铸造领域却有相关专利产生，并有用于生产的报道。

3.8.2　电解沉积法制造线杆

电解硫酸铜直接沉积出线杆，比上引法和浸涂法获得铸造铜杆的流程更短，设备更少。

3.8.2.1　电解工艺

（1）电解液中含硫酸铜 200g/L（相当于 Cu + · 50g/L）、硫酸 200g/L、氯化物 30mg/L、胶（GLUE）0.25～0.75mg/L、木质磺酸钙 20～100mg/L。

（2）种子板：要磨光或抛光，表面不能有尖锐的棱和刺。

（3）电解条件：温度 60℃，电流密度 380～480A/m^2，电流不可中断，或短周期反向运行。电解液在阴极表面以 5～10mm/s 的速度流动，并用空气搅动，且在循环系统中过滤。

3.8.2.2　工艺要求

（1）线杆表面必须光滑平整，才能在轧制和拉制时不出现裂纹和断线。如表面有疤、瘤、棱角，则在加工变形时，甚至在缠绕时开裂。

（2）需在电解液中添加有机物，如胶和木质磺酸钙等，且控制好浓度和均匀性，才能沉淀出表面光滑平整的线杆。

（3）但电解液中添加有机物，就把非金属杂质引入线杆中，这就导致线材电导率的下降和软化温度的上升。

英国有色金属研究协会的 Finch 和 Cibula 发表了该方法的研究成果。他们电解沉积出了 2.3～90kg/捆，外形如蚊香的盘状铜杆，其截面为 6.3mm×6.3mm 和 12.7mm×12.7mm，先轧后拉，成为直径 1.6mm 的线材。测得其电导率为 100.5% IACS，扭断值高达 70～90 次，低的为 15～20 次（常规铜线为 35 次），软化温度升高 200～300℃，线杆的韧性则较差。

从以上实验过程看，用电解沉积法制造线杆是可能的。为了获得良好的理化性能和加工性能，必须严格控制各工艺因素和参数，难度很大，至今尚未见工业生产的报道。

3.8.3 在线测氧

铜液在线测氧技术是一项发展中的新技术，铜液氧探头虽有快速型和连续型两种，但其测氧的机理是相同的。它们都是通过电化学方法的浓差电池传感器，提供快速和连续的铜液氧活度信号，经过计算而获得氧含量的数据。

在高温下，氧浓差电池的电解质产生离子传递，从而在氧电池的引出端出现氧的电势信号输出。通常，电解质以氧化锆为基，添加低价氧化物，如氧化钙（CaO）、氧化镁（MgO）、氧化铝（Al_2O_3）、氧化钇（Y_2O_3）等。在氧化锆中，锆是正四价的，故和一个氧分子结合。当其吸收入二价（Ca、Mg）、三价氧化物（Al、Y）时就生成置换固溶体，使氧化锆结晶结构中产生氧离子空位，空位的多少取决于掺入低价氧化物的多少。氧空位的存在提供了在一定温度条件下氧离子沿空位移动的可能性（见表 3-22）。

表 3-22 纯氧化锆和加入二价氧化钙结晶结构中出现氧空位情况

纯 ZrO_2	O-Zr-O O-Zr-O O-Zr-O	O-Zr-O O-Zr-O O-Zr-O	O-Zr-O O-Zr-O O-Zr-O
ZrO_2 + CaO	空位-CaO-O O-Zr-O O-Zr-O	O-Zr-O 空位-CaO-O O-Zr-O	O-Zr-O O-Zr-O 空位-CaO-O

实验证明，以氧化锆为基的二元或三元系固体电解质（如二元系 ZrO_2+CaO，三元系 $ZrO_2+MgO+Al_2O_3$）在高温下（700℃以上）具有氧离子迁移导电性能。当电解质两侧的氧存在浓度差异时，就能产生浓差电动势 E，其工作原理如图3-25所示。

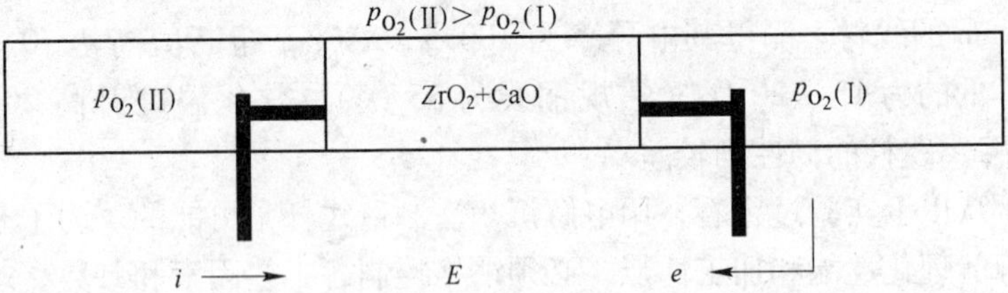

图 3-25 氧浓差电池原理

图3-25中：p_{O_2}（Ⅰ）为介质Ⅰ氧分压；p_{O_2}（Ⅱ）为介质Ⅱ氧分压；i 为氧离子；e 为氧离子迁移电流；E 为氧浓差电动势。

氧浓差电池结构见图3-26。

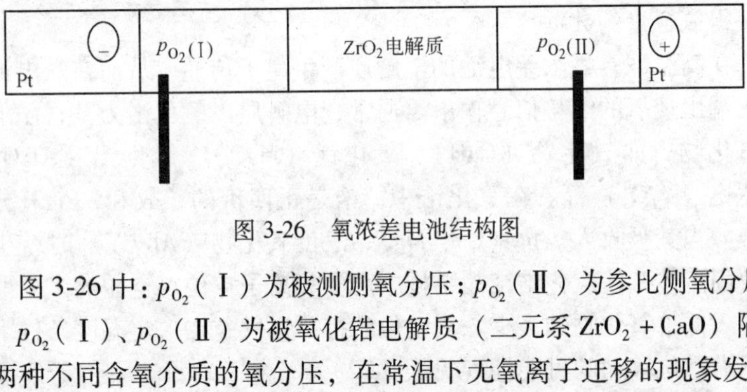

图 3-26 氧浓差电池结构图

图3-26中：p_{O_2}（Ⅰ）为被测侧氧分压；p_{O_2}（Ⅱ）为参比侧氧分压。

p_{O_2}（Ⅰ）、p_{O_2}（Ⅱ）为被氧化锆电解质（二元系 ZrO_2+CaO）隔开的两种不同含氧介质的氧分压，在常温下无氧离子迁移的现象发生，而在700℃以上的高温条件下，则氧离子将从高氧位 p_{O_2}（Ⅱ）一侧向低氧位 p_{O_2}（Ⅰ）一侧迁移，氧离子 e 移动方向和浓差电池的电动势 E 的极性如图3-25所示。氧离子 e 移动方向和浓差电池的电动势 E 的极性均是可逆的，这取决于电解质两侧的氧分压的差值，即当 p_{O_2}（Ⅱ）> p_{O_2}（Ⅰ）时，差值为正，而当 p_{O_2}（Ⅱ）< p_{O_2}（Ⅰ）时，差值为负，其数值大小则由该热力学系统的温度和电解质两侧的氧浓度差

即氧分压差所确定。

氧浓度差的存在，反映出电解质两侧化学位的不同，根据能斯特（Nernst）公式，氧浓差电动势可用积分式表达：

$$E_{(0)} = \frac{RT}{4F}\ln\frac{p_{O_2}(\mathrm{II})}{p_{O_2}(\mathrm{I})}$$

式中　F——法拉第常数，96.4kJ/(V·mol)；

　　R——气体常数，8.3kJ/(K·mol)；

　　T——热力学温度，K。

如果电解质任意一侧的氧分压 $p_{O_2}(\mathrm{II})$ 在指定温度下为已知值（一般为参比侧）时，则另一侧的氧分压 $p_{O_2}(\mathrm{I})$（一般为被测侧）与浓差电动势 $E_{(0)}$ 呈单值函数关系。因此，如能同时测得氧浓差电池的电动势 $E_{(0)}$ 和该系统的绝对温度 T($T = t$℃ + 273.15K)，即可通过以上公式求得该被测侧的氧含量值。

3.8.4　快速凝固技术

快速凝固是通过一定的手段（指以大于105K/s 级的冷却速度或以数米/秒级的固液界面前进速度使液相凝固成固相）使铜合金在高温下快速冷却，并使高温下的组织保留下来。其最大的特点是实现元素的强固溶，与常规的熔铸方法相比，快速冷凝可使 Cr、Zr、Co、Fe、Ti 等元素 Cu 中的固溶度（质量分数）分别由 0.8%、0.014%、0.2%、4.5% 和 5.5% 提高到 3.6%、1.33%、15.0%、20.0% 和 10.0%，此外可细化组织，消除偏析。因此该技术非常适合制造多元、复杂的铜合金。

快速冷凝中常用的甩带法难以制备出高精度的材料；喷射沉积技术不但可保留绝大部分快速冷凝技术的优点，而且可实现一次性从铜合金熔铸到坯件最终成形，并可制备大坯锭，有助于利用熔铸法中后续加工与热处理装备。

快速凝固是一种非平衡凝固，往往生成亚稳相，具有某些可以开发利用的特性。

快速凝固理论基础实现液态金属的快速凝固有两条途径：

（1）传统的急冷快速凝固过程；

（2）深过冷熔体的快速凝固。

在这两种快速凝固过程中均存在两种不同的凝固机制：

（1）在急冷或深过冷条件下晶体大量形核并快速长大，而且一些在平衡或近平衡凝固条件下不可能出现的亚稳相得以形成；

（2）当冷速足够快或过冷十分大时，通常情况下的晶体形核与长大受到抑制，从而形成非晶或准晶相。

因此，快速凝固过程将呈现出许多与常规凝固不同的力学特点。快速凝固是一种非平衡凝固，增加凝固速度时，平衡体系也随之发生变化。

3.8.5　铜液电磁脱氧技术

铜液电磁脱氧-电磁连铸法生产技术，一是在铜液的熔炼与凝固过程中连续施加电磁场作用，包括在熔炼炉、中间包和连铸结晶器的相关工艺过程中对铜液进行电磁搅拌，使铜液内部形成较强烈的还原性化学动力学条件，实现铜液中杂质和气体的快速上浮和还原，提高铸锭的纯净度；二是利用电磁连铸在铸锭表面形成向内的电磁力，部分抵消铜液的静压力，从而降低铸锭初始凝壳与结晶器间的滑动摩擦力，以及铜锭表面的温度梯度，达到改善结晶机制、细化组织、降低凝固偏析、提高等轴晶率、减轻或消除铸造缺陷等目的。

从表 3-23 可以看出，采用电磁方法进行铜液脱氧，与其他方法相比，具有技术、装备、成本、操作、铸锭质量和材料性能、生产安全性等多方面的优势。

表 3-23　铜液的脱氧方法比较

方　法	化学脱氧剂法	真空熔炼法	电磁脱氧法
原　理	金属熔融时加入化学脱氧剂（磷等），利用其化学活性高于金属的特点，将熔融金属中的氧原子置换出来，以此降低金属中的氧含量	金属熔炼在真空中进行，通过降低熔炼炉中的气体分压，使金属中的气体原子逸出，导致其氧含量降低（无需使用还原剂）	外加电磁场改善金属熔炼时脱氧力学条件，促使熔融金属中的氧原子与还原剂结合并快速溢出，达到降低金属氧含量的效果
成　本	低	高	低

续表 3-23

方 法	化学脱氧剂法	真空熔炼法	电磁脱氧法
设 备	不需要投资新设备	设备投资大	不需要投资新设备
能 力	脱氧能力低，{O} = (20 ~ 60) × 10^{-4}%	脱氧能力高，{O} ≤ 5 × 10^{-4}%	脱氧能力中等，{O} = (4 ~ 8) × 10^{-4}%
污 染	对金属有污染	对金属无污染	对金属无污染
生 产	连续性大规模生产	小规模生产	连续性大规模生产
操 作	易	难	易
性 能	材料性能下降	材料性能不变	材料性能提高
安 全	安全性高	安全性较低	安全性高

电磁连铸与普通连铸无氧铜材高温真空排气量对比见表 3-24。

表 3-24 电磁连铸与普通连铸无氧铜材高温真空排气量对比

（mPa · m^3/g，1000℃）

生产方式	全排量	H_2	H_2O	$CO + N_2$	O_2	CO_2	H. C.
电磁连铸	5.6	1.6	1.6	1.0	0.06	1.1	0.3
普通连铸	13.8	2.4	4.5	2.3	0.10	3.7	0.8

铜液的电磁搅拌力、热效应和脱氧速率随搅拌电流增加而非线性增大，其中，热效应迅速增大，而电磁搅拌力和脱氧速率则增幅下降；另外，在铜液熔炼中，电磁搅拌器的安装位置（见图 3-27）对金属搅拌效果和脱氧能力均有影响，合理的搅拌区域可增大铜液中的电磁力，获得快速的脱氧结果。

在铜及铜合金的铸造技术中，也可以通过使用的熔炉（即工频炉和竖炉）来进行分类。

工频炉非常适合小批量、多规格的铜合金的生产，且工频炉常与引铸法相结合，其设备、控制技术均存在较多的相同之处，只是在引锭方向和使用范围上有所区别。

竖炉适合于工业化规模生产，如适合生产需求量大的铜线材。铜

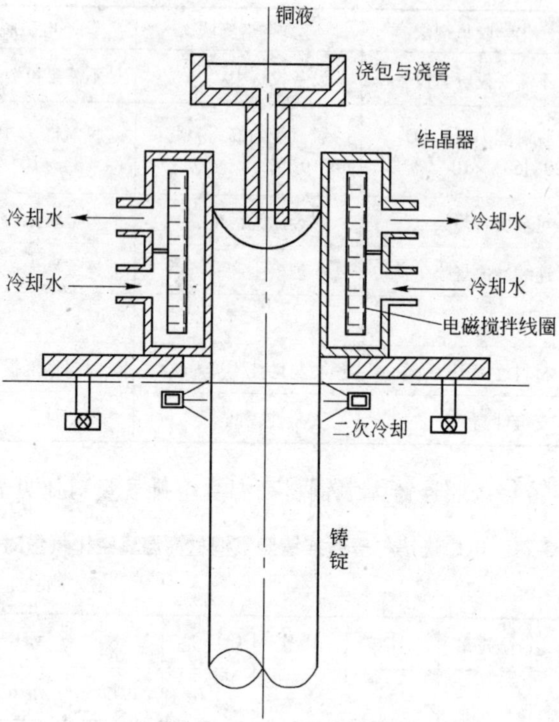

图 3-27　铜液电磁搅拌脱氧

杆的生产以美国的 SCR 和德国的 Contirod 为主，因为其规模大、质量高，是铜杆生产的主流设备。目前国内虽然出现了许多仿制的 SCR 生产线，但其规模效益还无法达到进口设备的水平。它的优点就是设备简单、价格低。由于受国内机械制造水平限制，至今还未见到仿制德国连铸连轧的设备。

现在国内较多地使用 SCR 生产线，因为德国的机械制造水平高，价格也高，Contirod 与 SCR 相比，整条线的总价格相差数百万美元，对于还不富裕的中国企业来说就太高了。但 Contirod 许多独特的设计是 SCR 无法做到的，随着对铜线材产品性能要求的扩展，德国的生产线将会逐渐受到人们的青睐。

比较有特色的是浸涂法生产工艺，但该工艺在纯铜线材的生产中没有优势，作者认为它适合于复合金属（如铜包钢、铜包铝等）的生产，应用的面还比较窄，需要再深入地研究和发掘。

在人们关注生产设备、生产技术的同时，不应忘记材料科学的基础研究，这才是铜及铜合金铸造加工技术进步的原动力。随着高纯材料、纳米材料、多元合金、微合金等基础材料、特种材料的研究不断取得进展，必将最终孕育出新的铜铸造加工技术。

4 铜及铜合金棒、线材轧制技术

4.1 轧制原理

轧制是金属塑性加工之一。与其他加工方式（锻造、挤压、拉拔）相比，具有一系列的优点，首先是生产效率高，其次是成本低(材料消耗低、能量消耗低等)，特别是连铸连轧设备的应用，可以充分利用余热进行轧制，使其优点更加突出。

目前，轧制技术主要是应用于线材和小规格纯铜棒材的生产。该技术具有产量大、单次加工率高、节约能源等特点；但与拉拔和挤压技术相比，特别是铜合金的生产，已无法满足棒材高精度、高表面质量、小批量的要求，已逐步在棒材生产中退出，只保留了部分轧制开坯和简单要求的棒材、线材的轧制。

4.1.1 轧制分类

轧制过程是借助于旋转的轧辊与轧件之间的接触摩擦，将轧件带入辊缝间隙中，在轧辊压力作用下，使轧件在长、宽、高三个方向上产生塑性变形。

轧制的方式目前大致分为三种：纵轧、斜轧、横轧。

纵轧，即金属在相互平行且旋转方向相反的轧辊间通过，使其产生塑性变形，其中长度的增加最为显著，这正是我们所需要的。因此，纵轧在铜及铜合金棒材、线材的加工中得到广泛的应用。而斜轧、横轧不适合于铜及铜合金棒材、线材的轧制。

根据轧件的温度状态，轧制又可分为热轧和冷轧。铜及铜合金棒材、线材大都采用热轧。热轧不但能够充分利用铜及铜合金材料的热塑性，使其加工过程具有大的加工量，而且在热轧过程中，铸造组织中的缩孔、疏松、气泡等缺陷得到压实和弥合，能有效地提高组织的均匀性，增加金属的强度和韧性。同时在热态条件下，可改善铜合金轧制变形后内部的应力状态。

冷轧的应用只是局限于具有较好的低温塑性的铜及铜合金材料（如纯铜材料），还有一些对精度要求高的棒材。

4.1.2 轧制理论基础

轧制过程是一个塑性变形的过程，与其他加工方式（锻造、挤压、拉伸）相比，具有生产效率高、成本低（材料损耗低、能量消耗低）等特点。

塑性变形时，变形体内质点间或局部区域间的相对移动，以及变形工具与变形金属之间的相对应的位移，称为金属流动。金属流动越均匀，金属的变形就越均匀。影响金属流动的因素有变形金属与工具接触面上的摩擦，工具与变形金属之间的相互作用，坯料的化学成分、组织和温度等。

4.1.2.1 轧制变形的特点

A 轧制变形规律

在坯料的轧制过程中，不论何种轧制方式，其轧制变形过程中相关参数的计算将遵循以下定律。

a 体积不变定律

金属在轧制过程中，当给予一定的垂直方向上的压力之后，则在高度方向上被压缩的金属部分将流向纵向和横向，流向纵向和横向的金属使轧件产生延伸，流向横向的金属使轧件产生宽展。在金属的轧制过程中，理想状态下，金属轧制前后的体积是不变的。但实际情况是其体积总有一些变化，这是因为：

（1）在轧制过程中，发生塑性变形的同时总是发生弹性变形，而弹性变形时，金属体积就有一定的变化，不过这种变化是极其微小的，并且在卸载之后将随之消失；

（2）在轧制过程中，金属内部的缩孔、气泡和疏松被压合，密度将提高，从而改变了金属的体积，对铸件来说，这种体积的变化是比较大的；

(3) 在轧制过程中，金属因温度变化而发生内部微观结构的改变，也会引起金属体积的变化，不过这种变化引起体积的变化也是极其微小的。

工程上为计算方便而假定轧制前后的体积不变，则：

$$V_0 = V_1 \qquad h_0 b_0 L_0 = h_1 b_1 L_1$$

根据变形指数，可知存在下列关系：

$$\lambda\beta\mu = 1$$

式中　λ——压下系数；

β——宽展系数；

μ——延伸系数。

因此，在已知 λ、β、μ 三个变形系数中的任意两个时，即可根据体积不变定律计算出轧制过程中的第三个变形系数。

b　最小阻力定律

金属体积在延伸和宽展两个方向上的分配，除了在一定的条件下服从体积不变的定律外，还与轧件和轧辊接触表面上纵向和横向产生的摩擦阻力以及轧辊的形状等条件有关。哪个方向上的阻力小，金属流向该方向的体积就增加，而流向另一个方向的体积就相对下降。这种规律可概括为最小阻力定律，即当物体在变形过程中，其质点有朝着各个方向移动的可能性时，则每一个质点总是朝着阻力最小的方向移动。

c　孔型轧制中的不均匀变形

在孔型轧制过程中，沿轧件宽度的压下量是不均匀的，如图4-1所示。

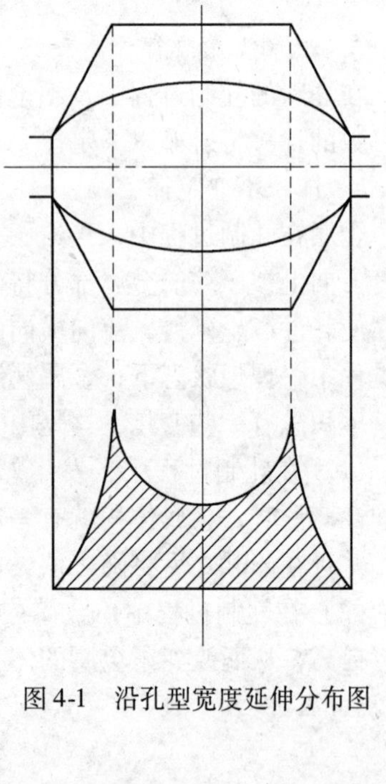

图 4-1　沿孔型宽度延伸分布图

当方坯料进入椭圆孔型时，

压下量沿宽度上的分布是不均匀的。

在孔型轧制时，确定压下量就比较复杂，因为压下量沿宽度方向是变化的，不能简单地按平辊轧制中的压下量计算。

B 压下量的计算

孔型轧制中的压下量的确定一般有两种方法。

a 外形轮廓法

按轧件的最大外廓尺寸来计算压下量和宽展量，如图 4-2 所示。

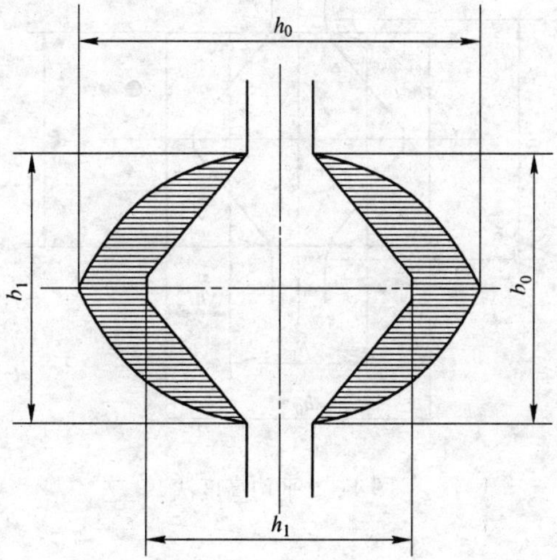

图 4-2 外形轮廓法

$$\Delta h = h_0 - h_1 \qquad \Delta b = b_1 - b_0$$

式中，b_0、h_0 为轧制前轧件的宽度和高度，b_1、h_1 为轧制后轧件的宽度和高度。这种方法简单，但准确性较差。

b 平均高度法

利用具有相同面积的矩形代替孔型和轧件来计算压下量：

$$h_0 = \frac{F_0}{b_0}$$

$$h_1 = \frac{F_1}{b_1}$$

式中，F_0、F_1 分别为轧前和轧后轧件的截面积。

此时压下量按以下公式确定：

$$\Delta h = h_0 - h_1$$

孔型轧制中产生的不均匀变形，对金属组织和性能都有不良的影响，它使轧件内部产生内应力，严重的不均匀变形会造成轧件的弯曲、折皱、波浪、扭曲、裂纹及尺寸不符合等质量缺陷。同时不均匀变形还会引起轧槽的不均匀磨损。

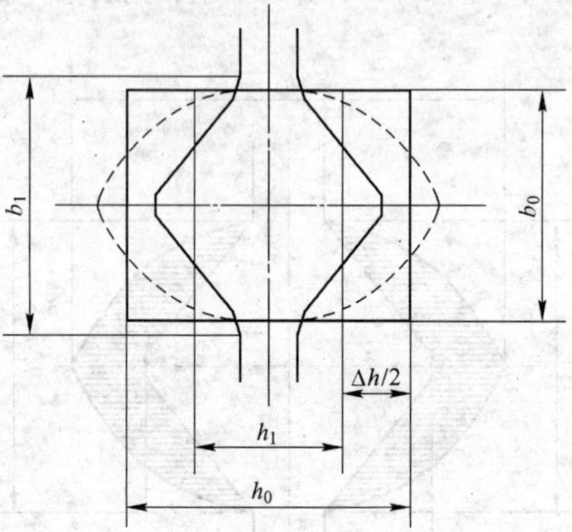

图 4-3　平均高度法

4.1.2.2　轧制过程的变形

轧件在轧制过程中的水平方向的长度变形是最明显的，也是我们所需要的。与此同时，轧件还存在着其他方向上的变形，这也是非常有意义的。

A　横变形——宽展

a　宽展及其意义

在轧制过程中，轧件的高度受轧辊压缩作用，压缩下来的体积将按照最小阻力法则移向纵向和横向，由移向横向的体积所引起的轧件宽度的变化，称为宽展。

正确估计宽展是保证断面质量的重要一环，若计算宽展大于实际宽展，孔型充填不满，形成椭圆；若计算宽展小于实际宽展，孔型充填过满，形成耳子。以上两种情况都会造成废品。

b 宽展的分类

（1）自由宽展。这是坯料在轧制过程中,被压下的金属体积朝垂直轧制方向的两侧自由移动的可能性,不受其他阻力限制所形成的宽展。

（2）限制宽展。这是坯料在轧制过程中，金属质点横向移动时，除受接触摩擦影响外，还受孔型侧壁的限制作用所形成的宽展。

（3）强迫宽展。坯料在轧制过程中，金属质点横向移动时，受到强烈的推动作用，使宽展附加地增长。

c 影响宽展的因素

（1）轧件宽度的影响。在其他条件不变的情况下,轧制开始时,随轧件宽度的增加,宽度达到一定值后,如再增加宽度则宽展量相对减少。

（2）轧辊的影响。宽展量随着轧辊直径的增加而增加（如图 4-4 所示）。

（3）摩擦系数的影响。宽展随摩擦系数的增加而增加，轧制温度对轧制宽展的影响，主要是通过摩擦系数而起作用的（如图 4-5 所示）。

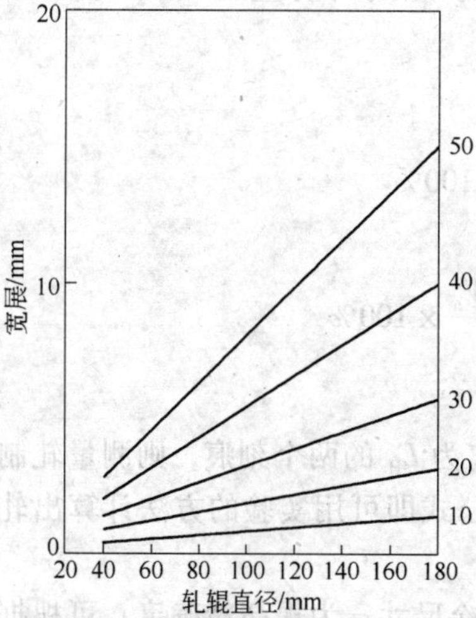

图 4-4 宽展与轧辊直径的关系

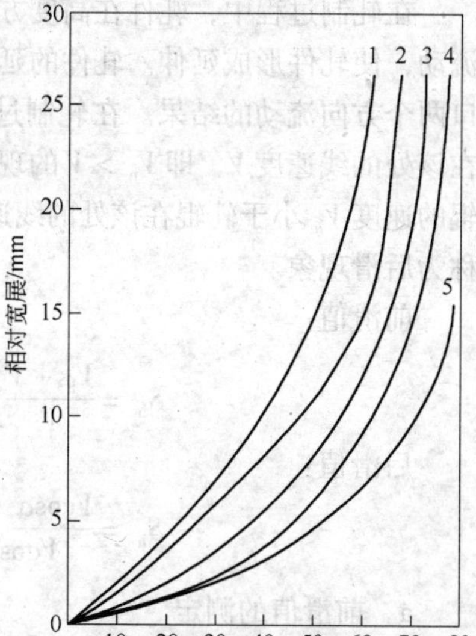

图 4-5 润滑剂（摩擦系数）与相对宽展的关系

1—干辊；2—煤油；3—锭子油；4—乳液；5—动物油

(4) 轧制道次与道次加工率的影响。塑性越低的合金，其宽展也越小。在加工量小于20%时，其宽展量普遍不显著。

1) 轧制道次的影响。当总加工率相同时，绝对宽展量随着轧制道次的增加而减小，尤其在前五道最为显著，超过五道以上时，再增加轧制道次，对宽展量的影响则不显著。

2) 道次加工率的影响。相对宽展随着道次加工率的增加而增加。

(5) 孔型形状的影响。平辊轧制时，金属的横向流动阻力只受到轧件与轧辊之间的摩擦力的影响，而在孔型轧制时，金属横向流动的阻力除受到轧槽摩擦力的水平分力外，还受轧制压力的水平分力的影响，因此轧件的宽展较平辊轧制时小。这是由于孔型侧壁的作用，侧壁斜度越小，限制宽展的作用越大。

B　轧制过程中的纵变形——前滑和后滑

在轧制过程中，轧件在高度方向受到压缩的金属，一部分向纵向流动，使轧件形成延伸。轧件的延伸是由于被压下金属轧辊入口和出口两个方向流动的结果。在轧制过程中，轧件出口速度 V_h 大于轧辊在该处的线速度 V，即 $V_h > V$ 的现象，称为前滑现象。而轧件进入轧辊的速度 V_h 小于轧辊在该处的线速度 V 的水平分量 $V \cdot \cos\alpha$ 的现象，称为后滑现象。

前滑值：

$$S_h = \frac{V_h - V}{V} \times 100\%$$

后滑值：

$$S_h = \frac{V\cos\alpha - V_h}{V\cos\alpha} \times 100\%$$

a　前滑值的测定

如果事先在轧辊表面上刻出距离为 L_H 的两个刻痕，则测量轧制后轧件上的刻痕长度 L_h，根据以上公式即可用实验的方法计算出轧制时的前滑值。

由于实际测量时的轧件的 L_h 是冷尺寸，为提高精确度，可根据金属的线膨胀系数加以修正。

$$L_H = L_h[1 + \alpha(t_1 - t_2)]$$

式中 α——金属线膨胀系数；

t_1、t_2——轧件轧制时的温度和测量时的温度。

刻痕法测定前滑值如图 4-6 所示。

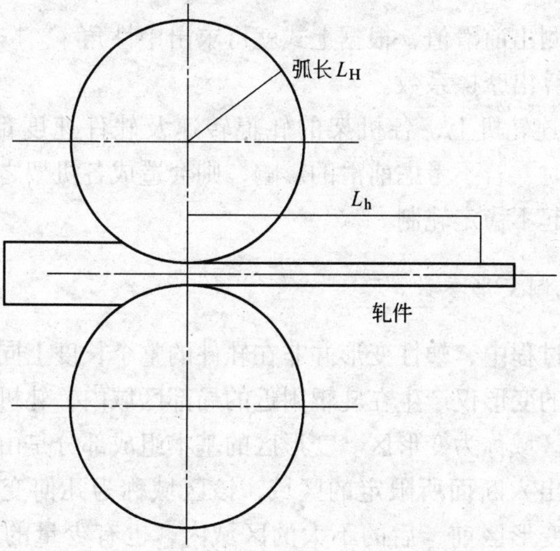

图 4-6 刻痕法测定前滑值

b 影响前滑值的因素

主要包括以下三点：

（1）轧辊直径的影响。在其他条件不变的情况下，前滑值随辊径增加而增加。

（2）压下率的影响。前滑值随压下率的增加而增加，其原因是由于随着压下率的增加，轧件的延伸系数也增加的缘故。

（3）摩擦系数的影响。在延伸系数相同的情况下，摩擦系数越大，其前滑值也越大。轧制温度对前滑值的影响主要通过摩擦系数的变化而起作用的。材料随着温度的提高，其摩擦系数也增加。

c 前滑值在实际生产中的应用

前滑值虽然不大，但在实际生产中却有很大的意义。

（1）在计算轧制力时，摩擦系数是一个重要的参数，但沿咬入弧上各点的摩擦系数是不同的，它的变化直接影响到轧辊上单位压力的大小与分布，从而影响到功率的消耗。摩擦系数很难直接从试验中确定，但可以通过巴甫洛夫中性角公式导出的关系式来计算：

$$S_{\mathrm{h}} = \frac{h + D(1 - \cos\gamma)}{h}\cos\gamma - 1$$

如果先测出前滑值，根据上式就可求出中性角 γ，按照中性角公式很容易计算出摩擦系数。

(2) 在连轧机上，各机架的轧辊转速及轧件速度都是不同的，在调整轧机时，若不考虑前滑的影响，则会造成各机架之间轧件张力的消失，引起不稳定轧制。

4.1.2.3 轧制变形参数

在纵轧过程中，塑性变形并非在轧件的整个长度上同时产生，而是任一瞬间的变形仅产生在轧辊附近的局部区域内，轧机中处于变形阶段的这一区域称为变形区。变形区的基本组成部分是由轧辊和轧件的接触弧及出入断面所限定的区域，该区域称为几何变形区。实际上，在几何变形区前、后的不大的区域内，也有少量的塑性变形产生，这两个区域称为非接触变形区。

A 咬入角

轧件在进入轧辊后，轧件所接触的轧辊圆弧对应的圆心角称为咬入角，如图 4-7 所示。

$$\begin{aligned} BC &= BO - CO \\ &= R - R\cos\alpha \\ &= R(1 - \cos\alpha) \end{aligned}$$

由于

$$\begin{aligned} BC &= \frac{1}{2}(h_0 - h_1) \\ &= 1/2\Delta h \end{aligned}$$

所以 $\cos\alpha = 1 - (\Delta h/2R)$

在咬入角较小的情况下，由于

$$1 - \cos\alpha = 2\sin^2\alpha \approx \alpha^2/2$$

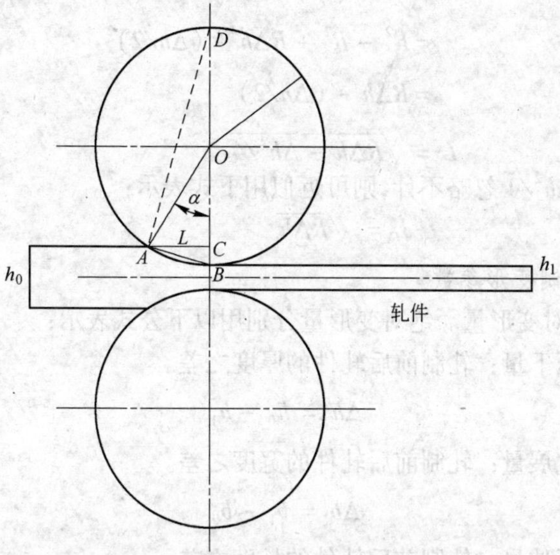

图 4-7 轧制几何变形区及参数示意图

则

$$\alpha = \sqrt{\frac{\Delta h}{R}}$$

式中 Δh——绝对压下量，$\Delta h = h_0 - h_1$；

R——轧辊半径。

B 接触弧长度

轧件与轧辊相接触的圆弧的水平投影长度称为接触弧长度，也叫咬入弧长度；由于轧件在该区域内产生变形，故接触弧长度也称变形区长度。

从图 4-7 中的几何关系可知，接触弧的水平长度 L 等于 AC。在直角三角形 ABC 中，有如下关系式：

$$L = R\sin\alpha \text{ 或 } L^2 = R^2 - OC^2$$

而

$$OC = R - \Delta h/2$$

所以有：

$$L^2 = R^2 - (R - \Delta h/2)^2$$
$$= R^2 - R^2 + R\Delta h - (\Delta h/2)^2$$
$$= R\Delta h - (\Delta h/2)^2$$
$$L = \sqrt{R\Delta h - \Delta h^2/4}$$

如果 $\Delta h^2/4$ 忽略不计，则可近似用下式表示：

$$L = \sqrt{R\Delta h}$$

C 轧制变形参数

a 绝对变形量。绝对变形量分别用以下公式表示：

绝对压下量：轧制前后轧件的厚度之差。

$$\Delta h = h_0 - h_1$$

绝对宽展量：轧制前后轧件的宽度之差。

$$\Delta b = b_1 - b_0$$

绝对延伸量：轧制前后轧件的长度之差。

$$\Delta L = L_1 - L_0$$

b 相对变形量

绝对变形量不能确切地表示变形程度的大小，仅能表示轧件外形尺寸的变化，为此常用相对变形量表示变形程度。

相对变形量是用绝对变形量与轧件原始尺寸比值的百分比来表示：

相对压下量：　$(h_0 - h_1)/h_0 \times 100\%$

相对宽展量：　$(b_0 - b_1)/b_0 \times 100\%$

相对延伸量：　$(L_0 - L_1)/L_0 \times 100\%$

断面收缩率：　$(F_0 - F_1)/F_0 \times 100\%$

式中 F_0、F_1——分别为轧制前、后轧件断面积。

表示相对变形量的还有变形系数：

压下系数：　$\lambda = (h_1/h_0) \times 100\%$

宽展系数：　$\beta = (b_1/b_0) \times 100\%$

延伸系数：　$\mu = (L_1/L_0) \times 100\%$

前两种表示方法只能近似反映变形大小，但较绝对方法进了一步，后一种方法导自移动体积概念，能正确反映变形大小，但取用对数值计算较为麻烦。

4.1.2.4 轧制速度

若不考虑前滑的影响，则轧制时轧件的速度为：

$$V = \frac{\pi D K_n}{60}$$

若考虑前滑对轧制速度的影响，则轧制时轧件的速度应按下式确定：

$$V = \frac{\pi D K_n}{60}(1 + S_h)$$

式中 D——轧辊工作直径，mm；

K_n——轧辊转数，r/min；

S_h——前滑值。

4.1.2.5 轧制力和轧制力矩的计算

A 轧制力的计算

轧制时金属对轧辊的压力是一个重要的参数。它是选择设备、核算动力、制定工艺的重要技术依据之一。

轧制压力是指用测压仪在压紧螺丝下实测的总压力，即轧件给轧辊的总压力的垂直分力。在简单轧制情况下，轧件对轧辊的合力方向才是垂直的。

在计算轧件对轧辊的总压力时，首先考虑接触区轧件与轧辊之间力的作用情况，轧件作用于单位接触面积上的压力在变形区内的分布是不均匀的（见图4-8）。

因此不能直接用它来计算总压力。通常是以它们的平均值（即单位压力分布图的平均单位压力 F）来计算。轧件对轧辊的总压力为单位压力与接触面投影面积的乘积，即：

$$P = F_1 S$$

式中 P——总轧制力；

F_1——平均单位面积的压力；

S——接触面积。

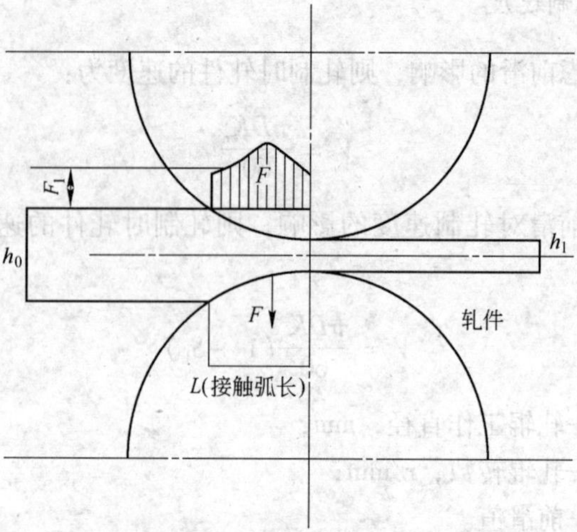

图 4-8　变形区内单位压力分布情况

对于同一种金属，平均单位面积的压力随温度的降低而升高，考虑到实际操作中的故障及其他不正常因素的出现，所以计算时应将查得的单位面积压力值增加 15%。

B　轧制力矩的计算

在简单轧制过程中，轧件给轧辊的合力 P 的方向与两轧辊的连心线平行，上、下轧辊 P 的大小相等，方向相反。此时转动一个轧辊所需力矩应为 P 与它对轧辊轴线力臂 a 的乘积，即：

$$M = P \times a$$

通常可认为合力 P 的受力点位于接触弧的中央，即：

$$a = L/2\ \sqrt{R\Delta h}$$

使两个轧辊转动的力矩应为：

$$M = 2Pa = P\ \sqrt{R\Delta h}$$

若考虑轴承与辊径摩擦损失，其力矩应为：

$$
\begin{aligned}
M &= 2P(a + 2\rho) \\
&= 2P[L/2\sqrt{R\Delta h} + rf] \\
&= P(\sqrt{R\Delta h} + df)
\end{aligned}
$$

式中 r——轧辊半径；
d——轧辊直径；
f——摩擦系数；
R——轧辊工作半径；
Δh——压下量；
P——轧制压力。

4.1.2.6 延伸系数与延伸道次

A 计算

根据轧制成品规格及轧件轧制前的断面积，可计算出轧制道次以及总延伸系数。

总延伸系数：

$$\mu_\varepsilon = \frac{F_0}{F_n}$$

式中 F_0——轧件断面积；
F_n——成品断面积。

轧制道次 n 可由 F_0、F_n 及平均延伸系数 μ_c 来确定：

$$n = \frac{\lg F_0 - \lg F_n}{\lg \mu_c} = \frac{\lg \mu_\varepsilon}{\lg \mu_c}$$

μ_c 又可写成：

$$\mu_c = \sqrt[n]{\frac{F_0}{F_n}} = \sqrt[n]{\mu_\varepsilon}$$

平均延伸系数 μ_c 是一个经验值，它根据金属塑性变形能力、轧机的性能、咬入条件及电机功率等来确定。

表 4-1 推荐的铜材轧制的平均延伸系数

轧机类型	连轧机	开坯机	中轧机	精轧机
纯铜平均延伸系数	1.32~1.45	1.45~1.90	1.30~1.60	1.20~1.40

注：铜合金的延伸系数与材料的性质有关。

连轧机的生产率主要取决于轧制的速度，但在不影响正常轧制状态下，应尽量采用较大压下量，相应减少轧制道次，降低设备投资。

B 延伸系数的分配原则

轧制开始时，轧件温度高，金属变形抗力低，有利于轧制，在咬入条件允许的情况下，应采用大的延伸系数。

在轧制两道次后，因轧件断面减小，咬入条件得到改善，而轧件温度降低不大的情况下，延伸系数可采用允许之内的最大值。

随着轧件温度的降低，金属变形抗力增加，电机功率与轧辊的强度成为限制延伸系数的主要因素，延伸系数相应减小。

在接近成品孔型时，为保证产品表面质量（减少孔型磨损）和尺寸的规整，应采用较小的延伸系数。

4.1.3 实现轧制过程的条件

4.1.3.1 咬入条件

与轧制有关的要素包括：咬入、压下、宽展。

为了使轧件进入轧辊之间实现塑性变形，轧辊必须对轧件施加与轧制方向相同的水平作用力。

依靠回转的轧辊与轧件之间的摩擦力，轧辊将轧件拖入轧辊之间的现象称为咬入。为使轧件进入轧辊之间实现塑性变形，轧辊对轧件必须有与轧制方向相同的水平作用力，因此应该根据此力去分析咬入条件。

我们知道轧件在夹送辊的作用下以 Q 力移至轧辊前，在轧辊 A、B 两点上接触，在此 Q 力作用下，轧辊在 A、B 两点上承受轧件的径向压力 P 的作用，在 P 力作用下产生与 P 力相互垂直的摩擦力 T_0，因为，轧件阻止轧辊转动，故摩擦力 T_0 的方向与轧辊转动方向相反，并为切线力（见图 4-9a）

轧辊施于轧件的力为与 P 力大小相等、方向相反的径向反作用力 N，在 N 作用下，产生与轧制方向相同的切线摩擦力 T，见图 4-9b，摩擦力 T 将轧件咬入辊缝进行轧制。

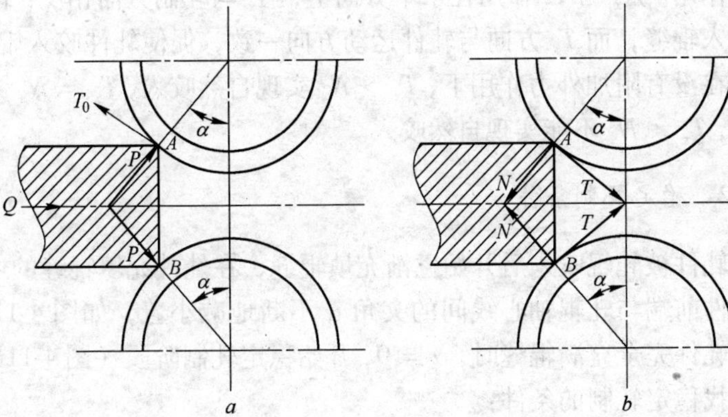

图 4-9 咬入条件
a—轧件对轧辊的作用力；b—轧辊对轧件的反作用力

图 4-9 中，Q 为轧件受到的推力；A、B 为切点；P 为轧件对轧辊的径向压力；T_0 为与 P 力相互垂直的摩擦力；N 为 P 力的反作用力；T 为切线摩擦力；α 为咬入角，即轧件与轧辊相接触的圆弧所对应的圆心角。

图 4-10 中，N_y、T_y 为 N 与 T 的垂直分力，N_x、T_x 为 N 与 T 的水平分力。

在没有附加外力作用下，当 $T_x > N_x$ 时，实现自然咬入；当 $T_x = N_x$ 时，为平衡状态；当 $T_x < N_x$ 时，不能实现自然咬入。

显然与咬入条件直接有关的是轧辊对轧件的作用力，因上、下辊作用力相同，现取 A 点分析：以 A 点为圆点，建立 XOY 直角坐标（如图 4-10 所示），将径向力 N 与切向力 T 分解成垂直分力 N_y，T_y 和水平分力 N_x，T_x。垂直分力对轧件产生压缩作用，对水平运

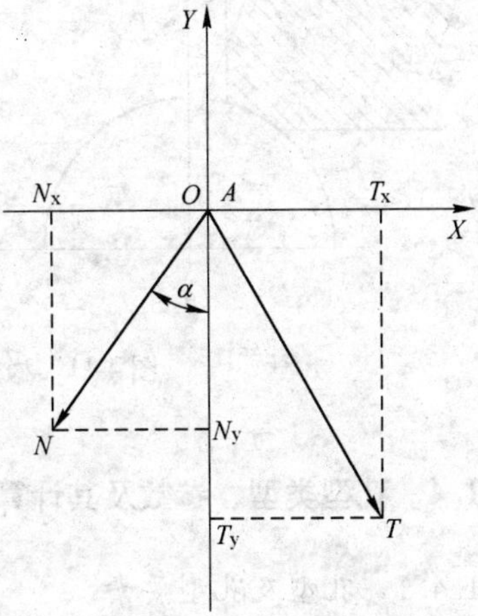

图 4-10 咬入时 A 点力学分析

动不起作用。N_x 与 T_x 作用在水平方向上，N_x 与轧制方向相反，阻止轧件进入辊缝，而 T_x 方向与轧件运动方向一致，促使轧件咬入辊缝，由此，在没有附加外力作用下，$T_x > N_x$ 实现自然咬入，$T_x = N_x$ 为平衡状态，$T_x < N_x$ 不能实现自然咬入。

4.1.3.2　稳定轧制条件

在轧件被轧辊咬入后开始逐渐充填辊缝，在轧件充填辊缝的过程中，轧件前端与轧辊轴心线间的夹角 α 不断地减小着，如图 4-11 所示。当轧件完全充满辊缝时，$\alpha = 0$，开始稳定轧制阶段（图 4-11*b*）。

寻找稳定轧制的条件：

由于 $N_x < T_x$，　$N_x = N\sin\phi$，　$T_x = T\cos\phi = Nf_y\cos\phi$

则得

$$f_y > \tan\phi$$

式中　f_y——稳定轧制阶段的摩擦系数。

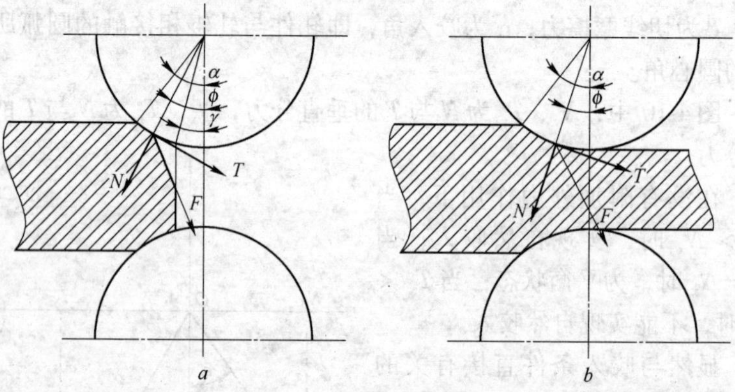

图 4-11　稳定轧制条件分析

4.1.4　孔型类型、参数及其计算

4.1.4.1　孔型及孔型要素

孔型轧制是相对平辊轧制而言的。在轧辊的圆周上有特制的沟

槽，称为轧槽。两个或三个轧辊上的轧槽构成一个几何图形，称为孔型。轧件受转动轧辊的拖动，进入并通过孔型，受到轧槽的轧制，轧出后的断面形状和尺寸基本上就是孔型的形状和尺寸。

A　孔型形状

孔型形状决定着轧件经轧制后的截面形状。常用的有箱孔型、六角椭圆孔型、方孔型、椭圆孔型、圆孔型、菱孔型等（见图4-12），它们都是由两个轧槽组成的。另外还有平三角、弧三角和圆三角孔型，它们都是由三个轧槽组成的。

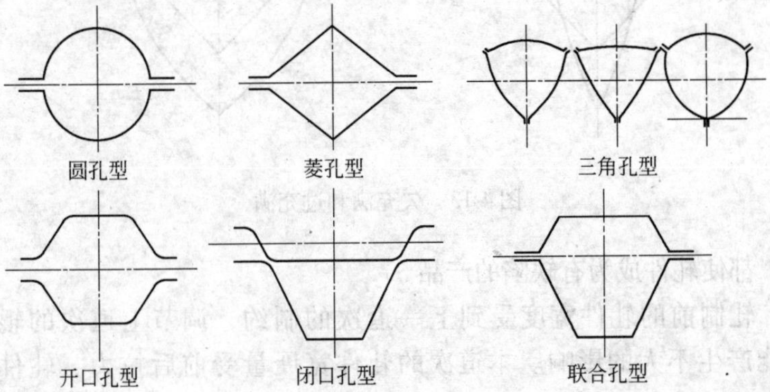

图4-12　各种孔型

孔型在轧槽与轧槽之间的接口处大都具有缝隙，称为辊缝，但也有少数是封闭的。它们分别被称为开口孔型和闭口孔型。孔型大部分是对称的。

轧制时轧件的高向受到压缩，宽向产生宽展。压缩量大于宽展量，于是轧件截面积减小，长度增大。因而，轧件轧制前高度应大于孔型，轧制前宽度应小于孔型。

B　充满、欠充满和过充满

最合适的情况是轧件轧制前宽加宽展正好等于孔型，称为（正）充满。若三者配合不当，则产生轧件的欠充满（缺角）或过充满（耳子），如图4-13所示。在下一道次轧制时，前者的缺角轧件将受力不均匀而扭拧；后者的轧件上的“耳子”将被压入轧件中形成折

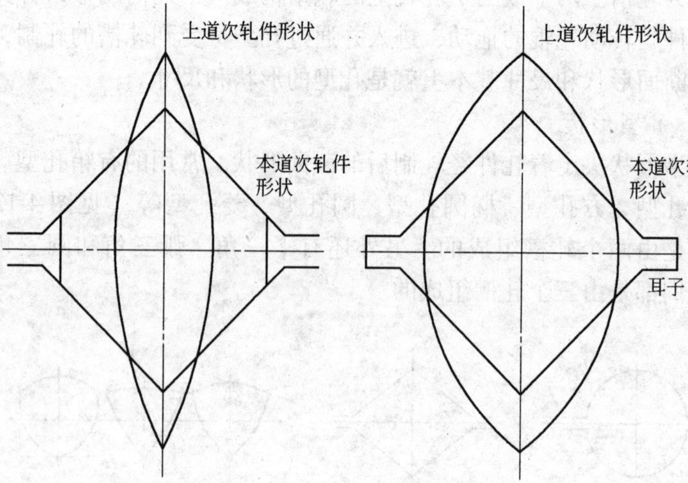

图 4-13 欠充满和过充满

叠，都使轧件成为有缺陷的产品。

轧制前的轧件宽度受到上一道次的制约，调节上道次的辊缝只能产生不大的影响。本道次的轧件宽展量受前后拉力、轧件温度和轧槽粗糙度等的影响，是一个比较灵活的因素。孔型的宽度已经被定制，欲进行修改必须对轧辊进行重新加工。为了能正确地充满，要研究宽展的规律和大小，用以正确地设计本道次和上下道次的孔型尺寸。

（1）辊缝：轧辊之间的缝隙可稍加调节，以调整孔型的高度。

（2）孔型圆角：是孔型轮廓线段间的圆弧过渡。

（3）孔型侧壁斜度：孔型侧壁应具有斜度，甚至圆孔型亦如此。其作用是便于轧件脱离轧槽，避免轧件被夹持而发生缠辊事故，以及减少加工难度，并提高轧辊使用寿命。

（4）轧辊直径：孔型轧辊与平辊不同，轧槽各处的直径各不相同，两个极值为辊环直径和槽底直径。轧槽越深，此直径差越大，线速度的差异也就越大。故在相同条件下轧槽的磨损比平辊快。

轧辊工作直径又称平均直径，实质上是对应轧件出口速度的直径。

$$V = (1 + S)\pi D_{工作} \times n/60 \times 1000$$

式中 V——轧件的出口速度，m/s；
S——前滑值；
n——轧辊转速，r/min；
$D_{工作}$——轧辊的工作直径，mm。

此值是一个虚值，无法测量，但计算时又不可缺少。如果用轧件运行速度反推，也非易事。通常可用辊环直径与槽底直径的算术平均值、轧槽面积重心对应的直径、与现轧槽同面积同宽度矩形轧槽的槽底直径等替代此值。

4.1.4.2 孔型参数

由两个轧槽所组成的孔型，其参数有：孔型面积 F(mm²)，孔型宽度 B(mm)，孔型高度 H(mm)，还有更细致的尺寸参数：直线边的过渡圆圆角半径 r，椭圆孔型的圆弧半径 R，方孔型边长 A，圆孔型直径 D，侧边直线线段对应的圆心角 α，以及辊缝 s 等，它们都是孔型的轮廓尺寸（图 4-14）。但为表达更清楚，还要有一些非轮廓的尺寸。

孔型设计任务之一就是根据轧制条件、生产经验和轧制原理，确定孔型面积和孔型的宽度比，确定孔型的各个参数。

反过来，也可以根据孔型尺寸（主要是根据各道次轧件截面轮廓尺寸）来考察孔型和孔型系的工作情况。

由三个轧槽所组成的孔型，称三角孔型，其孔型参数较为复杂（图 4-15）。

三角孔型由三个轧槽组成，是 120°旋转对称，因此只能用每个轧辊的作用进行表达。如图 4-15 所示，与常规孔型的参数相比，虽然名称和符号相同，但是意义有所差别。

三角孔型的参数有孔型面积、轮廓尺寸和非轮廓尺寸。轮廓尺寸是轧槽 b 和轧槽弧半径 R；非轮廓尺寸是孔型长半轴 h、孔型短半轴 r、孔型内接圆直径 d、轧槽弧对应的张角 β 等。因为是正三角形，

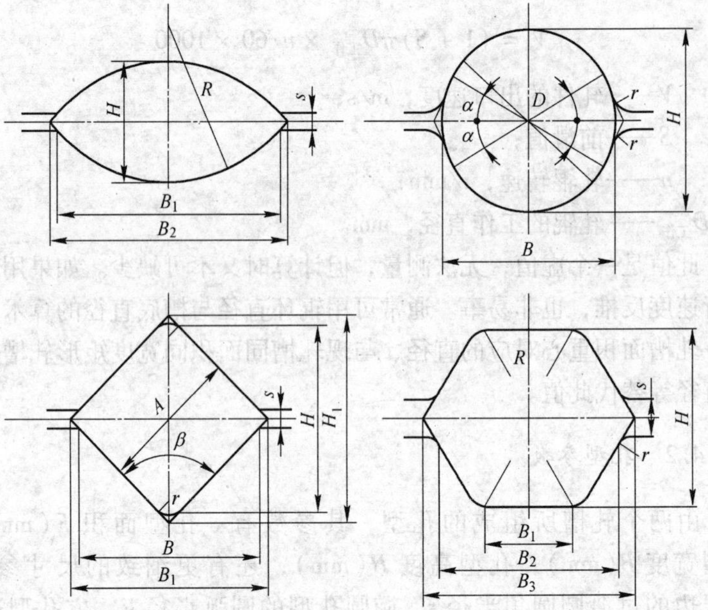

图 4-14　孔型参数

顶角为 60°，故可算出各参数的数值。

在轧槽 b 相同的情况下，用不同的 R 可画出不同的三角孔型。即平三角、弧三角和圆三角等。平三角和圆三角是其极端情况，弧三角是其一般情况。弧越大（R 越小），显得孔型越“胖”，为表达其“胖瘦”程度，引入一形状系数 K。定义 K 为：平三角的 $R=\infty$，故 $K=0$，最“瘦”。圆三角的 $R=r=b\sqrt{3}$，故 $K=\sqrt{3}$，为最大值，也即最“胖”。而弧三角则处于平三角和圆三角之间，$0<K<\sqrt{3}$，通常取 0.6～0.7。还可以推出：

$$K=2\sin(1/2)\beta$$

当轧槽宽 b 相同时，孔型的“胖”度 K 越大，则 R 越小，短半轴 r 和张角 β 越大，但长半轴 h 却不变。这些都可以计算。b 为定值时的孔型参数如表 4-2 所示。

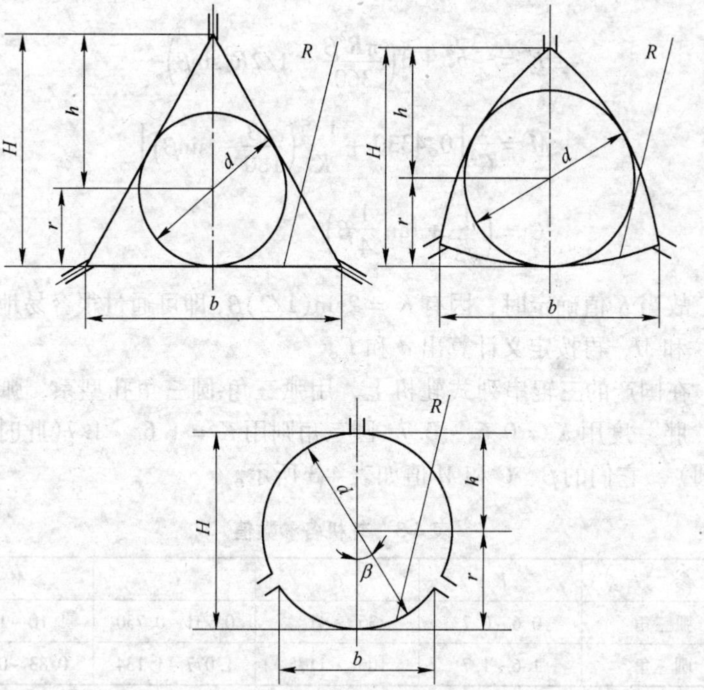

图 4-15　三角孔型参数

表 4-2　*b* 为定值时的孔型参数

孔型参数	平三角	弧三角	圆三角
R	∞	←	0.577b
r	0.289b	→	0.577b
β	0°	→	120°
h	0.577b	0.577b	0.577b
d	0.577b	→	1.154b

孔型面积 F 和内接圆直径 d，它们在孔型设计和调节辊缝时都是十分重要的数据，都可以计算出来。为了简化，引入了面积参数变量 M 和内接圆参数变量 G。

$$M = F/d^2 \text{ 和 } G = d/b$$

$$F = \frac{\sqrt{3}}{4}b^2 + 3\left(\frac{\pi R^2 \beta}{360} - 1/2R^2\sin\beta\right)$$

$$M = \frac{1}{G^2}\left[0.4330 + \frac{1.5}{K^2}\left(\frac{\pi\beta}{180} - \sin\beta\right)\right]$$

$$G = \left(\frac{1}{\sqrt{3}} + \tan\frac{1}{4}\beta\right)$$

故当 K 值确定时，因有 $K = 2\sin(1/2)\beta$，即可通过很容易地计算出 G 和 M，再按定义计算出 d 和 F。

在国产的三辊串列式轧机上，用弧三角-圆三角孔型系，弧三角的“胖”度用 $K = 0.6 \sim 0.7$，圆三角则用 $K = 1.6 \sim 1.7$(此时并非正圆）。它们的 β、G 和 M 值如表 4-3 所示。

表 4-3　轧机各参数值

参　数	K	β	G	M
弧三角	0.6 ~ 0.7	35° ~ 41°	0.731 ~ 0.750	1.10 ~ 10.7
圆三角	1.6 ~ 1.7	106° ~ 117°	1.077 ~ 1.134	0.83 ~ 0.80

4.1.4.3　孔型系

金属由断面大的锭坯变成细的线杆或棒材坯料，必须在其截面的各个方向上进行压缩，故需一系列不同形状和尺寸的孔型由大到小、由粗到细逐次轧制，这一系列孔型称为孔型系。该系统中各孔型的形状是搭配好的，其尺寸也根据变形量作了规定。线杆和棒材的坯料是通过一系列形状和尺寸均已搭配好的孔型轧制而成，且不需要每道次调节辊缝。

轧制线材常用的孔型系有：箱-箱系、椭-方系、椭-圆系、菱-菱系、菱-方系、圆三角-弧三角系等孔型系。

常用的孔型系如图 4-16 所示。

虽然不同的孔型系都能将锭坯轧细，但它们的性质（如变形的均匀性、变形量的大小、轧件在孔型中的稳定性、轧槽深度引起磨损

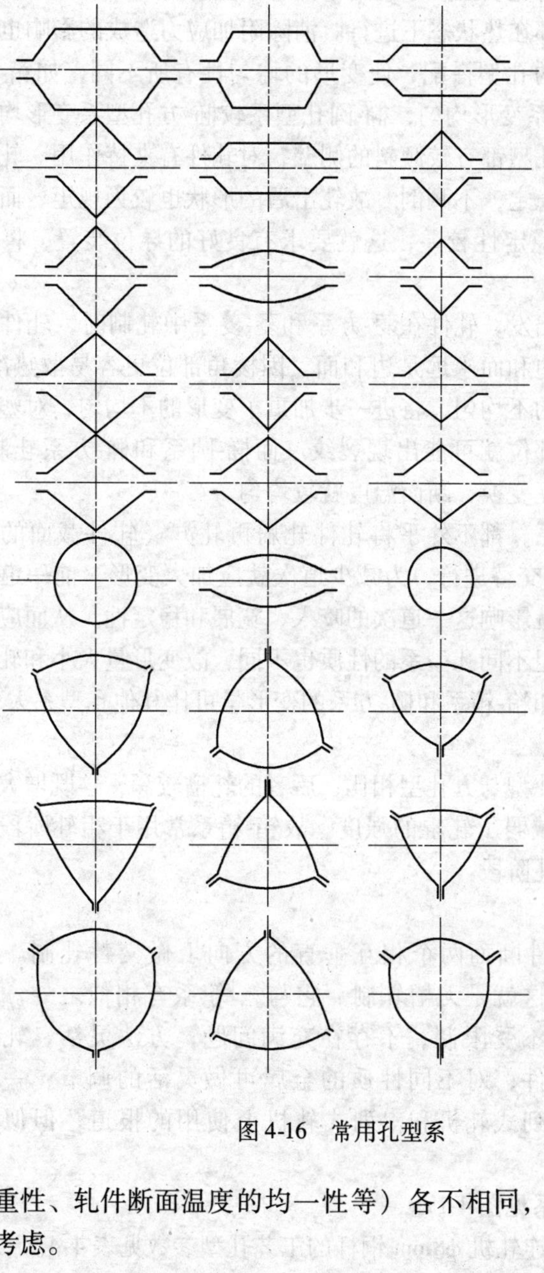

图 4-16 常用孔型系

的严重性、轧件断面温度的均一性等）各不相同，在实际使用时应予以考虑。

轧件在孔型的宽度上压下量是不同的。变形的不均匀性迫使坯料在孔型中轧制大都在热状态下进行。消除附加应力造成的影响也是一个原因。而不同的孔型搭配，使变形的均匀性有所不同，如箱-箱孔型系较菱-方孔型系变形均匀，椭-圆孔型系较椭-方孔型系变形均匀。

方孔型和菱孔型都有较倾斜的侧壁，对轧件有夹持作用。轧件在其中通过时较为稳定，不翻倒。故轧出后的形状也较为规矩，而椭轧件进圆孔型时则稳定性较差，这就要求有良好的导位装置，将轧件扶正。

从散热观点出发，轧件在菱-方系和菱-菱系中轧制时，轧件的棱角永远是棱角，边和面永远是边和面。因棱角部位更容易散热冷却。这样断面上温度的不均匀，将进一步加重了变形的不均匀，对塑性较差的金属，棱角部位就可能出现裂纹。而椭-圆系和椭-方系轧制时，轧件的边和角相互变换，断面温度就较均匀。

综观各孔型系，都不外乎将轧件轧扁再轧方（轧件截面的宽高比变大又变小）；交替进行，为减少道次就应加大变形，前一道次要压得更扁，然后就影响这一道次的咬入、宽展和稳定性。从而应限制过大的宽高比。但不同孔型系的性质也不同，故变形量大小和轧制道次有所不同。例如箱-箱系和椭-方系的变形量可比其他孔型系大。

A　轧槽深度

同面积的箱孔型与方孔型相比，后者的轧槽较深，这既增大了变形的不均匀，又减弱了轧辊的强度。故箱-箱系常用于粗轧阶段，方孔型则用于中精轧阶段。

B　无槽轧制

用平辊对轧件断面两个相互垂直的方向上做交替轧制。同样能把锭坯轧细，这就是无槽轧制。它与箱-箱系有相似之处。其好处是轧件的宽展不受限制，不存在充满问题；方法灵活，轧辊可以互换，减少配件；对不同性质的金属可做灵活的调节，一机多用。虽已有在横列式轧机和串列式轧机上使用的报道，但似乎应用并不广泛。

轧铜的孔型系见图 4-17。

SCR-1300 型连轧机 ϕ8mm 铜杆的工艺孔型参数见表 4-4。

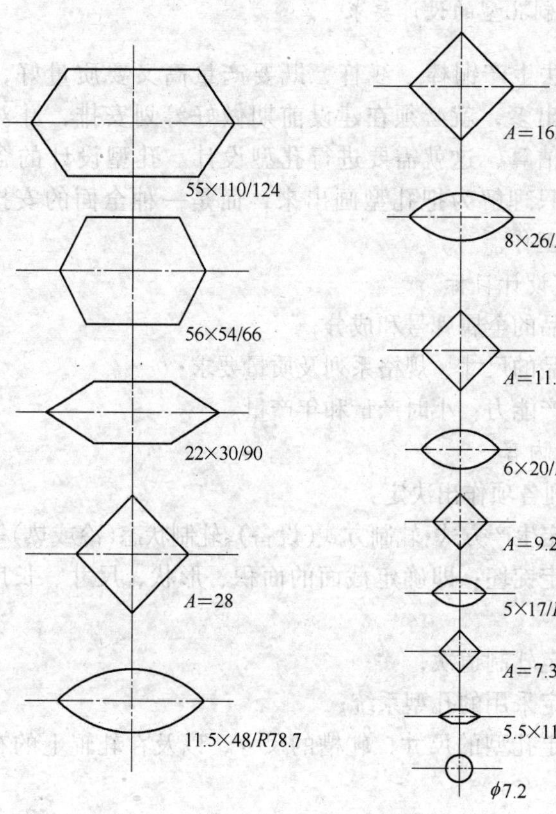

图 4-17 轧铜的孔型系

表 4-4 SCR-1300 型连轧机 ϕ8mm 铜杆的工艺孔型参数

机架号		1V	2H	3V	4H	5V	6H	7V	8H	9V
孔型参数	宽/mm	40	42	24.45	33.44	16.14	21.48	10.56	14.68	8.14
	高/mm	33	17.7	23	13.6	15.3	8.1	10.8	6.32	8.0
	孔缝/mm	2.0	2.0	2.0	2.0	1.0	2.5	1.8	2.5	1.24
	面积/mm^2	982	613	394	260	175	119.1	89.6	65.3	50.27
	压缩率/%	27.5	37.6	35.7	34	32.7	32	24.8	27.1	23

4.1.4.4 轧制孔型的设计要求

用轧制法生产铜棒、线杆，既要产量高又要质量好，既要投入少又要产出多，就必须在建设前期做好筹划安排，并对投产后的情况有一估算，这就需要进行孔型设计。孔型设计的含义是广义的，不能只理解为把孔型画出来，而是一种全面的安排。大体上要做以下工作。

A 确定设计目标

(1) 产品的金属牌号和成分；

(2) 产品的尺寸、规格系列及质量要求；

(3) 生产能力：小时产量和年产量。

B 设计内容

应对下列各项作出决定：

(1) 确定生产方式:轧制方式(设备)、轧制状态(冷或热)等；

(2) 确定锭坯：即确定截面的面积、形状、尺寸、长度与锭坯重等；

(3) 确定轧制道次；

(4) 确定采用的孔型系统；

(5) 确定孔型的尺寸、轧槽的尺寸，以及在轧辊上的布置（一辊多槽）；

(6) 确定粗、中、精轧机序列及各机架的技术特性和布置；

(7) 确定各配套设备的型号、规格、技术特性和数量。

以上各项没有固定的模式，这因为金属性质不同，产量和质量的要求不同。故在确定前需要调查研究，进行方案论证，综合考虑。

C 孔型设计过程中的计算

(1) 核算轧件咬入情况；

(2) 核算轧件宽展和孔型充满情况；

(3) 核算轧件长度和轧制时间；

(4) 绘制轧制图，分析每台轧机的工作情况；

(5) 核算活套长度和活套沟长度（回旋式轧制），或核算轧件在运行中的推拉情况（串列式轧制）；

(6) 核算轧件的冷却和降温情况，终轧温度和冷却系统的能力；
(7) 核算轧制力和机架的弹性跳动情况；
(8) 核算轧制力矩，分析主电机功率和运行情况；
(9) 核算生产能力；
(10) 消耗和经济方面的估算。

D 保留相关资料

(1) 孔型设计说明书和计算；
(2) 孔型图；
(3) 轧槽图；
(4) 轧辊图；
(5) 导卫、导板图；
(6) 其他工具及备件图等。

4.2 轧机种类

4.2.1 横列式轧机

回旋式轧制又称孔型轧制法。该法使用平铸的85～130kg船形线锭，加热后经横列式轧机轧得“黑铜杆”。该法生产的线坯精度低、表面质量差，质量不均一，卷重小，劳动强度大，生产效率低，能耗高，在生产中该法已被连铸连轧法取代。

单机架轧机，在轧制铜棒、线材时，因辊面宽度有限，不能安排过多的孔型，从而限制了锭坯的尺寸，生产效率很低。目前仅仅保存于实验室，铜加工厂已不使用。

将2～5个机架排成一横列，以一台电机拖动，就成了横列式轧机。各机架轧辊转速都相同，且辊径基本一致。故机架增多，既可多安排孔型，增加轧制道次，又可使用较大的锭坯，提高了生产效率。

为了缩短道次间停留时间，采用三辊机架或两辊高低交替布置的机架，这样可对轧件来回轧制。以轧件的尾部作头进入下一孔型，称“尾进”，这种作业方式用在头几道次，即轧件粗而短时进行。

轧件在该道次尚未全部轧完，就将端头拧回，喂入下一孔型进行轧制称为“头进”。这种作业方式只在轧件截面减小且长度增加后才有可能，这样做争取了时间，提高了生产率。在最后阶段，一根轧件甚至能在三四个孔型中同时轧制。为此，在横列式上轧制称为回旋式轧制。国产回旋式轧机（旧）见图 4-18。

图 4-18　国产回旋式轧机（旧）

由于横列轧机各机架使用同一个轧辊，故转速相同，辊径也相差不大，导致轧件在上一道次的出口速度大于下一道次的入口速度（在连续轧制时前道次的速度总是小于后道次的轧制速度，当轧制速度相等时就会出现堆料）。这样，在“头进”作业时，机架之间的轧件形成运动的环套（称为“活套”），且“活套”逐渐增大，并将一直延续至上一道次轧制结束。为了防止“活套”在运动中不产生乱线，在横列式轧机前后都设置了一定区域的跑道，使“活套”在跑道上规则滑行。在此过程中轧件的表面容易损伤。

回旋式轧制时，每一个道次应安排若干个孔型，一方面为了轧槽磨损后可以更换，另一方面为了可以同时轧制多根轧件。实际生产中，一套横列式轧机通常由三列机架组成，分别为粗轧、中轧和精轧机列。粗轧机列的辊径粗，以轧制截面较大的锭坯。中轧和精轧机列的辊径相应减小，以轧制截面逐步变细的轧件。

4.2.2 串列式轧机

4.2.2.1 基本原理

串列式轧机又称连续式轧机，其轧制过程是连续的，简称连轧，就是若干个机架排列在同一轧制线上，机架之间的距离 0.5m 左右，轧件通过这一串机架，同时受到轧制，并越轧越细，越轧越长，但因各机架的速度一台快过一台，故只要控制恰当，轧件可连续轧制，机架间不会出现堆料、拉料。

所谓保持轧制常数，是在连续轧制过程中，任意一个瞬间通过各轧辊的金属体积流量应保持一个常数，即遵循秒体积流量相等的原则。可用公式表示如下：

$$F_1V_1 = F_2V_2 = \cdots = F_nV_n = F_{n+1}V_{n+1} = \text{常数}$$

式中 F——轧件的截面面积；

V——轧件的水平速度。

式中符号下角标表示连续轧制生产线上各机架号。

但在实际生产中，很难保持秒体积流量不变，一般存在以下三种状态。

A 自由轧制状态（无张力、无推力）

这种状态下，$V_n = V_{n+1}$，第 n 道次轧制速度等于 $n+1$ 道次的咬入速度，在连续轧制中不存在速度差，称无速差轧制，这是我们所希望的理想轧制状态。

B 推力轧制状态

这种状态下，$V_n > V_{n+1}$，第 n 道次轧制速度大于 $n+1$ 道次的咬入速度，将在两个相邻的机架间产生堆料的现象。

C 张力轧制状态

这种状态下，$V_n < V_{n+1}$，第 n 道次轧制速度小于 $n+1$ 道次的咬入速度，将使在两个相邻机架间的轧件承受张力。

在实际生产中，由于受设备、工艺、轧件、孔型等因素的影响，理想的自由轧制状态是无法实现的。因此，连续轧制是在三种状态下交替进行的。而后两种轧制状态的推、拉值，即张力系数和推拉系数，是保证连续轧制正常进行的关键，如果推、拉值超过允许值，则会造成堆料或拉断轧件的情况，破坏了正常连续轧制状态。

连续轧制时的各个参数见图 4-19。

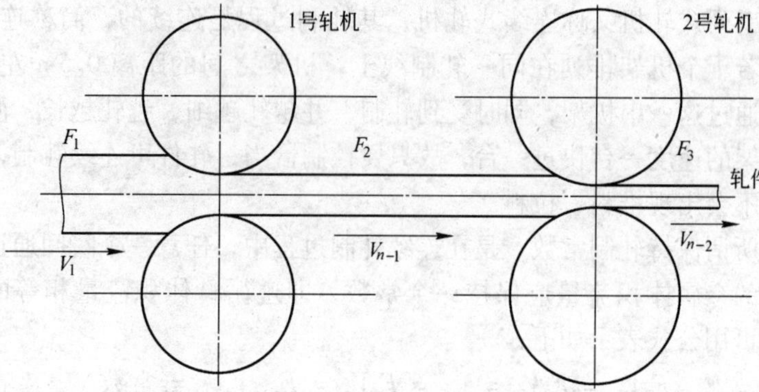

图 4-19　连续轧制时的各个参数

4.2.2.2　两辊、三辊连轧机

轧机的种类很多。根据铜及其合金棒、线材生产的多品种、多规格、小批量的特点，通常采用的轧机种类有三辊轧机和两辊平、立辊轧机，且三辊轧机一般采用 ϕ500mm 以下的中小型轧机；两辊平、立辊轧机一般采用 ϕ300mm 以下的轧机。通常，这两种轧机用于生产铜线材或小截面、大批量的棒材。常用轧机的技术特性见表 4-5。

表 4-5　常用三辊两辊轧机的技术特性

轧机型号	轧辊直径 /mm	辊身长度 /mm	轧制速度 /m · s^{-1}	最大轧制力 /kN	主传动电机 /kW
ϕ500	470 ~ 530	1500	2. 35	1200	550
ϕ330	300 ~ 330	600	3. 1 ~ 6. 6	580	480
ϕ260 平辊	260 ~ 280	400	6. 8 ~ 16. 3	120	250
ϕ260 立辊	260 ~ 280		8. 2 ~ 16. 3	150	250
ϕ320	310 ~ 330	600	0. 5		280
ϕ230	210 ~ 230	450	0. 75		115

目前国内连铸连轧生产线主要有 Y 形连轧机和两辊式连轧机。摩根轧机、Krupp 轧机、Y 形连轧机分别见图 4-20 ~ 图 4-22。

图 4-20 美国摩根轧机（两辊悬臂式）

图 4-21 德国 Krupp 轧机（两辊悬臂式）

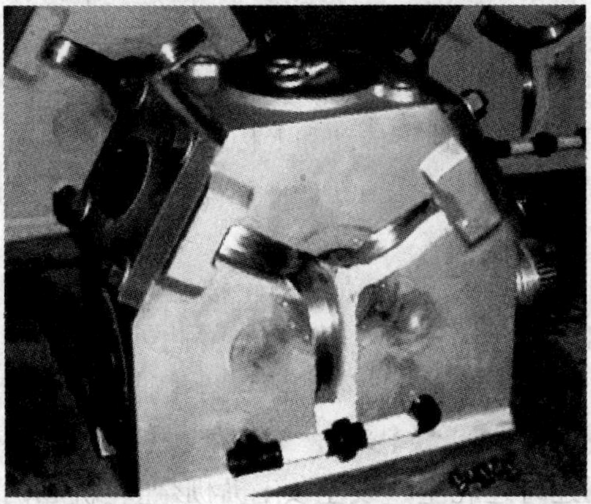

图 4-22 Y 形连轧机

A　Y 形连轧机

Y 形连轧机即 120°三辊连轧机。这种轧机出现于 20 世纪 50 年代，它由钢管张力减径机发展而来。就其一个机架而言，由 3 个互呈 120°角布置的圆盘状轧辊组成，它与两辊式轧机不同如图 4-23、图 4-24所示。

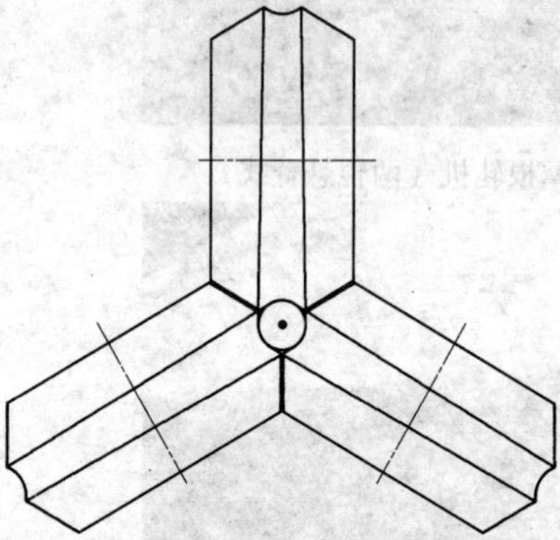

图 4-23　三辊式

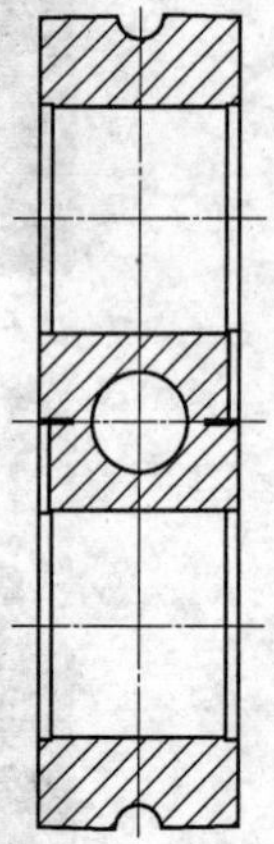

图 4-24　两辊式

当采用下传动时，三辊式轧机的三个轧辊布置与字母“Y”相似，由若干个机架紧凑地、连续地排列组成连轧机组，故称这种连轧机为 Y 形三辊连轧机，简称 Y 形轧机。

一般情况下，Y 形轧机由 13 ~ 15 个机架组成，奇数架次机架和偶数架次机架分别布置成下传动和上传动，上、下传动的交替布置实现了轧制过程中轧件本身无需扭转。这不仅为高速轧制创造了条件，还相应提高了产品的质量。

Y 形连轧机采用成组传动，齿轮按工艺要求调整好速比，使各机架都能得到符合工艺要求的转速。此外，Y 形轧机采用整体机架加工孔型的方法，机架在每次更换轧辊或修、磨孔型时都必须拆下来，采用整体更换轧辊是 Y 形轧机的显著特点。因此在生产中就需要配备一套更换使用的轧机机架，以便提高工作效率，减少停机时间。

Y 形连轧机的孔型结构，一般采用弧三角-圆孔型系统。在轧制过程中金属处于三向压缩受力的状态，这是弧三角-圆孔型系统区别于其他轧机所特有的优点。因为这种轧机的孔型是由三个互呈 120°中心角的片状轧辊轧槽组成，轧件在交替轧制过程中受到六个方向的压缩，变形及其周边的冷却都比较均匀，对保证成品质量极为有利。它尤其适用于轧制铜合金及特种合金杆材，其优点更为突出。弧三角-圆孔型系统的另一种优点是根据使用不同机架数量，可以在中间环节轧制出规格不同的成品。

它的缺点是轧制变形量小，轧件密实度不足，轧辊更换较困难，更换周期较长，轧辊使用周期短，调节余量小，轴承易损，工作效率较低。

B　两辊式连轧机

两辊式连轧机按其机架组合形式可分为 45°连轧机和平立辊连轧机。

a　45°悬臂式连轧机

这是机架与传动系统安装在同一底座上组合而成的轧制设备。因其机架轧辊轴线呈 45°倾角而得名。两相邻机架间轧辊呈 90°交叉。

45°连轧机按其机身结构类型划分，有筐架式和悬臂式两种。

45°筐架式连轧机的特点是辊身长且多轧槽。轧机的装置与普通两辊式轧机相似，轧槽最多可达 12 个左右。轧辊的传动由机架一侧的两个变速机分别传动。整个机组可分成几组，分别由各自的电机驱动。每组轧辊都装在整体铸造成刚性较强的闭口式筐架中，各对轧辊互呈 90°与 X 形相似。

45°悬臂式连轧机是单盘形、双孔槽、齿轮箱式轧机，其机架结构完全打破了旧式两辊轧机的结构形式。从外表看好像一台齿轮箱。两个轧辊安装在机架前端，呈悬臂状，因而称其为 45°悬臂式连轧机。

部分国产 45°悬臂式连轧机（见图 4-25）的主要性能参数见表 4-6。

悬臂式精轧机组数据见表 4-7。

图 4-25　国产 45°悬臂式连轧机

表 4-6　悬臂式轧机主要性能参数

机组名称	轧机形式	辊径/mm		辊身长度/mm	总速比(i)	主电机			
		最大辊径	最小辊径			功率/kW	形式	数量	转速/r · min^{-1}
预精轧机	H	285	255	95	1.5	500	DC	1	600 ~ 1300
	V	285	255	95	1.24	500	DC	1	600 ~ 1300
精轧机组	45°顶交	228.38	205	72	1.12 ~ 0.478	5500	交直流	1	1000 ~ 1500
		170.66	153	70	0.289				
		170.66	153	70	0.228				
		170.66	153	57.35	0.119 ~ 0.184				

表 4-7　悬臂式精轧机组数据

架数结构	设计速度/m · s^{-1}	进料速度/m · s^{-1}	进料规格/mm	进料温度/℃	成品规格/mm	设计产量/t (10000t)
6 机架无扭 45°侧交	34	9	ϕ13 ~ 15	900 ~ 950	ϕ65 ~ 8	12.5 ~ 18
8 机架无扭 45°侧交	65	9 ~ 12	ϕ13 ~ 16	950	ϕ55 ~ 10	8 ~ 18
10 机架无扭 45°侧交	65	8	ϕ17 ~ 12	900 ~ 1050	ϕ55 ~ 12	12.5 ~ 35

b 平—立辊连轧机

平—立辊连轧机与45°悬臂式连轧机结构差别不大，只是机架布置与转动部分的位置有较大改变。该轧机设备结构坚固，在粗轧部分可发展大辊径，采用大压制量进行轧制，具有改善铜铸坯的铸造组织、细化晶粒的优点。该轧机也采用圆-弧孔型系。

比较有代表性的有美国摩根公司和德国克虏伯公司的连轧机（分别见图4-20、图4-21）。这些连轧机均为两辊悬臂式轧机，分粗轧和精轧两套机组。粗轧的轧辊平、立交替布置。粗轧采用较大的压下量，起到细化晶粒的作用。在整个轧制过程中，均采用乳化液对轧辊进行快速有效的冷却，提高了轧辊的使用寿命，同时采用高、低压装置。

德国Krupp公司生产的两辊轧机，粗轧采用较大辊径，产生良好的锻造效应，铸坯得到均匀的压缩；大辊径可减小咬入角，有助于轧件平稳咬入，消除滑移，对轧制低品位的铜棒、线材更有利。

对于两辊式连轧机，锭坯通常为梯形或矩形截面。采用椭-圆孔型系轧制，锭坯截面较大时，第一、二道次采用箱孔型。对于Y形轧机，采用弧三角-圆三角或平三角-圆三角孔型系，锭坯截面较大时，第一、二道次也采用箱孔型。

轧制的平均道次变形量，三角孔型系较小，大体在20%左右。而两辊式则在30%左右。不同的生产线也有所不同。如Contieod连轧机达到33%左右。

串联轧机常采用集体传动，以传动齿轮固定各机架之间的速比。当锭坯的截面较大时，也采用单独传动。20世纪末，随着技术的进步，Contieod连轧机组上的轧机现已采用独立的交流变频电机单独驱动，以保证各组轧辊的调节精度，提高产品的表面质量，同时交流变频电机效率提高，能耗降低。

SCR-1300平—立辊连轧机的技术参数及工艺孔型见表4-8。

4.2.3 微型轧机

在铜合金丝材类中，特别是一些冷加工性能差的铜合金，如船舶工业用的高锰青铜丝（QMn14-8-3-2使用常规方法很难生产），通常采用的生产方法为挤压—拉伸和卧式连铸卷坯直接拉伸的方法。但是多次拉伸必然要伴随着多次中间退火，如何缩短冷加工的工艺流程已成为技术的关键，采用Y形轧机和旋锻方法可以大大缩短工艺流程。

表4-8 SCR-1300平—立辊连轧机的技术参数及工艺孔型

机架号	速比		转速/$r \cdot min^{-1}$
	1级	2级	
1V	17.991∶1		26.87
2H	12.898∶1		39.19
3V	7.959∶1	1.46875∶1	60.73
4H	5.67459∶1	1.4375∶1	89.09
5V	7.959∶1	1.5∶1	133.79
6H	5.571∶1	1.46875∶1	191.58
7V	4.118∶1		258.57
8H	3.02645∶1		352.62
9V	2.30735∶1		461.50

20世纪70年代，意大利康梯纽斯普罗伯兹有限公司（Continous-Properzi）研制了轧制有色金属用的微型轧机，使用平三角-圆孔型进行了铜合金丝材的轧制，收到了非常良好的效果（见表4-9），与使用冷拉方法相比，可以减少3～4次中间退火，显示了微型轧制法比拉拔法具有更大的优越性，并且有可能使拉拔难变形的铜合金丝材被淘汰。

表4-9 普罗伯兹微型轧机轧制铜合金的数据

合金名称	牌号/%（质量分数）	出线直径/mm	进杆直径/mm	断面收缩率/%
高铜合金	C189 Sn1.0、Si0.5、Cu余量	6.35	7.64	31
铝青铜	C610 Al7.0、Cu余量	2.85	6.60	80
铅黄铜	C362 Cu60～63、Pb3.5～4.5、Fe0.15	4.2	7.35	69
硅青铜	C656 Si2.8～4.0 Mn1.5、Sn1.5、Zn1.5、Cu余量	2.85	7.30	85
铜镍合金	C702 Ni2.0～3.0 Mn0.4	2.85	8.10	89
铍铜	Be2.5、Cu余量	2.85	6.35	80

注：轧制时线速度可达10m/s；在该公司的米兰工厂中曾经轧制含铜62.0%～65.0%黄铜线，进杆直径为ϕ2.85mm，断面收缩率达95%。

4.2.4 轧机的辅助设备

为保证轧制设备的正常运行，还必须配备润滑系统、冷却系统、电气控制系统和安全保护装置等。只有在各组成设备均处于正常完好的状态下，连轧机才能正常运行。

4.2.4.1 润滑油系统

存放在油箱中的润滑油，经油泵加压后，流经过滤器和冷却器，输送到轧机各需要润滑的部位（减速器、机架等），润滑后的油经油管回流至油箱，以实现循环。

油路系统中设有压力继电器和压力表，以调节和指示润滑油的正常工作状态。另外还装有溢流阀（安全阀），当油压超过允许值时，将部分润滑油溢流回油箱，以起到减压保护的作用。

4.2.4.2 导卫

导卫装置是用来在整个轧机中引导工件从一个工位正确地移向另一个工位的，消除轧件在孔型中的扭转或缠绕而采用的专门工装，以使轧件在轧制时减少或防止出现废品。

A 主要作用

正确地诱导轧件连续进、出轧辊孔型，进行稳定的轧制，并防止一旦产生堆挤现象时，不至于使其进入机架轧辊内部。

为了更安全，在导卫入口上端，接近轧件表面处安装电气保护装置，一旦发生堆挤并使轧件接触保护装置，就能够自动停车。

B 按设计分类

导卫可分为静态导卫和轧辊式导卫两种，按功能分类，则可分为接收式导卫和传送式导卫两种。接收式导卫又称输入式导卫，它可将移近的工件引入各个轧辊座的适当的型缝内；传送式导卫可将上一工位来的工位钳住并将其送往下一轧辊位置。

a 轧辊式输入导卫

它用于除1V号工位以外的全部垂直工位。因为它需要将椭圆形的工件送入具有圆形孔型的轧辊内。由于椭圆工段的工件必须按其主轴垂直向进入圆形孔型内，因此必须将它的一段托住。

b　静态输入导卫

它用于防止进入的工件部分的前端撞击轧辊端环，每个接收式导卫都具有一个引入工件通过的承口，通常称为喇叭口，导卫的另一头称管口，装配在轧辊的轧槽前。

c　静态传输导卫

它用于将工件部分从轧缝中引至下一工位的接收导卫中，每一个静态传输导卫都有一个管口，它装配在轧辊型缝内以接收工件。安装在导卫架内，并用金属楔固定在机座内，该楔被打入有槽定位的木块内，一旦出现弯斜废工件，木块破裂，楔子放松，并从导卫上脱落，以将损害减少到最低限度。

静态传输导卫有两种形式，一种是装在前两道刚度较高的铸钢件，另一种是用厚壁无缝钢管做成的导卫。

Y形连轧机的导卫装置（见图4-26），奇数机架采用滑动式（见图4-27），偶数机架采用滚动式。两辊式连轧机进入圆孔型，往往由于轧件倾倒而造成孔型过充满或几何形状不正，而影响产品质量，严重时会造成事故。因此，对导板形状与结构应高度重视。

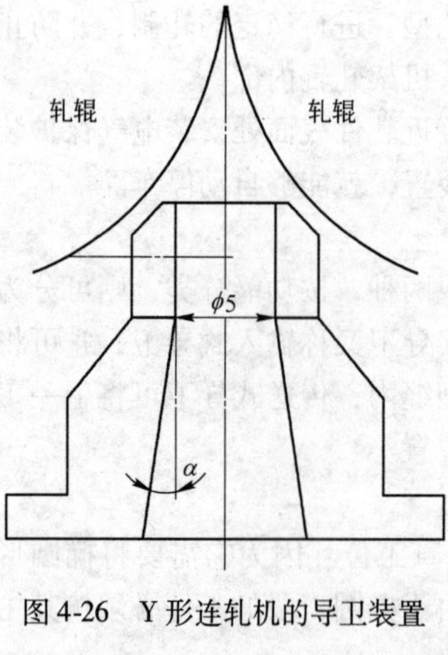

图4-26　Y形连轧机的导卫装置

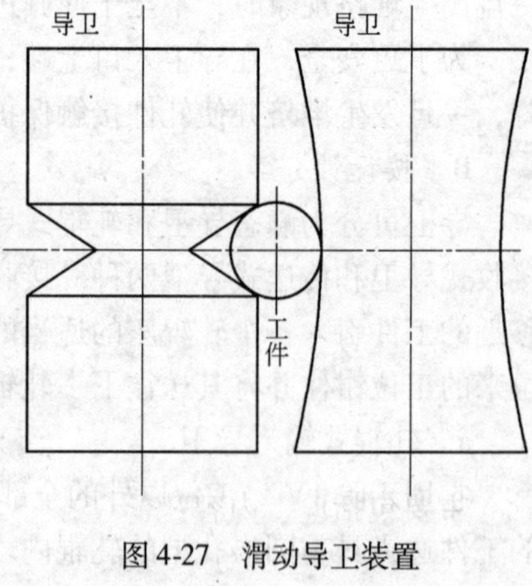

图4-27　滑动导卫装置

4.3 热轧

铜及铜合金锭坯的加工通常采用在热态下进行纵轧，其中长度的增加最为显著，这主要是应用铜金属材料优良的热塑性，获得更大的变形量和更高的产量。同时，在热轧过程中，铸造组织中可能存在的缩孔、疏松、空隙、气泡等缺陷也得到压紧和弥合，能有效提高铸坯内部组织的均匀性，改善制品的强度和韧性。

4.3.1 热轧条件

热轧生产铅黄铜是通过糠模造型，浇铸后获得铸坯，再通过轧机加工获得产品。它最主要的生产设备就是轧机。

国内生产铜棒的轧机一般都比较简单，它由三部分组成，即工作机架、主电机和传动装置。主电机的功率可由几十到几百千瓦。轧辊是轧机上最主要的工具，它直接与被轧制的金属合金接触，使金属轧件产生塑性变形。因此轧辊的材料需耐高温、高压及冲击，生产铅黄铜的轧辊材料一般为球墨铸铁。

4.3.1.1 热轧的优点

铅黄铜棒一般采用热轧的方式生产，即在铜合金再结晶温度以上进行轧制，热轧具有以下优点：

（1）热轧时金属的塑性好，可以承受较大塑性变形而不发生破坏；

（2）热轧时变形抗力低，可采用大尺寸的锭坯，用较大的压下量进行轧制，生产效率高；

（3）热轧还可以改善金属内部组织和性能。

但其缺点是热轧产品的表面质量不高，对于长度需定尺的铜棒生产不易控制。

4.3.1.2 热轧轧制工艺制度的确定

主要包括以下内容：

（1）确定热轧的总加工率；

（2）确定轧制道次和分配各轧制道次的加工率；

（3）选择合适的轧制速度；

（4）确定适宜的工件轧制温度。

A　总加工率的确定

确定总加工率应有一定的原则。一般情况下，当轧机能力大、金属的塑性变形温度范围较宽、塑性好、变形抵抗力低时，可采用比较大的总加工率。反之，则采用较小的加工率。

而对于热轧铜合金棒材的生产应控制其终轧温度高于再结晶温度，使制品可利用轧制的余热进行去内应力退火。

B　道次加工率的确定

确定道次加工率主要参考铜及铜合金的高温性能、金属对轧辊的压力、轧件咬入条件及轧机电机功率等情况。据此确定热轧道次加工率，在开始轧制阶段加工率应小些，中间轧制阶段则应选择大的加工率，而在轧制的终了阶段再采用小的道次加工率。

C　轧制温度（热轧）

铜及铜合金对电阻率、强度和伸长率均有不同的要求，必须通过工艺控制来达到，其中轧制温度是重要因素之一。纯铜的开轧温度为850℃左右，终轧温度为600℃左右，而铜合金的轧制温度可参考本章4.5.1.2节的内容。

4.3.2　轧制调整控制技术

4.3.2.1　轧制过程中常见故障分析及处理方法

A　轧件的弯曲

在轧制中，由于轧件的弯曲，造成轧件进入下一道次轧机机架的困难，严重时会引起挤线或缠绕，破坏导卫装置。其产生的原因主要有以下几个方面。

a　轧件温度不均匀

当轧制坯料上、下面温差较大时（轧件冷却不均匀），在轧制中由于温度对金属塑性变形的影响，就会产生轧件向低温面弯曲（见图4-28）。

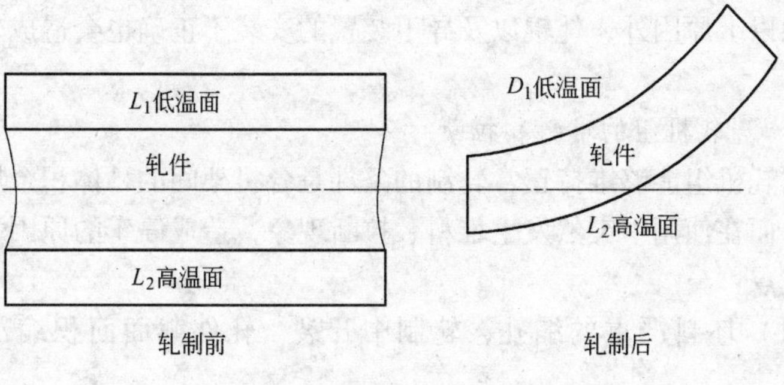

图 4-28　温度不均匀导致轧件弯曲

b　辊径的差异

当上、下两个轧辊的工作直径不同时，轧辊孔型沟槽的线速度不同，造成轧件上、下面出辊速度的差异，则轧件向辊径小的一面弯曲（见图 4-29）。

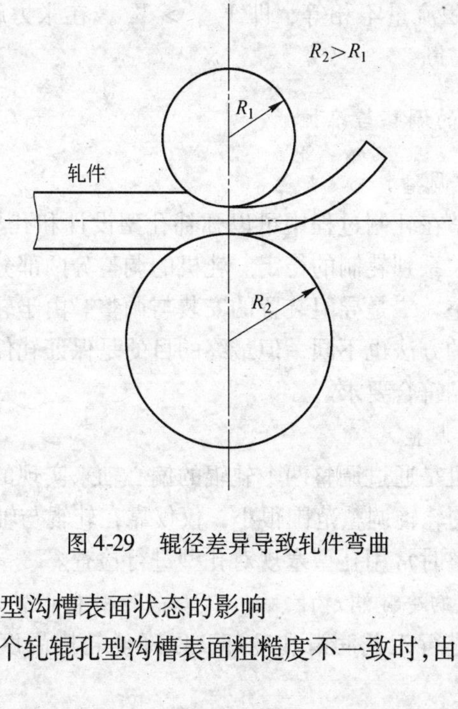

图 4-29　辊径差异导致轧件弯曲

c　轧辊孔型沟槽表面状态的影响

当上、下两个轧辊孔型沟槽表面粗糙度不一致时，由于摩擦的原因，轧件在变形区内流动速度不一致，而轧件向摩擦系数较大的方向弯曲。

除以上原因外，轧辊以及导卫装置的安装不正确也会造成轧件的弯曲。

B 连轧机组的堆料和拉断

连轧机组能够维持正常轧制的条件是各机架间的秒体积金属流量相同，而在使用中突然发生堆料、拉断现象，造成停车的原因大致有以下几点：

(1) 坯料严重的缩孔，轧制中开裂，轧件截面面积缩小而被拉断；

(2) 轧件温度过高，轧制时宽展过大，轧件的截面面积增加，发生挤线事故；

(3) 孔型磨损造成张力不断增加，破坏了连轧的平衡状态，由于连续轧制中的轧件断面由大逐渐变小，而连轧速度由慢变快，金属变形抗力由大到小，因此轧制小截面的轧辊速度快，且受到的变形抗力大，所以孔型磨损快，孔型断面的相对增加率要大，因而会造成前后到处的秒体积流量不相等，即 $V_{n+1} > V_n$，在张力超出给定值后，就会造成轧件拉断。

4.3.2.2 轧机的调整与维护

A 轧机的调整

轧机的调整在轧制过程中可以弥补孔型设计和孔型加工的不足。轧机调整直接关系到轧制的稳定。轧机的调整分两部分进行：一是轧辊的安装与调整，二是导卫装置的安装与调整。由于轧机结构形式的不同，其调整的方法也不同，但最终的目的是保证轧件能正确进出轧辊，轧制的产品符合要求。

B 孔型的调整

两辊式轧机是通过调整两个轧辊的偏心轴来实现的。

Y 形轧机的轧辊调整范围很小，仅仅靠在轧辊与轴承之间加薄垫片来进行。调整时常用孔型塞规对孔型进行检查。

C 热轧时的冷却润滑

轧制时应进行工艺润滑和冷却，以降低轧槽温度。热轧时常用水、油或乳液喷射在轧辊表面，其目的是：

（1）降低轧辊表面温度；

（2）减小轧件和轧辊的摩擦系数，减小宽展量，降低轧制力，防止粘辊和缠辊。

（3）控制轧辊辊身的温度分布，达到控制轧辊辊型、确保轧件平直的目的。

（4）改善轧件的表面质量。

D　热轧的辊型和调整

热轧时轧辊与高温轧件接触而受热膨胀，辊身中部散热条件比两端差，因此，中部膨胀量大于两端而形成凸形，致使轧出的轧件中部薄于两端。对于铜合金棒轧制生产，因其对尺寸精度要求不是非常高，这种影响不大，故轧辊常做成平辊，辊面稍带一定的斜度，上下匹配。

对于生产不同规格的铜棒、线材，必须经常调整辊型，通常要调整压下的空间、轧辊的锁紧度等。

4.3.3　轧制过程的冷却

轧制过程中对轧件、轧辊的冷却、润滑主要由乳化液来完成。该系统一般由循环装置、增压装置、喷淋装置等组成。

4.3.3.1　冷却和润滑装置及作用

轧机中所有冷却、润滑介质都是乳化液，对轧辊而言，生产运转中，当此介质喷洒到轧辊上时即冷却轧辊，同时在水蒸发后，乳化液中油脂成分会在轧辊表面形成一层很薄的油膜，于是防止外面铜粘在轧辊上，防止轧辊氧化，还可以将轧辊中氧化物带至过滤器中，并可以防止轧机内部的腐蚀。对轧件而言，使用乳化液冷却的主要优点是：

（1）提高轧件的力学性能；

（2）显示出轧件的光亮，大大减少氧化损失；

（3）降低轧件轧制后的温度，改善劳动条件；

（4）提高产品质量。

冷却剂通过两组管道向轧辊机座输送，高压管道供给轧辊冷却管路的喷雾喷嘴；低压管道则通过轧辊架向导卫供给冷却剂。若高压集管内的压力不足，说明冷却系统中过滤器被堵塞，喷雾喷嘴应定期检查，以便清除堵塞。

乳化液通常使用的是两种型号的喷淋头：一种用来清除轧印（即剥落轧辊上的粘屑）；另一种用来冷却轧辊。清除轧印的喷嘴安装时将其直接对准轧辊，使冷却剂射流束与轧辊呈切线方向，这些喷嘴是 V 形喷嘴，必须进行调整，以使喷雾的形状刚好将轧辊表面覆盖；如果喷嘴角度陡，射流束将会直接喷到油封表面上，结果会使冷却剂浸入润滑油系统中；如果喷嘴角度装得太平，则会使冷却不够充分。

4.3.3.2　冷却液

由于轧辊磨损直接与冷却系统有关，因此要定期检查乳化液喷嘴。

影响轧辊磨损的因素主要有：坯料温度、轧机转速、乳化液成分、压力和操作经验等。

坯料温度过高将会加速轧辊磨损。因此，就要保证冷却剂压力随时维持在一定限度内，以便能将坯料温度过高而造成的轧辊磨损降低到最小的限度以内。另外，冷却剂系统中的悬浮固体也会损伤轧辊，因此，应经常更换过滤纸。

因冷却剂乳化液需要在热态下使用，故对乳化液的内在成分要求比较高。

标准的乳化液含 3% ~4% 的油脂、2% ~3% 的酒精。乳化液水质的要求是：$CaCO_3$ 不大于 $100 \times 10^{-4}\%$，总的杂质不大于 $300 \times 10^{-4}\%$，配制好的乳化液 pH 值在 8.5 左右。其次，生产中要求乳化液温度在 40 ~50℃。应定期对乳化液中的酒精百分比、pH 值以及其他方面进行测试，不足部分应及时添加。

同时，乳化液在使用过程中还应注意以下事项：

(1) 乳化液在使用过程中，容易受多价正金属离子、微生物、外来杂质以及酸洗材料所带入的残酸的污染。水溶性油脂中的亲水基与水的结合力相对较弱，少量的酸、稍高的温度或较低的 pH 值，都将破坏油脂中亲水基与水的结合，造成油、水分离，使乳化液失去原有的功能。故在使用过程中应密切关注。

（2）随着使用时间的增加，乳化液中的“油”损耗也增加，使油脂含量下降，导致润滑效果降低。需要定期添加或补充，必要时应更换。为降低生产成本，在保证乳化液循环冷却要求的前提下，可考虑采用“量少、多换”的办法。

（3）注意乳化液循环使用过程中的工业卫生，采取有效的措施，过滤、沉淀、分离内部的金属颗粒和外来机械杂质（尘埃、沙粒等），以保证制品的表面光洁。

乳化液系统是一个循环系统，见图4-30。它由储存箱、泵、过滤器及管道组成。其工作顺序是：从箱的清洁室用泵将乳化液输入轧机冷却，冷却以后，靠重力作用流入箱体的沉淀室，这样形成一个循环的周期。

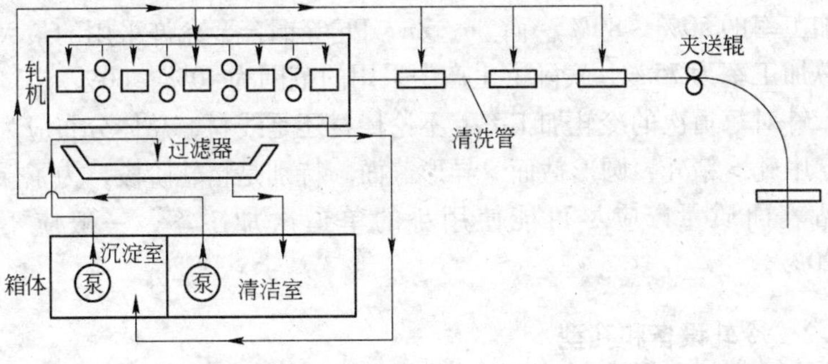

图4-30　轧机乳化液冷却系统

4.4 冷轧

冷轧与热轧最大的区别在于加工率的不同。因道次的变形量较小，铜棒材、线材冷轧多采用两辊平-立辊或三辊Y形连轧机。冷连轧机设备生产效率高，一般用于批量较大的合金小棒材生产，轧制孔型则可采用弧三角-圆三角或平三角-圆孔型系。

4.4.1 冷轧特性

冷轧多用于加工塑性好、合金元素熔点低的铜合金或者冷加工性能优良的纯铜、微铜合金等。

若加工塑性差，这些合金采用拉拔法生产，需经过多次反复拉拔、退火，则生产流程长、能耗高、生产成本高。而采用冷轧，加工率大，可减少拉拔道次、减少中间退火。

合金元素熔点低，使这些合金无法加热到比较理想的热塑状态，而过低的温度又无法体现热加工的优势，反而浪费了能源。

冷轧的特点（相对于热轧而言）是：

（1）加工精度高，弹性变形小；

（2）轧件表面光洁、无氧化；

（3）轧制工艺简单，配套系统简化。

在冷轧总加工率的选择上，一方面考虑设备的能力，另一方面考虑铜合金材料的塑性及变形抗力。塑性好而变形抗力大的铜合金易造成设备超负荷运转，生产中冷轧加工率一般采用允许采用的最大冷轧总加工率的50%～80%，而Sn、Zn、Pb等铜合金允许采用的最大冷轧总加工率为75%，实际上生产中采用的范围为40%～60%。

针对每道次的冷轧加工率，不论棒材还是线材，总体分布应为粗轧>中轧>精轧，圆形截面>异形截面。特别是精轧阶段，为了保证制品表面质量，应尽可能使用小的单道次加工率，一般应不大于20%。

4.4.2　冷轧设备和孔型

铜合金的轧制，目前采用的是横列式回旋轧机和孔型轧制法。该法使用平铸的85～130kg船形线锭，经横列式轧机轧得各种规格的棒材、线材。

将ϕ250mm与ϕ420mm可逆式轧机配套，锭重可从原来的10～40kg提高到50～120kg。ϕ420mm轧机除用于粗轧工序外，只要合理设计孔型系统，大胆采用平辊轧制工艺，还可生产多种规格的棒材和异形材。

该法生产的线坯精度低、表面质量差，质量不均一，卷重小，劳动强度大，生产效率低，能耗高，在铜线杆生产中该法已被连铸连轧法取代。黄铜、青铜和白铜的牌号多，批量小，材料软硬差异大，孔型的共用性较差，要适应小批量铜合金线坯的生产，需准备大量的轧辊，频繁更换轧辊不经济且效率低。黄铜等合金的塑性较低，用轧制法生产时，线坯上易形成裂纹。

行星轧机单道次的延伸系数可达到15，在铜合金的冷轧中能替代多台轧机，轧件单重可达30～100kg。因行星轧机轧制速度较慢，生产效率不高，需与多列中、精轧机组串联轧制，才能发挥其作用。

对于塑性较好的铜材，还采用一种冷加工的方法，即锻轧。20世纪80年代，人们将6锤乃至8锤的纵锻机组合起来，实现了连续锻轧的新工艺，坯重可达300～500kg。

冷轧工艺常用于纯铜、微铜合金，轧制孔型一般选择Y形连轧机和弧三角-圆孔型系。该系统不仅能获得规定的轧件，经过改动还可以生产扇形线和其他规格的棒材和线材。

该孔型系统的优点是：

（1）由于孔型每间隔一道次就为圆孔型，因此轧件在压下程序中逐步规圆，成品形状比较规整；

（2）轧机的中间道次可生产多种规格的圆杆、棒产品；

（3）压缩率较大，可达28%～30%（略低于热轧）；

（4）轧件在孔型中比较稳定；

（5）孔型磨损后，可重新扩大，轧制更大规格的产品。

该孔型的缺点是：圆孔型中轧件与孔型相接触各点的速度差比其他孔型要大一些，因此轧槽的寿命相对较短。

国产Y形三辊连轧机主要工艺参数见表4-10。

表4-10 国产Y形三辊连轧机主要工艺参数

项 目	工艺参数			
进轧坯料	ϕ17mm		ϕ20mm	
出轧直径	ϕ6.7mm	ϕ8.0mm	ϕ6.7mm	ϕ8.0mm
轧制道次	10	8	12	10
终轧速度	1.52m/s	1.05m/s	1.52m/s	1.05m/s
孔型系统	弧三角-圆孔型系			
相邻机架传动比	1.2/1			
平均延伸系数	1.2			

4.4.3 冷轧润滑剂的选择

轧制润滑剂可分为热轧润滑剂与冷轧润滑剂。

热轧用的润滑剂，一是能够在其表面形成油膜保护轧辊，二是起到冷却的作用。其中对冷却的要求较高，故需采用热容较大的润滑剂。常用的是热轧型乳剂与一定比例添加的水混合后的乳化液。铜及铜合金冷轧润滑油一般为添加高级醇、酯以及微量变色抑制剂的润滑油。

4.4.3.1 冷轧润滑剂的作用

在冷轧过程中，如果没有工艺冷却，将导致轧辊和轧件之间的摩擦系数增大。摩擦所产生的热和轧制变形热，又将使轧件表面温度升高，产生变色，轧辊表面更加粗糙，同时也降低了轧辊的使用寿命。而轧辊与轧件之间的摩擦系数的变化，显著影响着轧件在轧制过程中的宽展。尤其在平辊轧制时更加明显。

轧制过程中的润滑可起到防粘、降摩与减少磨损的作用。但在不同的轧制阶段强调的侧重点则不同。粗、中轧制时以强化工艺、提高生产效率为主，而精轧特别是成品轧制时，希望在接触界面上形成较薄的“边界润滑膜”，以获得光洁的表面和良好的尺寸精度为主要目的。

从生产成本考虑，不同的冷轧阶段，对轧件的要求也不同，可采用不同的润滑剂（见表4-11）。

表4-11 不同生产阶段使用润滑剂的种类

生产阶段	粗 轧	中 轧	精 轧
润滑剂种类	水、乳化液	乳化液	润滑油脂

冷轧使用的润滑剂，不但能降低摩擦和轧辊的磨损，而且还能节约能耗。表4-12中列出了生产中常用的三种冷轧机在无润滑和润滑条件下力能参数的变化情况。

表 4-12 三种轧机改变润滑条件时的力能参数变化情况

计算项目 \ 压下量/mm	轧机型号		
	ϕ360×400 4.6→2.7	ϕ140/ϕ300×400 2.1→1.35	ϕ90/240×300 0.55→0.40
轧制压力 P 变化/t	305.28→250.91	81.0→72.81	55.07→46.72
轧制压力降低绝对值 ΔP/t	54.37	8.19	8.35
轧制压力降低相对值/%	17.80	10.10	15.16
电机功率 N 消耗变化/kW	354.73→296.24	47.18→42.69	22.36→18.92
电机功率消耗降低相对值/%	16.38	9.25	15.38

4.4.3.2 组成与应用

油性润滑剂的性能要求主要包括：有适当的黏度，对金属表面有较强的吸附能力；能形成耐压性较高、完整性较好的油膜；有一定的自清洁能力，对人体健康无害等。

为满足这些要求，油性润滑剂一般应由四部分组成：

(1) 基础油。分矿物油、动物油与人工合成油三类。其中使用最多、最广泛的为矿物油类。

(2) 抗压添加剂。如氯化石蜡等，是利用摩擦热作用，通过化学反应在金属表面形成耐压膜。

(3) 油性添加剂。主要用于以矿物油为基础油的油性润滑剂，增强其对金属表面形成牢固吸附膜的能力。主要使用高级脂肪与高级醇、脂，其中使用最多的有油酸等。

(4) 其他添加剂。根据使用需要，可添加防氧化剂等。如变色抑制剂苯并三氮唑等。

碳氢链组成的矿物油分子，由于不带极性基端，对金属表面吸附能力差，必须通过添加油酸($C_{17}H_{33}COOH$)一类带有极性基端(—COOH)的油性剂而吸附于金属表面，而其非极性端($C_{17}H_{33}$—)与矿物油结合在一起，共同构成耐压性较高的油膜，从而获得较好的润滑效果。

菜籽油作为铜及铜合金棒、线材压力加工的润滑剂，使用历史悠久，并相当广泛。在铜棒精轧阶段就需要使用与此相似的油性润滑剂。

众所周知,动植物油脂内所含的脂肪主要由硬脂酸（$C_{17}H_{35}COOH$）、软脂酸（$C_{15}H_{31}COOH$）以及油酸（$C_{17}H_{33}COOH$）组成，由于它们都带极性基端，在金属表面能形成耐压性较强的油膜，所以润滑性能优良，这也是其应用广泛的原因所在。

但菜籽油也存在以下问题：

（1）油膜较厚，在制品表面残留油膜及其退火后残灰、残炭较多，致使制品表面光亮度欠佳，在储存与使用过程中表面容易发生变色或形成色斑。故在成品道次的轧制最好不要使用；

（2）菜籽油使用时间长，容易被污染、变浊，黏度增大，以致其内部金属杂质难以分离，而导致制品表面出现划伤、压入等缺陷。同时，菜籽油也易酸败变质，因为铜及铜合金本身就是有明显促进油脂酸败作用的金属催化剂。

4.5　铜及铜合金棒、线材的轧制

黄铜、青铜和白铜的牌号多,批量小,材料软硬差异大,孔型的共用性较差,要适应小批量铜合金的生产需准备大量的轧辊,频繁更换轧辊不经济且效率低。黄铜等合金的塑性较低,用轧制法生产时,表面易形成裂纹。目前绝大多数铜合金线材已不采用回旋式孔型轧制法制坯。

而铜及其铜合金棒、线材轧制直接作为成品的较少，一般是作为棒、线材的坯料生产，经轧制的棒、线材还要通过进一步的拉拔等加工才能成为产成品。

铜合金的轧制因材料的热塑性较纯铜低，故常用三辊轧机进行轧制，两辊轧机也选择变形较为均匀的孔型系（见图 4-31）。

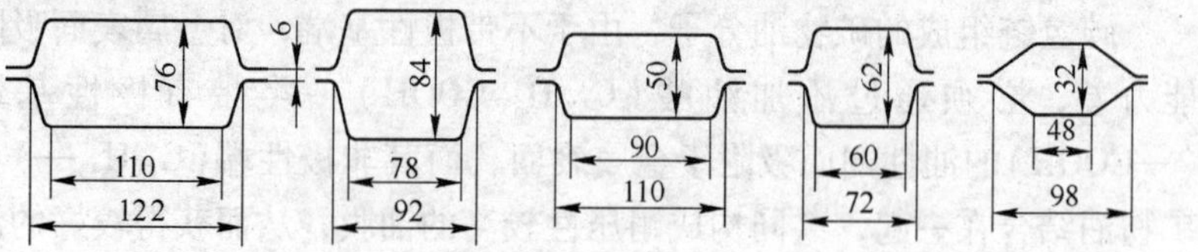

图 4-31　黄铜及复杂合金轧制用两辊轧机孔型图

4.5.1 轧制工艺参数

铜棒材轧制工艺流程如图 4-32 所示。

图 4-32 铜棒材轧制工艺流程

a—利用铸造余热轧制；*b*—锭坯加热轧制

4.5.1.1 铸坯尺寸

轧制铜及铜合金棒线材一般采用梯形和圆形的实心铸坯。梯形铸坯一般用于浇铸余热轧制；圆形铸坯用于二次加热的轧制。梯形铸坯为保证铸坯温度均匀和便于操作等，铸坯的长度一般取 1500 ~ 1800mm；圆形铸坯的长度一般取 1000 ~ 1200mm。

无论梯形铸坯还是圆形铸坯，其断面面积一般要取成品断面面积的 3 倍以上，以保证制品有良好的组织性能。也就是说，轧制变形的总延伸系数要大于 3。

4.5.1.2 轧制温度

常用铜及铜合金的加热温度和轧制温度见表 4-13。

表 4-13 铜及铜合金的加热和轧制温度

牌 号	加热温度/℃	开轧温度/℃	终轧温度/℃	备 注
紫 铜	850 ~ 920	850 ~ 900	500	
H80	830 ~ 870	820 ~ 860	550	
H68	800 ~ 850	800 ~ 830	550	
H62	780 ~ 830	780 ~ 820	550	
HPb59-1	730 ~ 780	730 ~ 760	550	630 ~ 680℃(余热)
QSn4-3	720 ~ 750	720 ~ 740	550	
QAl9-2	780 ~ 820	780 ~ 800	600	
QSi3-1	800 ~ 850	800 ~ 840	600	
QBe2	780 ~ 830	780 ~ 820	600	
QCd1	850 ~ 900	850 ~ 890	550	
QCr0. 5	900 ~ 950	880 ~ 930	550	
B6	820 ~ 900	820 ~ 880	600	
B19	900 ~ 950	900 ~ 940	600	
B30	990 ~ 1040	980 ~ 1020	600	
BZn15-20	900 ~ 950	900 ~ 940	650	
BMn3-12	780 ~ 850	780 ~ 840	600	
BMn40-1. 5	1130 ~ 1180	1100 ~ 1150	650	
BMn43-0. 5	1100 ~ 1180	1100 ~ 1150	650	

4. 5. 1. 3 加热时间

充分的加热保温时间能保证被加热铸坯温度均匀和组织均匀，并使变形抗力降低，也有利于塑性的恢复和提高。因此，铸坯加热保温的时间应该足够。紫铜加热一般温度达到就可出炉，并尽量缩短在炉内时间；单相黄铜加热保温时间一般为 60 ~ 90min；铅黄铜加热保温时间不少于 150min；青铜、白铜加热保温时间一般为 90 ~ 150min。

4. 5. 2 轧制孔型选择及延伸系数分配

4. 5. 2. 1 轧制孔型选择

常用孔型形状、应用范围及特点见表 4-14。

表 4-14 常用孔型形状、应用范围及特点

孔型形状	孔型名称	应用范围	特 点
 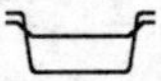	梯形孔	主要用于延伸孔型	沿轧件整个宽度上变形均匀，可承受较大的压下量；在同一孔型内调整辊缝的方法，可以得到不同厚度的轧件，可以减少换辊
	菱形孔	方形棒材的成品前孔型 菱形—方形延伸孔型系统	轧件在孔型内稳定能得到形状和尺寸精确的方形断面；轧件角部位置固定，而且角部冷却快。这样，轧制过程中易产生缺陷
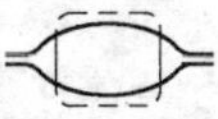	椭圆孔	圆棒的成品前孔型 型棒的成品孔型 椭圆—方形延伸孔型系统	轧件角部位置经常变换，冷却均匀，四个方向都得到加工，可承受较大的变形量；轧件在方孔或椭圆孔内，变形都是不均匀的，槽孔磨损快
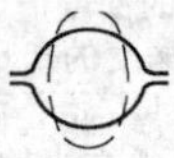	圆 孔	圆棒的成品前孔型 椭圆—圆形延伸孔型系统	孔型与孔型间能很平滑地过渡，可防止产生局部应力，冷却均匀，适用于轧制低塑性的金属；可在延伸孔型中获得成品圆，可减少换轧辊的次数，但轧件变形不均匀，延伸系数小，易出现耳子
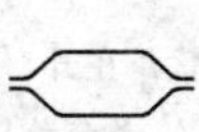 	六角孔	六角棒的成品前孔型和成品孔型 六角—方形延伸孔型系统	轧件在孔型内变形均匀、稳定性好、伸长率大；方孔进六角孔时，延伸系数必须大于 1.4，否则六角孔将充不满
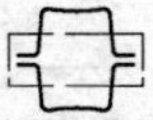	扁 孔	扁棒的粗轧和成品孔型 平—立孔型系统	孔型形状简单，对孔型尺寸要求不高；孔型共用性大，一套轧辊能轧制多种规格的产品；调整方便，尺寸容易控制；导位装置简单

注：1. 延伸孔型是指粗中轧孔型，其作用是压缩轧件断面，使其比较接近成品的最终形状和尺寸；

2. 成品前孔型是指位于前一道，其作用是保证成品孔轧制出合格产品。

4.5.2.2 孔型组成参数的选择

孔型通常由辊缝(t)、圆角(r)、侧壁斜度($\tan\alpha$)、锁口（闭口孔型)、辊环等组成，其各部分参数选择见表4-15。

表4-15 孔型各部分参数的选择

孔型组成参数	选择原则
辊缝（t）	辊缝值应大于辊跳与孔型磨损量之和,辊缝值一般取孔型高度的10%～20%。大中型轧机的延伸孔型取6～10mm,成品前孔型取3～5mm,成品孔型取1～3mm
孔型侧壁斜度（$\tan\alpha$） 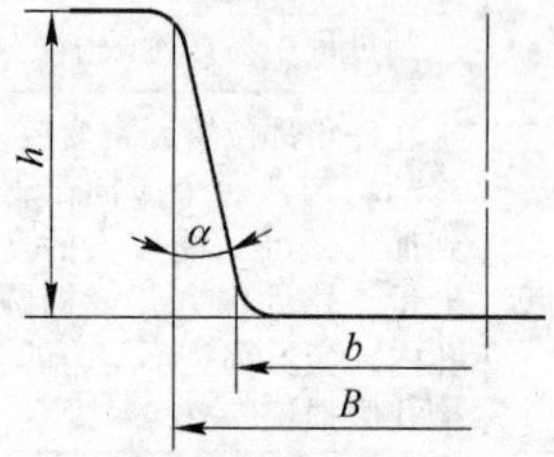 	如图所示，α角的正切为孔型侧壁斜度 即：$\tan\alpha=(B-b)/2h$ 一般取$\alpha=3°\sim6°$
辊　环	辊身两侧的辊环：大型轧机一般取100～150mm；小型轧机一般取大于40mm；开口孔型的辊环宽度一般取等于相邻两孔型中最深槽孔的深度值。在闭口孔型中，铸钢轧辊的辊环取槽孔深度的0.8～1.8倍；铸铁辊环则取槽孔深度的1.2～1.5倍；而且还要考虑侧压力的大小和辊环根部圆弧大小的影响。侧压力小，根部圆弧较大时，可取较小的辊环值
锁口 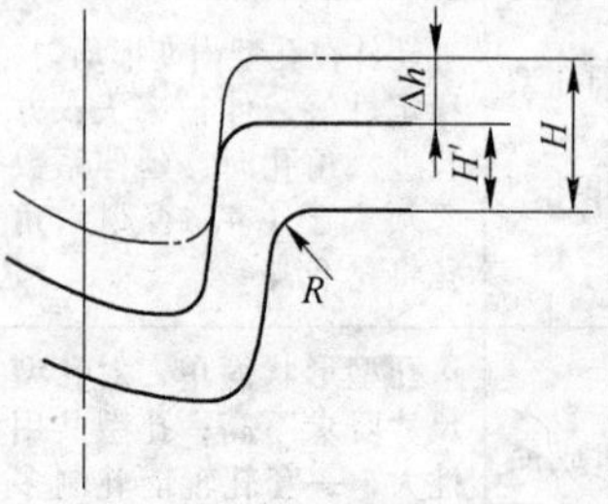 	在闭口孔型中，为了便于调整轧件形状，在开口处的辊环需要有一个锁口，锁口的高度H按公式：$H=R+\Delta h+H'$计算确定；式中H取2～8mm；R为辊环过渡圆弧半径；Δh为孔型高度调整值
圆　角	在孔型的各个过渡部分和辊环部分都采用圆弧连接，其目的是： 1. 防止轧件尖角部分冷却太快造成角部裂纹和孔型磨损不均匀； 2. 防止因尖角部分应力集中，而削弱轧辊强度； 3. 防止孔型过充满时造成尖锐耳子，形成折叠

4.5.2.3 变形延伸系数

横列式轧机的生产率在很大程度上取决于每道次的延伸系数。延伸系数大，轧制道次少，轧制节奏快，生产率就高。连轧机的生产率主要取决于轧制速度，采用大的延伸系数可减少机架，降低设备投资。在轧制时，限制每道次变形量的主要因素有金属塑性、咬入条件、电动机能力、设备强度、轧辊磨损和轧件的宽展值等。在铜合金棒材、线材的实际生产中，选择平均延伸系数和确定轧制道次必须根据具体情况综合考虑。

延伸系数分配原则是：

（1）轧制开始时,轧件温度高,塑性好,变形抗力低,有利于轧制,应主要考虑咬入条件。轧制黄铜和复杂合金时咬入角一般取22°~24°。

（2）轧制中后期，随轧件温度降低，轧件变形抗力增加，应适当减小延伸系数。

（3）在最后几道中，为减小孔型磨损与保证成品断面形状和尺寸的正确性，应采用较小的延伸系数。

（4）在连轧机上，轧制过程中轧制速度很快，轧件温度变化很小，为保证各机架之间的同步（即金属秒流量相等），各道次的延伸系数可取相等或几乎相等。

铜及铜合金轧制常用变形延伸系数见表4-16。

表4-16 铜及铜合金轧制常用变形延伸系数

牌 号	道次延伸系数μ		
	延伸孔型	成品前孔型	成品孔型
紫铜 T2	1.40~1.90	1.20~1.25	1.15
H90、H80	1.30~1.80	1.15~1.20	1.10
H68、H62	1.25~1.6	1.15~1.20	1.08
HPb59-1	1.20~1.50	1.10~1.15	1.05
QSn4-3、QSi3-1	1.25~1.50	1.15~1.20	1.08
QBe2.0	1.20~1.45	1.15~1.20	1.06
B0.6、B5、B19	1.25~1.50	1.15~1.20	1.08
BMn3-12	1.22~1.45	1.10~1.15	1.05
BMn40-1.5	1.20~1.40	1.10~1.15	1.05
BMn15-20	1.25~1.35	1.10~1.15	1.05

4.5.3　应用举例

4.5.3.1　棒材轧制

某厂轧制黄铜 ϕ22mm、ϕ15mm 棒材的孔型如表 4-17 所示。

表 4-17　某厂黄铜 ϕ22mm、ϕ15mm 棒材轧制孔型

道　次	孔　型			延伸系数 /%	轧件长度 /m	辊缝 /mm
	形　状	尺寸/mm	面积/mm^2			
0	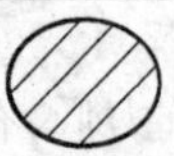	ϕ34	1640	—	1.20	—
1		20×70	1040	1.4	1.68	3
2		28	770	1.35	2.27	3
3		11×32/60	408	1.89	4.28	3
4		ϕ22	38	1.07	4.58	2
5		18.4	310.3	1.21	5.66	3
6		8×34	210	1.48	8.28	3
7		ϕ15	176.6	1.19	9.92	2

国外某厂采用多机架交叉平、立辊无槽轧机连续轧制 ϕ12mm 棒材的孔型见表 4-18。它通过调整辊缝来改变轧件尺寸，巧妙利用轧件宽展而形成矩形—方形的变形过程。因此轧件的断面面积可以在很大范围内任意调整，很容易调整到轧制道次的金属秒流量相等。也有称该孔型设计为“保险孔型”的。

表 4-18 多机架交叉平、立辊无槽轧机连续轧制 ϕ12mm 棒材的孔型

道次	孔型			延伸系数/%
	形状	尺寸/mm	面积/mm^2	
0	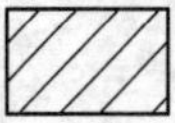	26.5×26.5	702	—
1		33.3×18	600	1.17
2	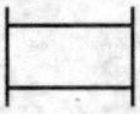	22×22	484	1.24
3		30×12	360	1.34
4		17×17	289	1.28
5		21.8×11	239	1.21
6	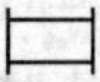	13×13	169	1.14
7		14.6×11	126	1.34
8		ϕ12	113	1.1

4.5.3.2 扁线轧制

这种方法适用于由铜线坯经一道轧扁后再经一道拉制的方法生产扁线。轧制的扁线坯的尺寸应满足最后成品的质量要求和已确定的最后道次变形程度。最后道次的变形程度参照前面扁线的拉拔配模。在最后拉制前扁线坯的尺寸确定以后，按以下公式计算轧扁铜线坯的直径：

$$D = a + (1/1.5 \sim 1/1.8)(b - a)$$

式中 D——轧扁前铜线坯直径；

a——轧扁后扁线的厚度；

b——轧扁后扁线的宽度；

$1/1.5 \sim 1/1.8$——系数变化范围。

由于受轧辊表面粗糙度、轧辊直径、轧扁量、材料硬度的差别等因素的影响，宽展量的大小会发生变化，因而1/1.5～1/1.8这个系数的选取应根据实际情况进行调整。不同设备的生产情况有所不同，重要的是应结合生产实际情况加以调整。

4.6　轧制后处理技术

4.6.1　表面处理技术

铜棒、线材的制成品表面处理一般包括清洗、还原和酸洗过程。棒材轧制后一般需要进行拉拔，以便获得更加精确的尺寸。棒材成品表面处理技术（酸洗工艺和棒材表面钝化处理技术）将在第五章中详述。线材轧制后将成为制成品，轧制后的表面处理技术就显得非常重要。

铜及铜合金棒材、线材经过表面处理后，外观显著的特点是表面光亮、洁净、无氧化变色。其中线材表面质量指标之一的氧化层厚度能达到小于1000Å（1Å＝0.1nm），完全能够满足其深加工时对产品表面质量的要求。

在韧铜的连铸连轧生产线中，经热轧后的紫铜线坯，出轧后（保持一定的温度）立即进入流动的液体中（部分采用顺、逆流同时存在的冷却还原方式），进行还原、清洗（见图4-33）和冷却。该液

图4-33　还原、清洗线

体内含硫酸或醇类，与表面的氧化铜发生还原反应，从而使紫铜线坯具有光亮的金属本色（见图4-34），称“光亮铜杆”。

图4-34 光亮的紫铜线坯

与硫酸的反应如下：

$$CuO + H_2SO_4 = CuSO_4 + H_2O$$

$$Cu_2O + H_2SO_4 = Cu + CuSO_4 + H_2O$$

与醇类反应时，醇先被氧化成醛，继续被氧化成酸。以乙醇为例（异丙醇也相类似）：

$$CuO(Cu_2O) + C_2H_4OH = Cu(2Cu) + H_2O + C_2H_4O(\text{乙醛})$$

$$CuO(Cu_2O) + C_2H_4O = Cu(2Cu) + CH_3COOH(\text{乙酸})$$

在使用醇类进行还原时，保持紫铜线坯终轧温度是控制的要点，只有在550～630℃时，灼热的氧化铜才能与乙醇发生反应，当线坯的温度低于500℃时，该化学还原反应将停止。

虽然使用醇类进行还原，在成本和环保方面具有相当的优势，但其要求的条件比较苛刻，且因对线材表面氧化层的还原深度有限，故其只局限于表面氧化不严重的材料。

而铜合金线材的表面处理工艺一般采用酸洗，因为铜合金线材表面常常存在残留较多的轧制润滑油，这将阻碍醇类的还原进程。而在一些小工厂里，铜合金线材粗轧和部分中轧阶段较少使用乳化液，故材料表面氧化较为严重，只能使用清洗能力强的酸类溶液对线材表面进行处理。

4.6.2　在线感应退火

铜合金棒材、线材在轧制过程中，随着加工率的增加，内部的变形抗力也不断累积，需要对材料进行中间退火以消除或减小其内部应力，以利于后续的再加工，防止材料内部产生应力缺陷。

在铜加工行业，在线感应退火工艺（技术）以其产品在力学、理化性能方面比常规退火工艺具有无可比拟的优势，以及生产效率高和能源、资源消耗低的显著特点，已经被普遍关注和接受。

作为一种新工艺，高频电流的集肤效应，首先应用于铜管材的在线连续退火。由于铜棒、线材采用常规工艺进行退火时，工艺流程长，能源浪费大，所以人们将该工艺移植到中频炉退火设备上，通过增加退火炉的功率和长度，形成铜合金线材中间连续退火，两头又与轧机相配套，形成半自动化的铜合金线材的连续轧制工艺。该工艺只适合锭坯质量较大、产量较高的铜合金线材，而对小批量的线材或无法弯曲的棒材是不适宜的。

关于常规的铜及铜合金棒材、线材退火技术将在第 5 章和第 6 章中介绍。

4.6.2.1　在线感应退火技术原理

A　导体的感应加热

导体的导电结构主要是自由电子。如在导体上施加电压，这些自由电子将按照同一方向从一个原子移到另一个原子而形成电流。电子在移动过程中，由于电阻的存在，导体会发热，根据焦耳－楞茨定理可得：

$$Q = I^2 Rt$$

式中　Q——导体的发热量，J；

I——通过导体的电流强度，A；

R——导体的电阻，Ω；

t——电流通过导体的时间，s。

在导体中流过电流时，在它的周围便同时产生磁场。通过的电流为直流时，产生的磁场是固定的，不影响导体的导电性能；而通过的电流为交流电时，产生的磁场是交变的，会引起集肤效应（或称趋肤效应），使大部分电流向导体的表面流通，即有效导电面积减小，电阻增加。交流电流的频率愈高，集肤效应就愈严重，故在线材加热时采用中频。由上式可知，在电流 I 不变的情况下，由于电阻增加，使导体的发热量增加。同时，由于电流沿表层流通，热量集中于导体的表层，因此可以利用高频电流对导体的表面进行局部加热。

同样，在电流通过彼此相距极近的导体，或者将直导体变成圆环，绕成线圈时，其电流密度也会发生相应变化，引起所谓邻近效应和环形效应，无论是集肤效应、邻近效应还是环形效应都是由于导体中流过交流电时，在导体周围形成交变磁场，从而在导体中产生自感电动势迫使电流发生重新分配的结果。导体周围磁场的强弱直接与电流强度成正比。因此，平行放置的两根导体，在其电流为同方向时，则两根导体外侧磁场较内侧强，内侧中心的磁场强度几乎为零。两根导体流的电流是反方向时，则两导体内侧磁场最强。如果将导体绕成线圈并通以电流，则线圈内侧磁场较外侧强。

如果将材料放在磁场内，则磁力线将会切割材料，在材料中产生感应电动势，从而产生涡流。涡流也是电流，同样具有电流的一些性质。由于材料具有电阻，所以材料会发热，利用感应涡流的热效应加热，称为感应加热。

B　退火温度曲线

高速在线退火技术用于铜合金线材和部分铜棒材的中间工序退火，其温度特性曲线如图 4-35 所示。

在图 4-35 中，材料以一定速率经过感应线圈后被加热到所需退

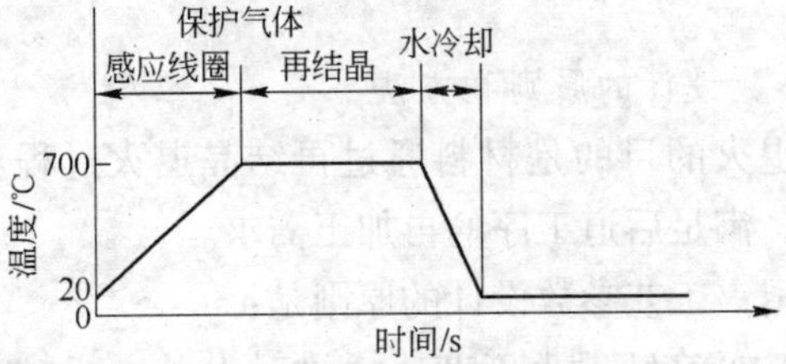

图 4-35　在线退火温度曲线

火温度，进入保温腔进行再结晶，随后进入淬火腔急速冷却，从而达到所需要的力学、理化性能要求。

线材和部分棒材的“速度-电流”曲线分别见图 4-36 和图 4-37。

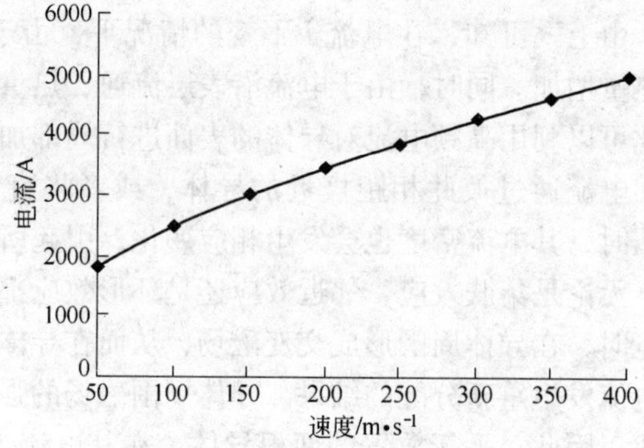

图 4-36　线材“速度-电流”曲线

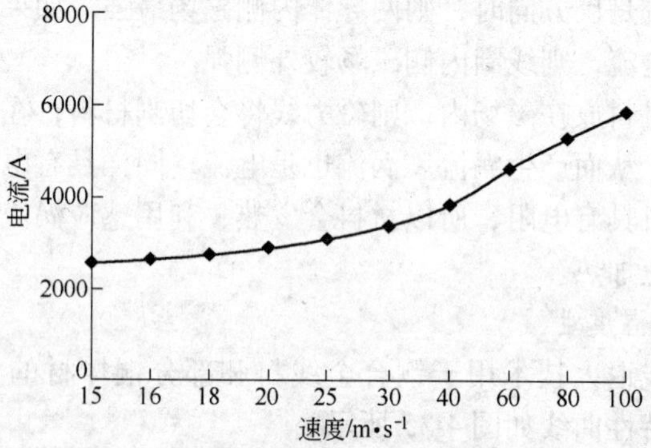

图 4-37　部分棒材“速度-电流”曲线

C　工艺参数设计的原则和方法

在线感应退火的目的是材料通过再结晶退火过程获得合适的力学、理化性能，满足后道工序的再加工需求。

在线感应退火工艺参数设计的原则是：

(1) 作为中间在线退火工艺，通过对设备（机械、电气设施）、工艺参数（速度、电流、功率等）的调整，使材料能够在退火过程中获得均匀加热，退火后得到均匀的金相组织，这是退火工艺的基本原则；

(2) 对于材料工序中间退火，退火后状态和性能适合于后道工序设备的系统和能力要求，这是根本的要求；

(3) 对于部分铜棒、合金线材后续再加工而言，经过对热处理工艺参数和合金化学成分的调整，达到适合于后道工序加工和客户使用的性能要求。

(4) 根据金属材料性能对设备、工艺参数进行修正。

900kW 在线感应退火系统工艺数据见表 4-19。

表 4-19 900kW 在线感应退火系统工艺数据

速度/$m \cdot s^{-1}$	退火温度/℃	加热能力/$kg \cdot h^{-1}$	能耗/$kW \cdot h \cdot t^{-1}$	感应线圈能力
300	700	1764	230	可以适合 ϕ8.0mm 及以下规格的铜线
300	700	2386	198	
300	700	2098	217	

4.6.2.2 工艺流程和系统的设计

A 工艺流程

铜及铜合金棒、线材的在线感应退火系统代替了传统的钟罩和辊底式中间退火工艺，不仅免去了再次成卷操作，同时也节省了设备投资和运行成本。图 4-38 为采用在线感应退火系统工艺流程图。

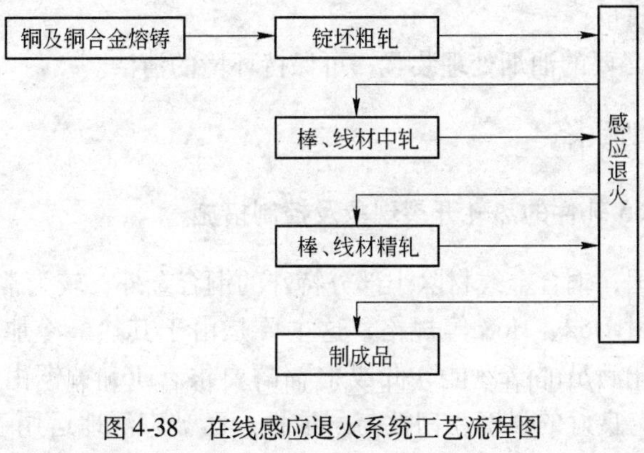

图 4-38 在线感应退火系统工艺流程图

筐对筐形式在线感应退火设备结构见图 4-39。

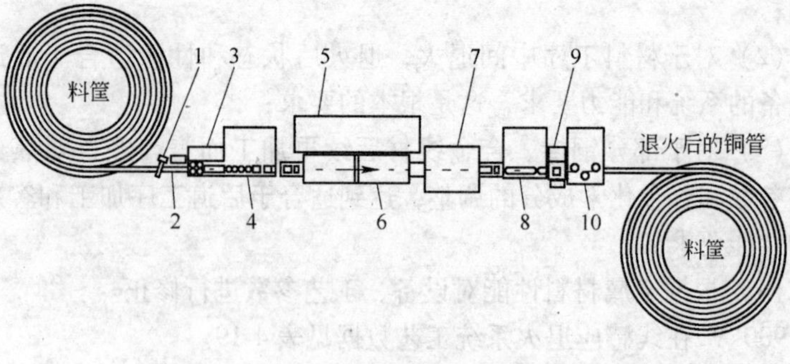

图 4-39 筐对筐形式在线感应退火设备结构

1—导向轮；2—夹送辊；3—水平矫直；4—清洗装置；5—感应线圈；6—保温腔；7—冷却腔；8—张紧装置；9—润滑装置；10—支撑轮

B 设备的配置和维护

在线感应退火系统除感应电源、清洗和润滑系统等必要的配置外，还需要有洁净的冷却水源、干燥的压缩空气和保护性气体源。

在线感应退火系统的正常运行是与完善的维护体系分不开的：

(1) 感应线圈部位良好的绝缘维护可确保电子元件免于被损坏；

(2) 完善的设备控制系统和保护能力，可使整个系统运行处于协调的状态，避免材料熔断、氧化等现象的发生；

(3) 设备的清洁和清理处于受控状态，可避免因成品表面被污染而影响质量；

(4) 必要的油烟处理装置，可保持环境的清洁。

4.7 轧制缺陷

4.7.1 H65 轧件的热轧开裂现象及控制措施

在我国，铜合金线材除小部分特殊的铜合金外，较为常用的是高锌黄铜线材 H62、H68 等规格，这主要是由于其热、冷加工性能较好，产品能满足“高性能、低成本”的要求。H65 黄铜由于具有美丽的色泽，良好的强度、韧性与耐蚀性，已被广泛地运用于各领域，市场的需求量不断增加。

众所周知，生产过程中引起黄铜一类合金锭坯热轧开裂的因素比较多，如低熔点杂质（Pb、Bi）含量过大、加热温度过高或不均匀、压下量过大等，都可能导致锭坯表面或边部开裂，且裂纹形式多样。

H65 黄铜线材热轧时易产生开裂现象，在铜合金中具有一定的代表性。

4.7.1.1 热轧开裂的表现形式与规律

热轧开裂的规律与现象见表 4-20。

表 4-20 热轧开裂的规律与现象

规 律	现 象
一般在工艺控制不当的情况下（轧制道次多、速度低、加热时间短、轧件温度低），热轧开裂现象比较多	裂边，常出现在开坯阶段或粗轧阶段。开裂常出现在轧制的宽展面，并可见局部或区域性的分布横向裂纹
大多发生在中轧或精轧道次	轧件表面出现纤维状裂纹，深度不明
在 770 ~ 800℃温度范围内轧制	裂纹易出现于存在附加拉应力的边部及边部区域

4.7.1.2 锭坯热轧开裂原因分析

锭坯热轧时，边部区域特别是侧面（轧件不与轧辊接触区域或轧件的宽展区域）易于散热，温度降低会比中部区域大，从而使两个区域延伸变形能力不一致，边部会存在较强的纵向附加拉应力作用，常使一些塑性不好的合金在热轧时出现裂边。但它可以通过改善工艺条件得以消除，故以上原因只是一个客观因素。

由铜-锌合金相图可知：H65 黄铜在室温下的平衡组织为 α 相，而在高温下为 α + β 相，即随温度降低，存在 α + β→α 组织的转变过程，以致在不同温度条件下会存在 α 与 β 相的组织比例不同。经大量试验证明：只有 β 相的体积比大于 20% 或小于 5% 时，才能保证 H65 的高温塑性。这是因为 β 相的高温塑性好，而 α 相的高温塑性差，当 β 相的体积比超过 20% 时，它能呈现连续网状分布，有利于连续滑移变形，不形成微裂纹；反之，当β相的体积比小于5%时，β相之间的间距大，又不会因其易滑移变形、晶界错位堆积形成较大的局部应力集中而使α相基体致裂，进而在附加拉应力作用下形成宏观开裂。

由此可见，H65热轧边裂现象与其内部相组织结构变化密切相关，而这种变化又与温度变化紧密相关，故得出“H65黄铜大多在770～800℃热轧时开裂”的结论。

4.7.1.3　防止措施

由于H65锭坯热轧开裂关系到产品质量、成品率与经济效益等，必须采取有效措施加以控制（见表4-21）。

表4-21　热轧开裂控制措施

措　施	方　法
调节成分	用提高铜含量（质量分数为67%～67.8%）的办法来避免，但此方法在成本方面损失较大，厂家接受程度值得探讨
控制热轧工艺	作为“块式法”热轧可采取“高温、快速、低冷却”措施，即尽量提高加热、热轧温度；强化热轧规程，减少轧制道次，或提高轧制速度，缩短轧制周期，适当减弱冷却强度，以减小锭坯热轧时的温降。力求保证热轧温度能在800℃以上完成或保证终轧温度不低于700℃
添加微量合金元素	借以改变H65高温下α与β相体积比及β相的形状。研究表明，添加0.07%（质量分数）的稀土元素铈，可使600℃时的α与β的比值由70∶30变为55∶45，且使β相呈球状；加入0.52%～0.54%（质量分数）铝或加入0.23%～0.24%（质量分数）硅均能使β相体积比从0～20%提高到20%～60%，使其高温塑性得到明显提高

4.7.2　部分轧制缺陷、影响因素及防止方法

铜及铜合金棒材部分轧制缺陷、产生原因、影响因素及防止方法见表4-22。

表 4-22 棒、型材轧制缺陷、产生原因、影响因素及防止方法

序号	轧制缺陷	产生原因	影响因素	防止方法
1	耳 子	1. 上道次料尺寸大； 2. 本道次压下量大； 3. 料温过低； 4. 上、下轧辊错位； 5. 轧辊表面粗糙； 6. 导位与轧辊不对中； 7. 导板松动； 8. 导板前后或高或低； 9. 导板与轧辊轴线不垂直； 10. 来料温度不均	1. 连续加工生产，折叠包层，拉拔时产生毛刺和斑痕； 2. 严重的耳子会造成挤线缠辊事故	1. 调整上道次轧辊压下量； 2. 调整本道次轧辊压下量； 3. 提高料温； 4. 检查轴瓦，进行调整； 5. 更换轧辊； 6. 调整导位装置； 7. 减小导板间隙； 8. 调整导板位置； 9. 调整垂直； 10. 控制好料温
2	轧 裂	1. 料温过低； 2. 中间操作太慢； 3. 轧件局部浸水	1. HPb59-1 连续轧制会碎裂； 2. H68 会劈头	1. 控制好料温； 2. 提高操作速度； 3. 避免轧件浸水
3	挤 线	1. 进料不正； 2. 轧件有双耳子； 3. 导位松动脱离原位	1. 易造成设备和人身事故； 2. 停车处理影响生产	1. 正确进料； 2. 消除耳子； 3. 稳固导位装置
4	不咬入	1. 毛料尺寸过大； 2. 孔型调整过小； 3. 导板安装过窄； 4. 料温过高； 5. 料头劈开打钩； 6. 新孔型或孔型有油	1. 造成事故； 2. 影响生产，增加废品	1. 控制毛坯； 2. 调整辊缝； 3. 导板放宽； 4. 降低料温； 5. 去除料头； 6. 孔型不要沾油
5	成品表面质量不合格	1. 轧制中有耳子产生； 2. 表面斑痕； 3. 划伤	拉制时表面起刺、起皮	1. 控制好轧件形状； 2. 防止划伤
6	成品公差不合格	1. 成品孔型辊缝过大； 2. 孔型磨损过大； 3. 进料局部降温过大	1. 拉伸困难； 2. 力学性能不稳定	1. 调整好辊缝； 2. 及时更换孔型； 3. 避免轧件温降过大或局部降温
7	上下弯曲	1. 向粗糙面弯曲 2. 向辊径小的方面弯曲 3. 出口托板过低 4. 向料的低温面弯曲	1. 易造成设备和人身事故； 2. 影响生产	1. 将粗糙面抛光； 2. 改进设计； 3. 提高托板； 4. 料温要均匀

常见的铜及铜合金线材轧制质量缺陷、产生原因及防止措施见表4-23。

表4-23 常见的铜及铜合金线材轧制质量缺陷、产生原因及防止措施

质量缺陷	产生原因和防止措施	
10×10扭转后严重的或变化无常的扭曲以至于断裂	轧件出现后滑或前滑现象	轧机各机架的辊缝调整
线材表面存在氧化皮、裂纹	轧件开裂	调整辊缝、检测铜液的化学成分、乳化油浓度等
	轧辊损坏	检查或更换轧辊、乳化油浓度等
10×10扭转后连续或近似连续的接缝	铜杆表面被刮伤	检查并调整导槽、导位、导轮
	轧件打滑	乳化油含量偏高，轧制辊缝失调
	轧制孔型过充满	轧制辊缝失调
表面氧化层过高	清洗效果不佳、表面被氧化	轧辊磨损严重
		清洗、还原系统发生故障，出轧温度低
		出线温度过高，存放时间长
线材坯表面三角裂口	轧制过程中开裂	调整好轧机整体的轧制延伸系数
		个别轧机机架的轧制辊缝偏差严重，调整单个道次的压下量（辊缝）

其他方面的产品轧制缺陷还有飞边压入、划伤和金属压入等。

4.7.2.1 飞边压入

飞边压入是材料轧制过程中所特有的一种缺陷，它对产品质量影响很大，特别是给一些表面质量要求较高的精密棒材以及线材后续拉拔加工都带来严重的质量隐患。其主要特征是：通常具有明显的对称性，有时也呈非对称性，缺陷呈薄的片状，与基体分层或部分相连；在后续的加工（去应力退火、拉拔）中将明显突起，即折叠、翘皮。

飞边压入简图见图4-40。

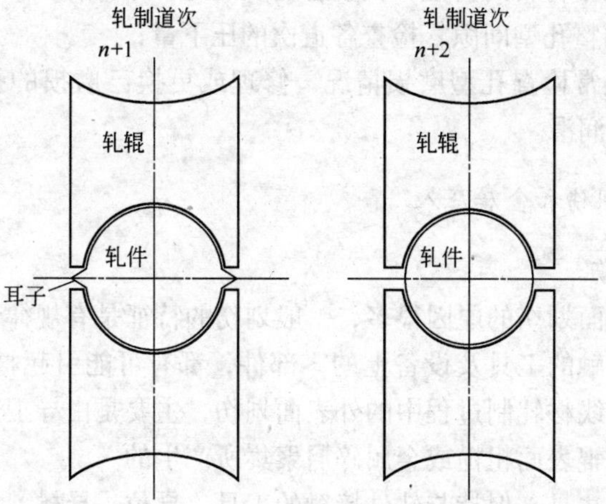

图4-40 飞边压入简图

A 产生机理

这种缺陷产生的机理是：轧制时孔型或压下量配置不合理，导致金属产生宽展，金属流入上、下孔型的间隙里，在变形锥体的金属表面上，形成翅膀一样的金属突起，即“耳子”。并被下道次的轧辊将这些“耳子”压入金属表面上，从而形成与轧制变形方式密切相关的飞边压入缺陷。

B 产生原因

产生飞边压入缺陷的原因有：

(1) 某道次的变形量过大或变形量不稳定，超出孔型所能包容的金属宽展量；

(2) 孔型系的延伸系数配置不合理；

(3) 孔型尺寸设计不当；

(5) 轧件温度过低，轧制抗力较大，导致轧制孔型不充满；

(6) 孔型局部严重磨损，导致金属压下量增大。

C 消除方法

消除方法有：

（1）正确设计轧制孔型，使之能相互匹配；

（2）根据材料的特性，调整各道次的延伸系数；

（3）调整孔型间隙，检查各道次的压下量；

（4）经常检查孔型磨损情况，修理或更换已磨损的孔型，加强内、外表面润滑。

4.7.2.2 划伤和金属压入

A 划伤

材料表面划伤的原因很多，一般划伤的特征是有规律性的。凡是与轧件有接触的工具及设备上的零部件，都有可能引起材料的划伤。对于棒材、线材轧制过程中的外表面划伤，主要是由导卫偏移、工装变形、夹送辊表面粗糙或金属碎屑聚集所产生的。

消除办法是：保持与轧件接触的工具、导位、导槽、夹送辊表面清洁，除去毛刺及粘有的金属。

B 金属压入

这种缺陷是由轧件外表面清理不干净、乳液太脏、轧辊表面粘铜、轧件运行通道内金属碎屑聚集或孔型磨损剥落金属异物粘到坯料上而造成的。

消除办法是：认真清理管坯内、外表面，更换清洁乳液，清理和磨光轧辊孔型表面。

5 铜及铜合金棒、线材挤压技术

5.1 挤压原理

所谓挤压，就是将加热后的金属坯锭放入挤压筒中，靠压力作用迫使金属从模孔中流出而产生直径减缩、长度伸长的塑性变形。

5.1.1 挤压技术应用范围

有色金属挤压技术在金属加工领域，是一个复杂的技术课题，涉及金属压力加工、挤压原理、机械传动、流体力学、液压控制、电气控制（包含计算机控制）等各项专业技术。

自然，金属挤压加工技术，要随各项相关专业技术的进步而不断发展和进步。这一工业领域技术的发展既得益于其他科技、工业领域，反之，也会促进其他科技和工业领域的发展。如电子技术的发展、计算机的应用和普及，促进了挤压设备控制系统的高度自动化、提高了挤压机速度闭环控制的精度，进一步满足了挤压工艺的要求；而金属挤压加工技术的发展，也促进了车辆、船舶制造业、航空、航天、建筑、精密电子等新材料的大量应用。

金属挤压加工技术的进一步发展,将主要取决于金属加工理论的研究、新工艺、新设备的开发以及有效地移植现代科学技术的成果。

挤压与轧制、拉拔都属于压力加工的范畴，挤压技术适合于铜棒材的加工，而在铜线材生产领域应用较少。

5.1.2 挤压分类及其优缺点

5.1.2.1 挤压机分类

挤压机的种类很多，图 5-1 所示为挤压机常用分类方法。

- 挤压机分类
  - 按挤压制品分
    - 棒材型材挤压机
    - 管材挤压机
  - 按挤压工作轴线分
    - 立式挤压机
    - 卧式挤压机
  - 按结构分
    - 不带独立穿孔的挤压机
    - 带独立穿孔的挤压机
      - 穿孔针侧置式
      - 穿孔针内置式
      - 穿孔针后置式
  - 按传动介质分
    - 水压机
    - 油压机
    - 机械传动挤压机
  - 按工艺要求分
    - 正向挤压机
    - 反向挤压机
    - 水封挤压机

图 5-1　挤压机常用分类方法

5.1.2.2　挤压方法

各种挤压方法的图例和说明见表 5-1。

表 5-1　各种挤压方法的图例和说明

挤压方法图示	说　明
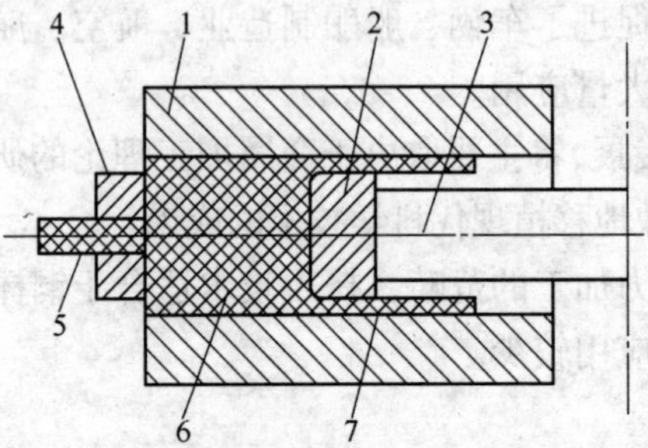 正向脱皮挤压棒、型材 1—挤压筒；2—挤压垫片；3—挤压轴； 4—挤压模；5—制品棒；6—锭坯；7—脱皮	1. 采用脱皮挤压可以防止锭坯表面缺陷，随金属流动挤压到制品中去； 2. 改善挤压制品表面质量，减少挤压缩尾，使挤压残料量减少 8% ~12%； 3. 采用直径比挤压筒内径小 1 ~3mm 的挤压垫片； 4. 每次挤压后必须将残留在挤压筒内的脱皮清理干净； 5. 易形成挤压缩尾的合金，如青铜和一些黄铜采用脱皮挤压； 6. 保证脱皮的完整性，主要取决于脱皮挤压垫片的形状，挤压机的中心位置，垫片与挤压筒之间的间隙和金属的某些性质； 7. 脱皮挤压时,垫片与挤压筒之间的间隙不能过大,否则由于金属流入间隙的阻力减小,将造成金属在间隙处挤出(反流)

续表 5-1

挤压方法图示	说　明
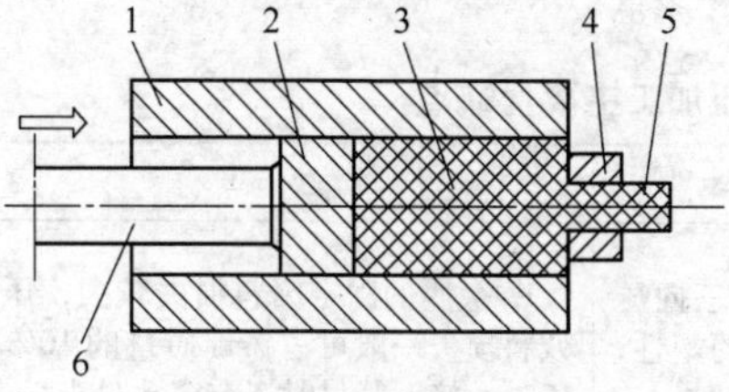 正向不脱皮挤压棒、型材 1—挤压筒；2—挤压垫片；3—锭坯； 4—挤压模；5—挤压棒材；6—挤压轴	1. 对锭坯表面质量要求高； 2. 挤压机的生产效率高； 3. 挤压时要保证挤压筒内干净、光滑； 4. 对难挤压合金和黏性很大的合金可采用不脱皮挤压； 5. 挤压型材和多孔模挤压时，选择合适的模孔位置，使金属流动尽量保持均匀和对称性，避免产生挤压制品扭曲、波浪、裂边等质量缺陷
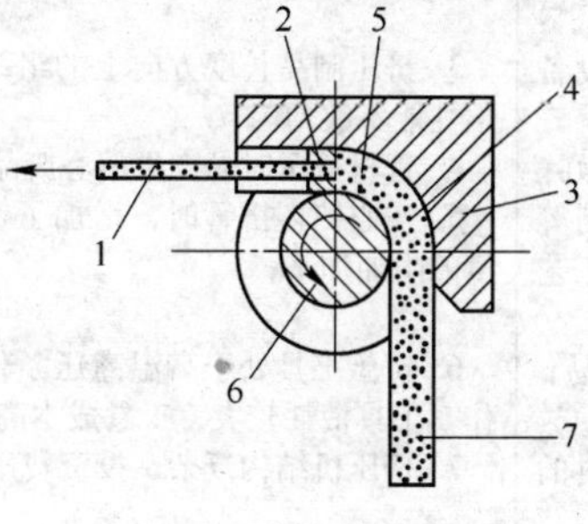 Conform 连续挤压 1—制品；2—模子；3—导向块；4—初始咬入区； 5—挤压区；6—槽轮；7—坯料	1. 连续挤压时，挤压制品靠挤压轮转动与坯料间产生的摩擦，将坯料挤出模具； 2. 除了可用实体金属挤压外，还可以用棒料、粉料、熔态料、切削或废料作为原料进行挤压； 3. 可产生棒、型、线材，更适合于小断面的盘卷制品； 4. 金属的塑性流动是靠摩擦力和摩擦力产生的温升作用引起的； 5. 对铜的温升可达 400 ~ 500℃； 6. 挤压制品成品率高
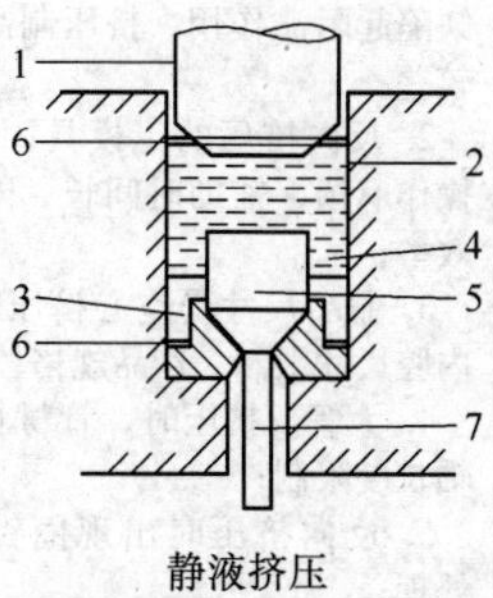 静液挤压 1—挤压轴;2—挤压筒;3—挤压模; 4—高压液体;5—锭坯; 6—密封环；7—挤压制品	1. 挤压时挤压筒内通过高压液体将锭坯挤出模孔形成制品，压力不小于 1500MPa。高压液体的压力可直接用增压器或用挤压轴压缩挤压筒内的液体来建立； 2. 静液挤压一般在常温下进行，如果需要也可在高温下进行挤压； 3. 挤压力小，可采用大挤压比； 4. 可生产断面复杂的型材和复合材料； 5. 挤压制品尺寸精度高，表面质量好和性能均匀

5.1.2.3 挤压加工的特点

挤压加工的主要优缺点见表5-2。

表5-2 挤压加工主要优缺点

加工方法	优 点	缺 点
正向挤压加工	1. 具有比轧制更为强烈的三向压应力，金属可以发挥其最大的塑性，如纯铜的挤压比可达400； 2. 可以在一台设备上生产形状简单的棒、型、线材，也可以生产断面复杂的挤压产品； 3. 具有较大的灵活性，一台设备可以生产出多个品种和规格产品； 4. 挤压产品尺寸精确、表面质量好； 5. 相对于穿孔轧制、孔型轧制等一些生产管材的方法，挤压加工工艺流程简单； 6. 实现生产过程自动化比较容易； 7. 挤压变形可以改善金属材料的组织，提高其力学性能； 8. 采用水封挤压产品，表面无氧化，产品晶粒度细小，提高其塑性	1. 金属的固定废料损失较大，压余残料损失一般可占铸锭质量的10%～15%，挤压管材时还有穿孔料头损失，切头切尾损失，脱皮挤压时还有脱皮残料损失，挤压成品率低； 2. 挤压时锭坯长度受限制； 3. 挤压制品长度方向上的组织和力学性能不够均匀； 4. 管材挤压时易产生偏心废品； 5. 空心锭坯挤管时，增加了锭坯大量的附加加工； 6. 挤压工具处于高温高压条件下工作，工具消耗较大，工具成本高； 7. 挤压机结构复杂，投资费用大； 8. 生产效率低
反向挤压加工	1. 锭坯在挤压筒内与挤压筒之间基本没有相对滑动，反向挤压力比正向挤压力小； 2. 金属流动比较均匀，挤压残料（压余）可少留，成品率高； 3. 金属流动比较均匀，挤压制品组织和性能较均匀； 4. 所需的挤压力与锭坯长度无关，可采用长锭坯挤压制品； 5. 锭坯和挤压筒之间不产生摩擦热，所以变形热小，可以提高挤压速度； 6. 挤压筒和模具的磨损小，使用寿命长，挤压工具成本低	1. 死区小，难以对锭坯表面杂质和缺陷起阻滞作用，挤压制品表面质量较差； 2. 反向挤压的工模具固定较复杂，操作麻烦，辅助时间长，降低了生产效率； 3. 制品尺寸受空心挤压轴（模轴）内腔尺寸限制，产品规格较少； 4. 大管反挤压时，管材长度受挤压轴长度限制； 5. 反向挤压时出现闷锭事故不好处理； 6. 采用专用反向挤压机投资费用大

续表 5-2

加工方法	优 点	缺 点
Conform 连续挤压加工	1. 可以实现真正意义上的无间断、连续挤压生产，减少非生产时间，提高生产效率； 2. 挤压轮转动与坯料间产生的摩擦大部分得到有效利用，挤压变形能耗大大降低； 3. 可节省热挤压过程中锭坯的加热工序、加热所用的设备投资； 4. 生产成本和能耗低； 5. 减少了挤压压余，切头切尾等几何损失，成品率高； 6. 挤压制品沿长度方向组织和性能均匀； 7. 设备紧凑，占地面积小，投资费用较低	1. 挤压槽轮表面，导向块、模子等处于高温摩擦状态，因而对工模具材料的耐磨、耐热性要求高； 2. 对坯料预处理要求高； 3. Conform 连续挤压法，一般用于小断面的盘卷生产，生产大断面的产品时，产量远低于常规挤压法； 4. Conform 连续挤压法的特点限制了生产高精度的产品； 5. 工模具更换比常规挤压机困难； 6. 对设备液压系统，密封和控制系统要求高
静液挤压加工	1. 锭坯与挤压筒没有直接接触，无摩擦，模子的润滑条件好，所以金属流动均匀，挤压制品的组织性能在断面和长度上都很均匀； 2. 挤压力小，一般比正向挤压力小 20% ~ 40%，可采用大挤压比，一般挤压比可达 400 以上； 3. 可采用长锭坯及连续挤压线材，并可实现高速挤压，制品表面粗糙度较低； 4. 可挤压断面复杂的型材和复合材料，并可挤压高强度、高熔点和低塑性的金属材料	1. 需要进行锭坯的预先加工，降低了挤压成材率； 2. 挤压筒和挤压轴在工作时承受很高的压力，材料的选择和结构的设计应考虑如何保证其强度问题； 3. 高压液体的选择和高压液体的密封等问题

A 优点

生产棒、型材以及线坯的挤压方法与其他压力加工方法（如棒、型材轧制和连铸）相比具有以下优点：

（1）具有比轧制更为强烈的三向压应力状态图，金属可以发挥其最大的塑性。因此可以加工用轧制或锻造加工有困难甚至无法加工的金属材料。

(2) 挤压法不仅可以在一台设备上生产形状简单的棒和型材，而且还可以生产断面极其复杂的，以及变断面的型材。

(3) 具有极大的灵活性。在同一台设备上能够生产出很多的产品品种和规格。挤压法非常适合生产小批量、多品种和多规格的产品。

(4) 产品尺寸精确，表面质量高。热挤压制品的精确度和表面粗糙度介于热轧与冷轧、冷拔或机械加工之间。其尺寸偏差为名义尺寸的 +0.5%，制品的表面粗糙度 *Ra* 可达 1.6 ~ 2.5μm。

(5) 实现生产过程自动化和封闭化比较容易。

B　缺点

挤压法存在以下一些缺点：

(1) 金属的固定废料损失较大。在挤压终了时要留占锭坯质量的 8% ~ 12% 压余量。此外，正挤压时的锭坯长度受到一定的限制，一般锭长与直径比不超过 3 ~ 4。不能通过增大锭坯长度来减少固定的压余损失，故成品率较低。

(2) 加工速度低。挤压时的一次变形量和金属与工具间的摩擦都很大，而且塑性变形区又完全被挤压筒所封闭，使金属在变形区内的温度升高，从而有可能达到某些合金的脆性区温度，会引起挤压制品内部出现裂纹或开裂而成为废品，故金属流出的速度受到一定的限制。此外，在一个挤压周期中，由于有较多的辅助工序，占用时间较长，生产率比轧制时的低。

(3) 沿长度和断面上制品的组织和性能不够均匀。这是挤压时锭坯内外层和前后端变形不均匀所产生的。

(4) 工具消耗较大。挤压法的突出特点就是工作应力高，可达到金属变形抗力的 10 倍。挤压垫上的压力平均为 400 ~ 800MPa，有时可达 1000MPa 或更高。此外，在高温和高摩擦的作用下，使得挤压工具的使用寿命比轧辊的寿命低得多。

5.1.2.4　挤压加工适用范围

挤压加工适用范围见表 5-3。

表 5-3 挤压加工适用范围

适用范围	挤压加工种类	主要用途说明
建筑五金	棒、型材	用于门、窗、扶手、五金配管、五金装饰、建筑材料。 一般使用紫、黄铜棒。 具有耐腐蚀性、可成形性、杀菌性能、审美效果
电力、电子工业	棒、型材异形材	各种类型导体、电力机车用材，微波通信、大型电子管、母线，一般使用无氧铜。 冷热加工性能优良，导电性能好，传热
交通运输	棒、型材（异形截面）	用于电动车辆、船舰、航天、汽车等。 一般使用铜及黄铜。 具有耐腐蚀、传热、电性能等
工业用阀件、管件	棒、型材	用于各种泵阀、垫片、阀芯等。 一般使用铜、黄铜、青铜挤棒。 具有耐磨、耐腐蚀、可机加工性等
其他方面	棒、型、线坯	用于各种切削、成形管、棒材，各种挤制棒、型、线坯材料等。 铜及铜合金具有良好的导热性、抗腐蚀性、易切削加工性、可成形性等。 挤压加工在经济建设中占有十分重要的地位。挤压加工方法也可用于其他有色金属加工

从表中可知，挤压法非常适合生产品种、规格和批数繁多的有色金属棒、型材以及线坯等。在生产复杂断面、脆性的有色金属棒材、线材、异形材等方面，挤压法是唯一可行的压力加工方法。

影响挤压力的因素见表 5-4。

表 5-4 影响挤压力的各种因素的图例和说明

影响因素	挤压力变化	说 明
金属的变形程度	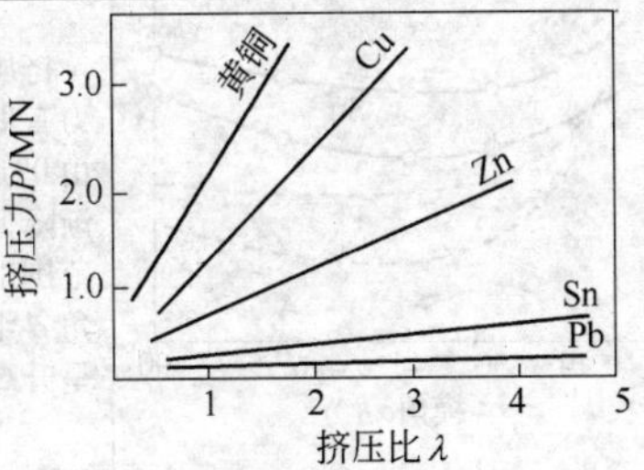 变形程度对挤压力的影响	挤压力随变形程度增大而升高

续表 5-4

影响因素	挤压力变化	说　明
加工率	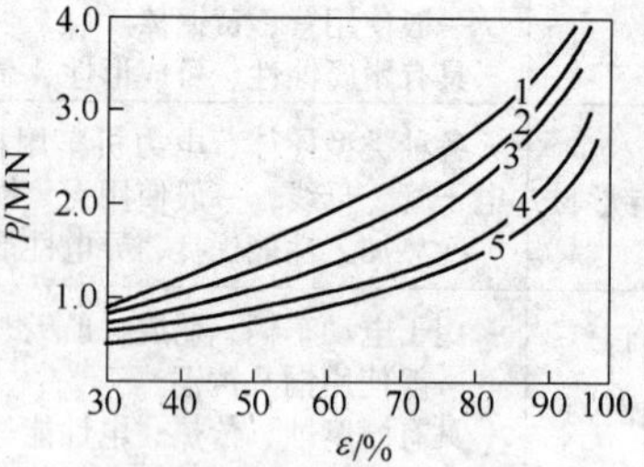 1—QSn4-0.3；2—B30； 3—H96；4—紫铜；5—H62	挤压力随着加工率增加而增加
挤压工具摩擦	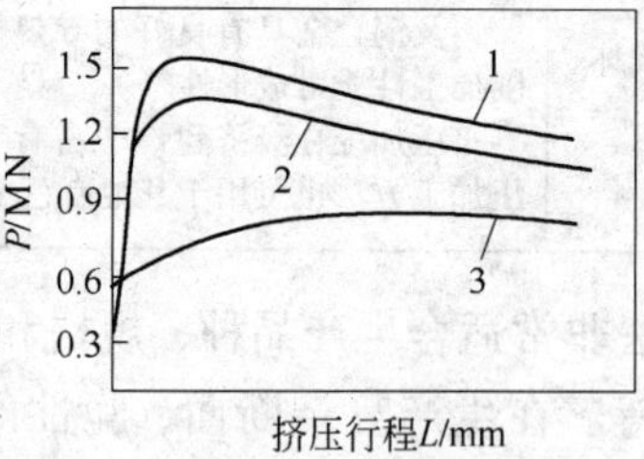 1—粗糙面；2—光滑面； 3—光滑面并润滑	金属与挤压筒内衬、挤压模具表面之间的摩擦阻力增加，挤压力增加
挤压模角	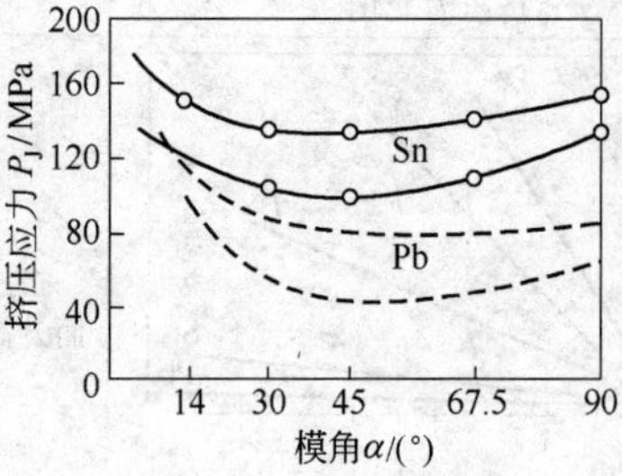	挤压模的模角 α 对挤压力有明显影响，随模角 α 由0°逐渐增大，挤压力逐渐降低。当 α 在45°～60°范围时，挤压力最小，模角 α 继续增大时，挤压力呈升高趋势

续表 5-4

影响因素	挤压力变化	说 明
挤压温度	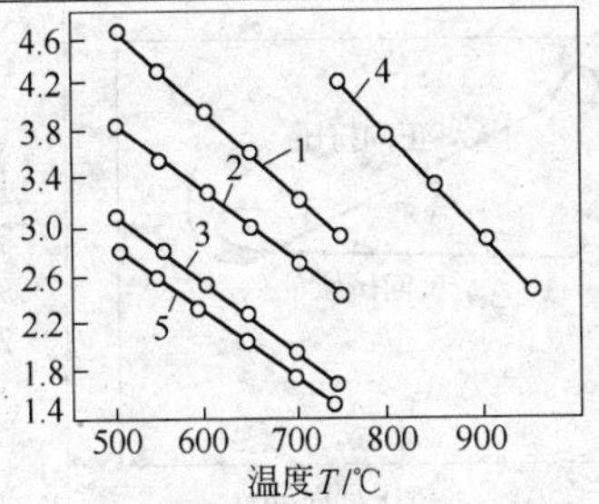 1—QSn4-0.3；2—H96；3—紫铜； 4—B30；5—H62	随着挤压温度升高，金属变形抗力下降，所需挤压力下降
挤压速度	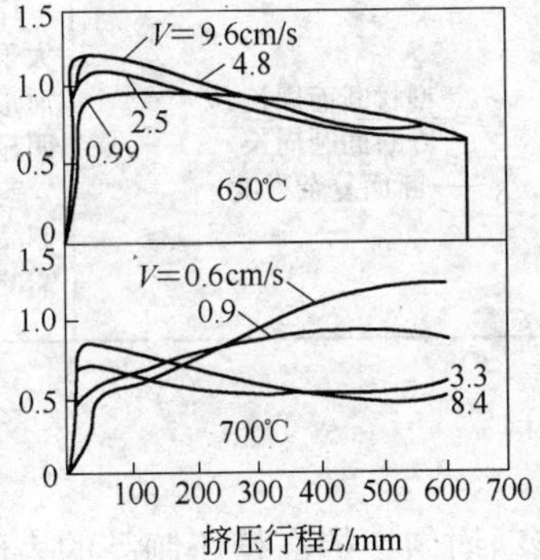 挤压黄铜棒时，挤压速度 对挤压力的影响	1. 挤压前阶段,挤压速度高,挤压力大。 2. 随挤压继续进行,锭坯冷却较慢,变形区温度可能提高,挤压力逐渐降低。 3. 挤压后阶段，挤压速度慢时，锭坯温度降低，变形抗力升高，挤压力反而升高
挤压锭坯长度	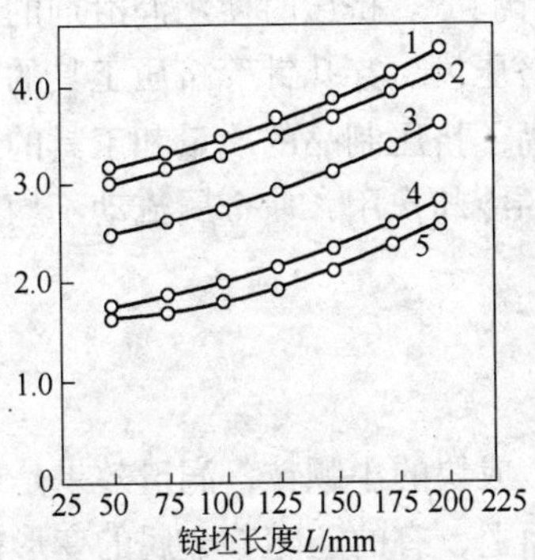 1—QSn4-0.3；2—B30； 3—H96；4—T2～T4；5—H62	1. 正向挤压时，锭坯与挤压筒内衬之间存在摩擦阻力，挤压力随锭坯长度增长而增大。 2. 反向挤压时，锭坯与挤压筒内衬之间无相对滑动，挤压力与坯料长度无关

续表 5-4

影响因素	挤压力变化	说　明
挤压方法	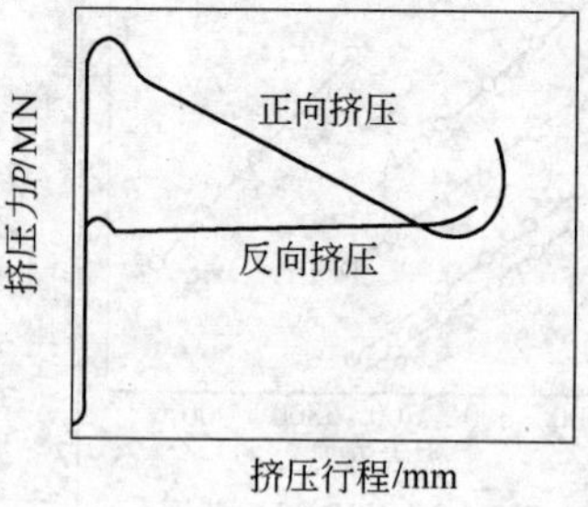	1. 反向挤压比同等条件下正向挤压所需挤压力低30%～40%。 2. 静液挤压、连续挤压比正向挤压所需挤压力低
挤压制品断面形状	$g=\frac{\text{型材断面周长}}{\text{等断面圆周长}}$ g——断面复杂程度	1. 当断面复杂程度系数大于1.5时，挤压制品断面形状对挤压力影响较明显。 2. 在挤压变形条件下，制品断面形状越复杂，所需的挤压力越大

5.1.3　润滑与冷却

为使挤压时金属流动均匀，提高挤压制品的表面质量，改善和延长挤压工具的使用寿命以及降低挤压力，减少能量消耗，在挤压过程中，应对挤压工具进行润滑。挤压时使用润滑剂的作用是：尽可能地改善金属与挤压筒、挤压模、穿孔针等挤压工具的摩擦条件，减少表面干摩擦，这不仅提高了挤压制品的质量和工具的使用寿命，而且降低了挤压工具对金属的冷却作用，使金属流动不均匀性减少。

5.1.3.1　润滑剂特性

A　石墨润滑剂

石墨本身是成片、成块的小颗粒，润滑效果是好的，但润滑后大部分要附着在制品表面上，有的还随着金属的变形被夹带到金属内部的一定深度，石墨既不怕酸洗，又不怕火烧，产品虽然经过多道次拉伸，但在成品的表面上或一定的深度内仍有石墨的成分存在，因为它是以极小的颗粒或成片的形式存在，容易和铜管的基体形成不同电位，造成电化学腐蚀。

B 沥青润滑剂

在挤压生产中，有些工厂采用沥青作为对穿插针、垫片及挤压模的润滑剂，效果很好。沥青在常温下是固体块状，和热工具一接触，它就熔化成油状，润滑后是以元素的形式附在产品表面或者也被带入到制品表面下的一定深度，但它是以碳元素的形式存在的，不与铜金属形成不同电位，因此就不会发生电化学腐蚀。

C 玻璃润滑剂

玻璃润滑剂属于固体润滑剂，它是一种低熔点的玻璃粉，熔点（软化）点在680℃左右，高温时具有很强的黏着性，类似于软化的糖。当与高温的铸锭接触时，就从固态转变成玻璃糊，一边熔化糊状玻璃就粘在铸锭的表面上，形成一层隔热的胶体薄膜，这层薄膜，既有润滑作用，又有隔热作用，防止铸锭表面迅速冷却和氧化。

5.1.3.2 挤压润滑剂的选择

选择的条件是：

（1）对摩擦表面尽可能有最大的活性，以保证形成完整、结实的润滑层。

（2）有足够的黏度，以使润滑层有足够的厚度，随着黏度的增加，同时也会使润滑剂的活动性降低，所以黏度要适当。

（3）对挤压工具及变形金属有一定的化学稳定性，以免腐蚀工具及变形金属表面。

（4）有适当的闪点，避免在开始挤压时燃烧，降低润滑效果。

（5）燃烧后的灰分要少，减少挤压制品内外表面的污染。

（6）冷却性能好，对挤压工具有一定的冷却作用，减少金属流动不均匀性。

（7）挤压润滑剂本身产生的气体，不应对人体和环境产生有害作用，改善劳动条件。

（8）制造和使用方便，价格低廉，成本低。

5.1.3.3　挤压常用润滑剂

常用润滑剂有：

（1）大多数铜及铜合金管、棒、型材的挤压可采用45号机油加入20%～30%鳞片状石墨调制成的润滑剂。

（2）挤压白铜或青铜时，鳞片状石墨含量可增加至30%～40%。

（3）冬季为增加润滑剂的流动性，在润滑剂中可加入5%～9%的煤油，以保证润滑效果。

（4）夏季为使石墨质点处于悬浮状态，可在润滑剂中加入适量的松香。

（5）挤压高温、高强合金，如镍、铜镍合金（蒙乃尔和合金）等，可采用玻璃润滑剂，即玻璃垫、玻璃布、玻璃粉。

（6）在卧式挤压机上，也常采用石油沥青作为挤压工具的润滑剂。

（7）立式小吨位挤压机可采用轧钢机油+30%～40%的鳞片状石墨作为润滑剂，进行全润滑挤压。

5.1.3.4　对润滑剂使用的要求

挤压润滑剂要达到较好的润滑效果，除了选择好润滑剂外，还要注意使用方法必须得当。使用不当有可能起到相反的作用，造成内部夹杂，表面起泡等缺陷。因此，对润滑剂的涂抹方式、涂抹部位和涂抹量都有一定要求：

（1）穿孔针。润滑剂一定要涂抹均匀，润滑剂量要适当，不能过多，涂抹薄而均匀的一层，涂抹太多容易造成管子的内表面起泡。

（2）挤压垫。端面一般不润滑，只润滑圆柱面，涂抹不宜多，薄而均匀的一层即可。

（3）挤压模。内孔要涂抹均匀。

（4）挤压筒。一般不润滑，只要求清理干净，但挤压高温难变形的金属或合金时，为减少金属和挤压筒间的摩擦对挤压筒要进行润滑，润滑剂的涂抹要薄而均匀。

5.1.3.5 挤压过程中的冷却

对挤压工具进行冷却，可提高其使用寿命，改善挤压制品表面质量。

（1）挤压筒内壁一般采用空冷和风冷。

（2）穿孔针一般用水冷却。实心外冷式穿孔针，在挤压完成一个循环后，每次都要对针体进行水冷，冷却要均匀。空心内冷式穿孔针一般由设备自动控制，穿孔针通过内部通冷却水、吹气的工作方式来冷却。

（3）挤压模一般可用空冷、水冷和油冷。水冷却挤压模表面时，冷却要均匀，冷却完后，要清除表面黏附的氧化皮后再使用，保证挤压制品表面质量。使用横向移动和旋转式模座的挤压机，可根据情况，两个模子轮换使用，既可冷却，又可清理。

（4）挤压垫片可以空冷和水冷，也可用油冷却垫片外圆。挤压垫片实际使用中，都是几个交替使用，一般在空气中自然冷却能够满足要求。

挤压工具的冷却可防止温度过分升高,产生回火现象。挤压工具冷却时,应注意掌握冷却方法,避免引起工具的龟裂、炸裂、弯曲变形等。

5.2 正向挤压

在挤压筒中放入加热至一定温度的锭坯，挤压筒一端安置挤压模，且模子的断面上开有与所需的制品形状相一致的模孔，在挤压筒另一端插入一根直径接近于挤压筒内径的挤压杆，由挤压杆将挤压机的压力传递到金属坯锭上，迫使其从模孔中流出，获得所需要的制品，为防止和减少挤压杆的磨损，在挤压杆的前端放一挤压垫片，该垫片的直径大于挤压杆直径并略小于挤压筒内径。

详细内容参见《现代铜加工生产技术丛书——铜及铜合金挤压生产技术》。

5.3 反向挤压

正向挤压方法，应用的历史悠久，正向挤压技术已完全成熟，适于正向的挤压设备及配套辅助机构也已经相当完善。但值得注意的是反向挤压方法越来越引起专家和业内人士的重视。

详细内容参见《现代铜加工生产技术丛书——铜及铜合金挤压生产技术》。

5.4 脱皮挤压

脱皮挤压的目的在于防止锭坯在浇铸、运输存放和加热以及生产过程中产生的表面缺陷随着挤压过程流入到制品中去，从而减少挤压缩尾、制品表面缺陷等质量问题，使挤压残料减少，表面质量提高，成品率可提高15% ~20%。

生产中要保证脱皮挤压的效果，就必须保持脱皮的完整性。主要取决于挤压垫片与挤压筒之间的间隙（见图5-2）、垫片的形状与挤压筒内衬表面的磨损程度以及金属的某些性质等。间隙小，脱皮薄，锭坯表面的缺陷脱离不彻底，完整性不好。间隙大，脱皮的厚度较均匀，可一定程度地消除锭坯表面缺陷，但间隙过大易造成金属反流，出现包垫包轴的问题。

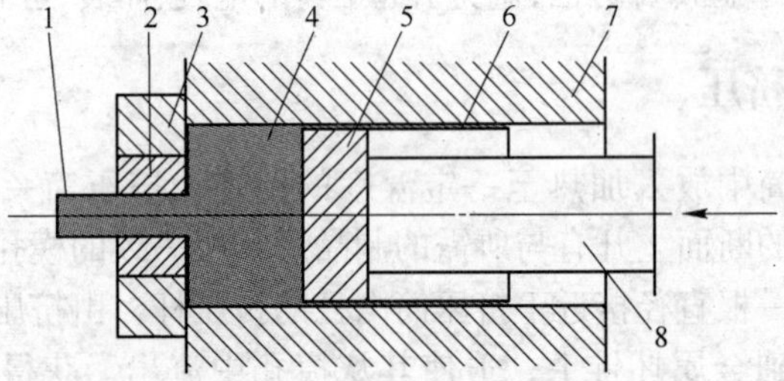

图5-2　脱皮挤压棒材示意图

1—制品；2—挤压模；3—模支承；4—锭坯；5—垫片；6—残皮；7—挤压筒；8—挤压轴

脱皮挤压中应注意以下几个问题：

（1）调整好挤压设备和挤压工具的中心线，保证脱皮挤压的完整性，也可减少挤压制品的偏心。

（2）黏性较大的金属，易黏结工具，难以形成完整的残皮，此时在金属加热温度允许的范围内尽量降低挤压温度或加强挤压垫片的冷却，以防黏结，便于形成完整的脱皮。

（3）脱皮挤压时，一般不用润滑挤压筒，以保证脱皮的完整性。

（4）挤压比大，挤压垫片边部的静压力大，容易脱皮。

（5）实际生产过程中，要经常检查挤压垫片和挤压筒内衬的磨损情况，根据尺寸大小随时调整工具，保证配合尺寸在允许的范围内。

5.5　水封挤压

近年来很多挤压机采用了水封挤压技术。其特点是在挤压过程中使制品不与空气接触，防止挤压制品在高温下与空气接触被氧化，以便减少酸洗的金属损耗，提高挤压制品内外表面质量与细化制品晶粒。对需要淬火处理的制品，当温度控制适当时，也可达到淬火的目的，缩短生产周期，节省能量消耗。

带水封装置的挤压机和水封头分别见图5-3和图5-4。

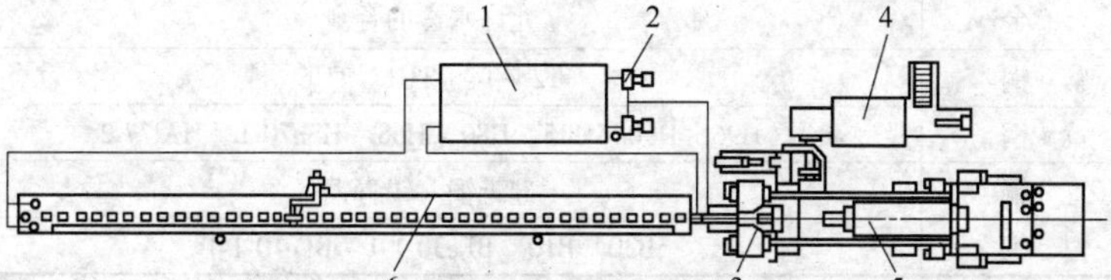

图5-3　带水封装置的挤压机示意图

1—水箱；2—泵；3—水封头；4—加热炉；5—挤压机；6—出料水槽

水封装置主要包括：水封头、出料水槽、水箱和泵，其技术具有以下特点：

（1）采用水封挤压，产品晶粒细小，抗拉强度高，延伸性能好。

（2）水封挤压技术只适用于部分铜合金（见表5-5）。

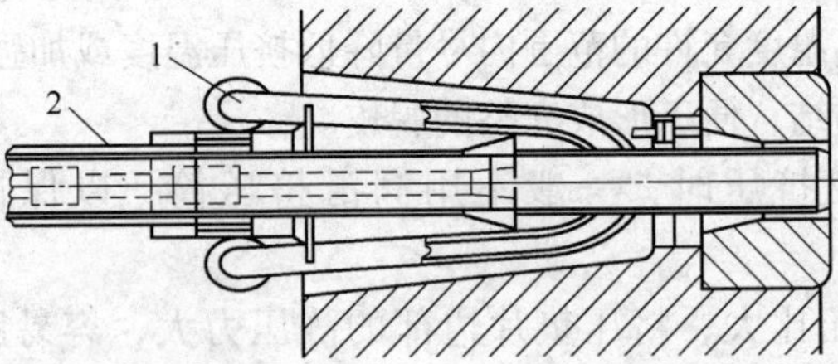

a

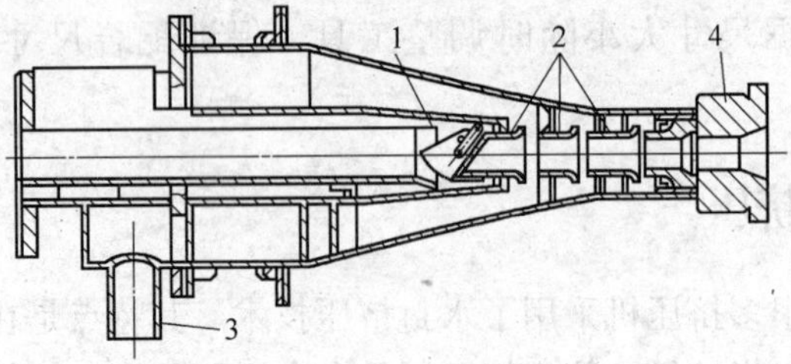

b

图 5-4　两种形式的水封头示意图

a—带水帘的水封头　　*b*—带水封挡板的水封头

1—进水口；2—套管装置　　1—水封挡板；2—导路；3—排水管路；4—模支承

表 5-5　允许水冷的合金

合　金	允许水冷的合金
紫　铜	T2 ~ T4　TU1　TUp
黄　铜	H96　H90　H85　H80　H68　HSn70-1　HAl77-2
青　铜	硅青铜　锡青铜
白　铜	B30　B10　BFe30-1-1　BFe10-1-1

5.6　铜及铜合金棒材挤压

5.6.1　材料特性

5.6.1.1　紫铜

紫铜的导热性能好，容易在高温下氧化，因此，尽量选择较低的挤压温度。

紫铜的挤压速度可采用快速挤压，金属流动速度可达 5m/s，为防止氧化皮压入制品中，挤压紫铜一般要求使用平模，生产可采用水封挤压，提高制品的表面质量。

5.6.1.2 黄铜

适合于挤压的黄铜牌号很多，其工艺性能差异也很大，根据高温变形抗力和塑性可分为：

（1）高温变形抗力大、塑性差的黄铜有H90、H80、H68、HSn70-1、HAl77-2、HNi56-3、HPb63-3等。

（2）高温变形抗力小、塑性好的黄铜有H62、HPb59-1、HSn62-1、HMn58-2、HFe59-1-1、HAl66-6-3-2等。

单向黄铜的塑性温度范围是700～850℃，而两相$\alpha+\beta$黄铜的塑性温度范围则较宽，为500～850℃。因此，α黄铜如H68可在700～825℃内挤压，而$\alpha+\beta$黄铜一般在650～850℃内挤压。

复杂黄铜中，添加元素对金属的工艺性能有一定影响。如α黄铜中加入铅和锡，使其塑性温度范围大大变窄，但是铅和锡对两相$\alpha+\beta$黄铜的塑性温度范围影响却不大。

5.6.1.3 青铜

挤压加工的青铜有铝青铜、硅青铜、锡青铜、镉青铜和铬青铜等。

铝青铜有较宽的塑性温度区间，热加工性能很好。但是，实际生产中，铝青铜的力学性能与挤压温度有一定关系，如QAl10-3-1.5，QAl10-4-4合金挤压温度低，会出现制品硬度偏高的废品，如QAl10-3-1.5、QAl9-4挤压温度偏高，会出现制品的抗拉强度偏低的废品。铝青铜对工具的黏性较大，要求挤压模必须进行很好的润滑。

锡青铜和硅青铜的高温变形抗力较高，塑性较差。挤压这类合金时，必须严格控制锭坯的加热温度和挤压速度，否则会产生挤压裂纹废品。有些企业挤压铍青铜，铍青铜在高温下塑性很好，其高温塑性区为700～780℃，但Be的含量过高（大于2.3%）时，这种合金的过热倾向严重，经常出现表面裂纹。

5.6.1.4　白铜

挤压加工的白铜和铜镍合金有 B10、B30、BFe30-1-1、BZn15～20 等。挤压这类合金时，金属的加热温度高（825～1250℃），变形抗力高，黏性大，在铜及铜合金挤压中，此类合金挤压难度较大。白铜生产中，挤压工具磨损和变形很快，选择好的工具材料，可提高挤压工具的使用寿命和保证制品的质量。

5.6.2　棒材挤压及典型工艺

5.6.2.1　工艺流程

工艺流程见图 5-5。

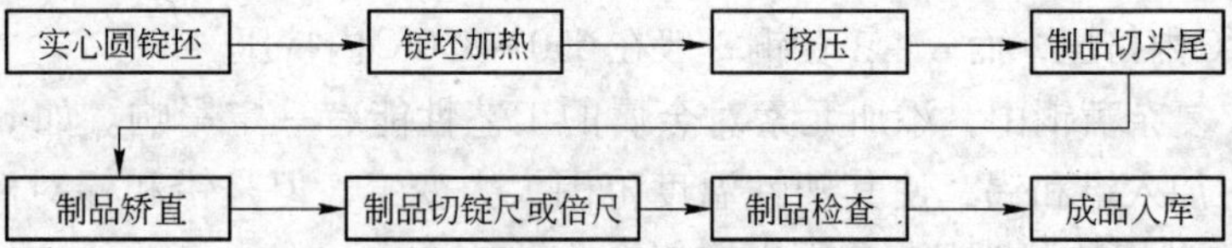

图 5-5　挤压生产工艺流程图

5.6.2.2　棒材挤压工艺参数

棒材挤压工艺参数见表 5-6 和表 5-7。

表 5-6　棒材挤压工艺（1）

<table>
<tr><th>合　金</th><th>制品规格
外径/mm</th><th>锭坯规格
（直径×长度）
/mm×mm</th><th>挤压系数
λ</th><th>制品长度
/m</th><th>备　注</th></tr>
<tr><td rowspan="6">QSn6.5-0.1；QSn6.5-0.4
QSn7-0.2；QSn8-0.4
QSn4-0.3；QSn4-3
QSi3-1；QSi1-3
QBe2.0；QBe2.5
B30；镍；BZn15-20
BMn40-1.5
NCu28-2.5-1.5</td><td>35～39</td><td>145×200</td><td>18.4～14.8</td><td>2.8～2.2</td><td>不生产锡青铜</td></tr>
<tr><td>40～70</td><td>195×200～400</td><td>25～8.15</td><td>3.8～2.7</td><td></td></tr>
<tr><td>71～90</td><td>245×300～400</td><td>12.4～7.71</td><td>2.9～2.5</td><td></td></tr>
<tr><td>91～140</td><td>295×300～400</td><td>10.9～4.6</td><td>2.6～1.5</td><td></td></tr>
<tr><td>145～190</td><td>360×300～400</td><td>6.55～3.78</td><td>1.4～1.2</td><td></td></tr>
<tr><td>190 以上</td><td>360×500</td><td>3.78 以下</td><td>1.5 以下</td><td></td></tr>
</table>

注：表中 ϕ195mm 以上锭坯限于 25MN 以上挤压机生产，ϕ360mm 锭坯不生产 N6 和 NiCu28-2.5-1.5。

表 5-7　棒材挤压工艺（2）

合　金	制品规格外径/mm	锭坯规格（直径×长度）/mm×mm	模孔数/个	挤压系数 λ	制品长度/m	备　注
Ⅰ类合金： 紫铜；H96；H90 H62；HSn62-1 HFe59-1-1 HPb59-1 HPb63-3 HAl66-6-3-2 HAl60-1-1 HMn57-3-1 HMn58-2 Ⅱ类合金： QAl9-2；QAl9-4 QAl10-3-1.5 QAl10-4-4 QAl10-5-5 Ⅲ类合金： H80；H68 HNi65-5 HSi80-3 HNi56-3； QCr0.5； QCd1.0；QZr0.2	10	145×250～350	1	225	43～65	H62、HPb59-1 线坯
	12	145×250	1	156	30	T2 线坯
	13～15	145×200	4	33.3～25	5.0～3.7	生产Ⅰ类合金
	16～18	145×250	3	29.3～23	5.5～4.4	生产Ⅰ类合金
	16～21	145×150～200	2	44～25.5	4.4～3.8	生产Ⅱ、Ⅲ类合金
	19～21	195×250	3	37.2～30.5	7.1～5.8	生产Ⅰ类合金
	22～25	195×250	2	41.3～32	7.8～6.1	生产Ⅰ类合金
	22～30	145×150～300	1	46.5～25	7.0～3.7	短锭生产Ⅲ类合金，长锭生产Ⅰ、Ⅱ类合金
	36～50	195×200～400	1	30.8～16	7.6～4.0	短锭生产Ⅲ类合金，长锭生产Ⅰ、Ⅱ类合金
	51～70	245×300～500	1	24～12.7	7.9～4.1	短锭生产Ⅲ类合金，长锭生产Ⅰ、Ⅱ类合金
	71～90	295×400～600	1	17.8～11.1	7.6～4.8	短锭生产Ⅲ类合金，长锭生产Ⅰ、Ⅱ类合金
	91～130	360×500～700	1	16.5～8.1	8.4～4.1	短锭生产Ⅲ类合金，长锭生产Ⅰ、Ⅱ类合金
	135～160	360×700	1	7.5～5.35	4.3～3.1	生产Ⅰ、Ⅱ、Ⅲ类合金
	160以上	360×800	1	5.35以下	3.7以下	生产Ⅰ、Ⅱ、Ⅲ类合金
	160以上	410×800	1	6.87以下	4.8以下	生产Ⅰ类合金

注：表中用于挤压Ⅱ、Ⅲ类合金时，ϕ245mm 以上锭坯限于 35MN 以上挤压机生产。

5.6.2.3　型材挤压工艺

由于铜及铜合金的挤压温度较高，模具工作条件恶劣，复杂断面的实心型材的成形非常困难，实际生产中的型材通常限于挤压简单断面型材。型材挤压时，挤压速度应适当慢一些。

挤压工艺见表5-8和表5-9。

表5-8 方棒、六角棒挤压工艺

合金	制品规格外径/mm	锭坯规格（直径×长度）/mm×mm	模孔/个	方棒		六角棒	
				挤压系数 λ	制品长度 /m	挤压系数 λ	制品长度 /m
紫铜 H62；HSn62-1 HPb59-1； HPb63-3 HMn58-2 HMn57-3-1 HFe59-1-1 HAl60-1-1 HAl66-6-3-2	10~11	145×200	6	29.5~24.3	4.3~3.5	34~28	4.9~4.1
	12~13	145×200	4	30.7~26.1	4.5~3.8	35.3~30.1	5.1~4.4
	14~21	145~195×200	3	30.0~23.8	4.4~3.5	34.6~27.5	5.0~4.1
	22~30	195×200~300	2	32.5~17.5	4.9~4.3	37.5~20.2	5.6~4.9
	31~50	195×200~400	1	32.7~12.6	4.9~4.3	37.7~14.6	5.6~4.9
	51~70	245~295×400	1	18.9~14.4	6.2~4.9	21.8~16.65	7.2~5.6
	75~100	360×400~500	1	19.1~10.8	6.1~4.4	22.0~12.5	7.0~5.1
	105~160	410×500~600	1	12.6~5.4	5.3~2.8	14.5~6.2	6.0~3.1

表5-9 矩形棒挤压工艺

合金	制品规格（宽×长）/mm×mm	锭坯规格（直径×长度）/mm×mm	模孔数/个	挤压系数λ	制品长度/m
紫铜 H62 HPb 59-1	5.8~8.5×6.8~13.5	145×150~200	6	74.6~25.6	3.8~7.5
	10~12×14~18	145×200~300	4	31.7~20.5	4.7~4.9
	15×25	145×300	2	23.7	5.7
	19~20×27.5~32	145×250~300	1	33.8~27.7	6.6
	25~33×42~54	195×250~400	1	30~17.7	5.7~6.0
	45×60	245×400	1	18.2	6.2
	60×80	295×500	1	14.7	6.2
	75×100	360×500	1	14.4	6.0

注：本表适用于15MN以上挤压机。

5.6.2.4 挤压温度/速度规程

在挤压过程中控制好挤压温度与速度是保证挤压制品质量，顺利完成挤压过程和提高生产效率的关键。一般在挤压机能力允许的条件下，可采用低温、高速的挤压工艺进行生产，而对变形抗力大、高温塑性差的合金必须严格遵守温度/速度规程，保证产品质量。

确定挤压速度时应考虑以下原则：

（1）根据金属塑性变形区温度范围，确定挤压金属流出速度。

（2）金属和模具间摩擦力越大，挤压时流出的速度就越慢。复杂断面比简单断面流出速度慢，润滑不好要比润滑好的流出速度慢。

（3）在保证能正常挤压的情况下，温度低时挤压速度可适当快些。

（4）同一种金属或合金，挤压时挤压加工率大的比加工率小的流出速度快。

（5）金属或合金黏着性越大，挤压速度就越慢。

5.6.3 影响金属流动的因素

影响金属流动的因素见表5-10。

表 5-10 影响金属流动的因素

影响因素	图 例	说 明
摩擦与润滑	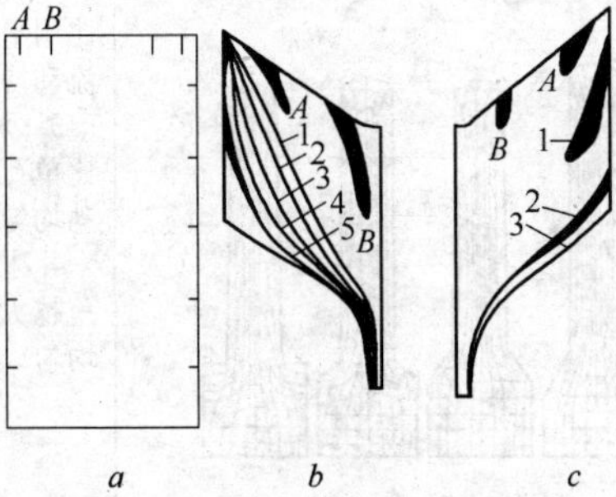 外摩擦对挤压管材时金属流动的影响 *a*—挤压前；*b*—无润滑；*c*—有润滑	1. 用表面粗糙已磨损的挤压筒内衬挤压时，金属流动不均匀； 2. 无润滑挤压时，产生很大的摩擦阻力，变形扩展很深，流动不均匀； 3. 润滑挤压时，摩擦阻力小，变形区在模子附近，金属流动较均匀； 4. 无润滑挤压的 $\alpha+\beta$ 两相黄铜和铝青铜等，金属流动最不均匀

续表 5-10

影响因素	图 例	说 明
锭坯温度与挤压筒温度	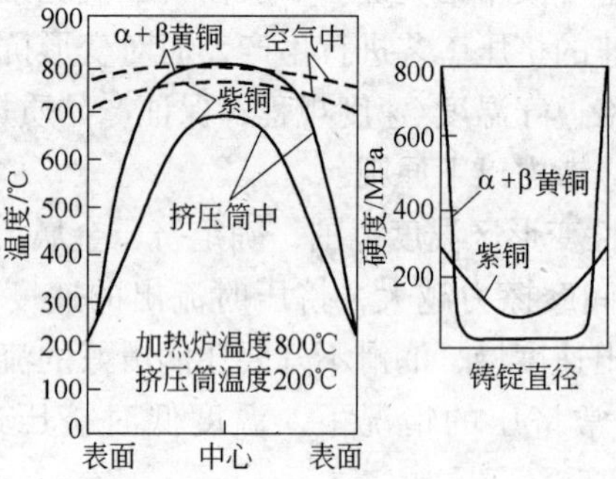 *a* *b* 紫铜与黄铜锭坯断面上温度和硬度分布 *a*—断面上温度差；*b*—断面上硬度差	1. 对多数金属，如黄铜等，随锭坯温度升高，摩擦系数增大，金属流动不均匀（纯铜则相反）； 2. 温度改变，对一些合金来说可能发生相变，影响金属流动均匀性，如 H62 黄铜、HPb59-1 黄铜等合金； 3. 挤压筒温度升高，金属流动趋于均匀； 4. 传热系数低的金属，锭坯径向上的温度分布和硬度分布很不均匀，其流动不均匀程度严重
挤压工具形状和结构	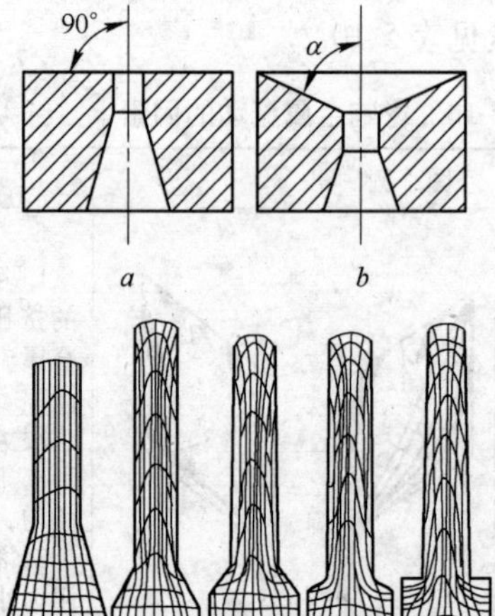 挤压比较小时模角对金属流动的影响 *a*—平模；*b*—锥模	1. 锥模挤压时要比平模挤压时金属流动均匀； 2. 用凹形垫片挤压时比用平垫片挤压时金属流动均匀一些； 3. 采用多孔模挤压，比单孔模挤压时金属流动均匀； 4. 挤压比较小时，模角越大，金属流动越不均匀

续表 5-10

影响因素	图 例	说 明
变形程度与挤压速度	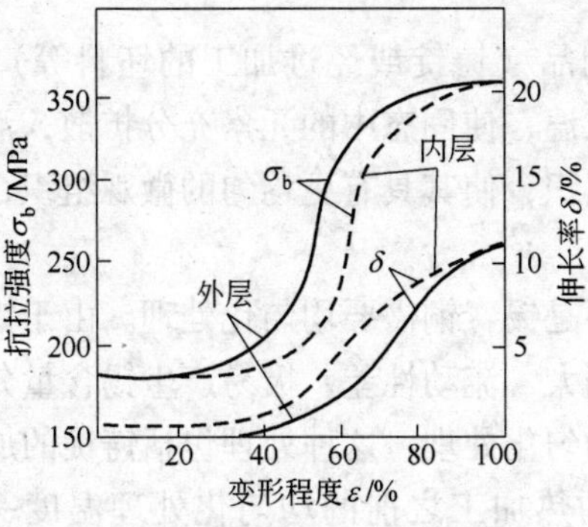 挤压制品力学性能与变形程度的关系	1. 变形程度（挤压比）增加时，锭坯中心与表层金属流动速度差增加，金属流动均匀性下降； 2. 挤压温度高，挤压速度快，金属不均匀流动越大
金属强度特性		1. 强度高的金属比强度低的金属流动均匀； 2. 合金比纯金属挤压流动均匀； 3. 一般铜、磷青铜、H96 等合金，金属流动均匀； 4. α 黄铜、H68、H80、HSn70-1、白铜、镍合金等金属，流动不均匀
挤压方法和制品形状与尺寸		1. 静液挤压法中，金属流动最均匀； 2. 反向挤压比正向挤压金属流动均匀； 3. 脱皮挤压比普通挤压金属流动均匀； 4. 棒材挤压比型材挤压时金属流动均匀

5.6.4　过程退火及加热温度的选择

5.6.4.1　均匀化处理

均匀化退火是将制品（铸锭或经过加工的坯料等）加热到一定温度，经过长时间的保温，使固态中的元素充分扩散，消除枝晶偏析和可能出现的非平衡组织，使其具有更均匀的微观组织，有利于后续的加工。

在铜合金中，主要是锡青铜需要均匀化处理。由于锡青铜在铸造过程中，结晶温度间隔大，流动性差，极易产生锡含量分布不均，因此在加工前必须采取均匀化处理，这种处理包括铸锭的加热和冷加工之间的退火。锡青铜的热加工之前的均匀化处理温度一般为 620 ~ 800℃，冷加工之间的均匀化处理温度一般为 475 ~ 675℃为宜，并且冷加工之间的均匀化退火要及时，因为冷加工后长时间放置材料会产生应力裂纹，而且制品应低温装炉，否则容易出现开裂。

5.6.4.2　热加工前的加热

热加工前的加热主要指挤压前的加热，加热温度的选择对于挤压过程的顺利与否是很重要的。因为挤压过程中，材料处于非常高的三向压应力状态，可以充分发挥材料塑性，因此经常采用较大的变形比，大变形量将提高金属在变形区中的温度。同时在挤压时，挤压温度和挤压速度二者密不可分，提高挤压速度或金属流动速度加快也会使挤压温度升高。

（1）加热温度一般是合金熔点绝对温度的 0.75 ~ 0.95 倍，可根据金属与合金的熔点和该成分合金在相图上固相点温度，确定挤压温度范围（见表 5-11）。

（2）金属与合金在高温时存在相变的合金，最好选择金属与合金在单相区进行热挤压。

（3）挤压金属应尽量考虑在高温塑性区范围内的温度条件下进行热挤压，同时应考虑金属与合金在高温下的表面性质，防止锭坯表面过度氧化或黏结。

表 5-11 铜及铜合金加热温度范围

合金牌号	加热温度/℃	合金牌号	加热温度/℃
T1,T2,T3,TU1,TU2	750~875	HMn58-2	570~630
TAg0.1	750~875	HSn70-1	740~800
TP1，TP2	800~920	HSi80-3	740~790
H96	750~875	QAl5，QAl7，QAl9-2	830~900
H90，H80	750~875	QAl10-3-1.5	800~900
H85	820~920	QAl9-4	830~900
H70，H68	740~800	QAl10-4-4	850~900
H65	720~780	QAl10-5-5	850~900
H63，H62，	670~780	QSi1-3	850~900
HFe59-1-1	670~780	QSi3-1	750~850
HFe58-1-1，HSn62-1	670~780	QSn4-0.3	750~800
HPb59-1	620~700	QSn4-3	750~870
HPb61-1	630~700	QSn6.5-0.1，QSn6.5-0.4	700~820
HPb63-0.1	620~700	QSn7-0.2	700~820
HAl60-1-1	650~700	QCr0.5,QCr0.5-0.2-0.1,	800~850
HPb63-3	650~700	QCd1	800~850
HAl59-3-2	700~800	QZr0.2，QZr0.4	800~850
HAl67-2.5	700~800	QBe2，QBe1.9，QBe1.7	720~800
HAl66-6-3-2	700~800	B5	900~1000
HAl77-2	750~820	B10-1-1，B10	920~1000
HMn55-3-1	590~670	BAl13-3	870~930
HMn57-3-1	600~700	BFe30-1-1	950~1020
HNi56-3	600~700	BZn15-20	850~930
H59	600~700	BMn40-1.5	950~1100

(4) 考虑挤压变形热效应。

(5) 考虑金属与合金的工艺性能和力学性能。在不同的温度下进行挤压，可获得不同挤压制品的力学性能，在选择挤压温度时，应考虑挤压制品的力学性能符合标准要求。

(6) 在确定挤压温度时，还应考虑挤压制品的形状、变形程度、挤压工具温度、润滑条件等，对挤压温度都有一定的影响。

5.6.4.3 退火

退火通常可分为中间退火、成品退火、消除应力退火。

A 中间退火

铜棒在冷加工（冷轧、拉伸）过程中，会产生加工硬化，表现为强度上升，塑性明显下降。中间退火主要是为了消除加工硬化，使金属或合金重新再结晶，恢复原来的塑性。中间退火的加热温度和保温时间应使制品在退火过程中得以充分完全的再结晶，因此中间退火也称为软化退火或再结晶退火。同时确定退火制度时，要注意另外一种倾向，即防止晶粒粗大，导致材料的力学性能下降。

B　成品退火

成品退火的目的是为了满足产品的适用性，达到相应的力学性能标准。

针对不同的抗拉强度、屈服强度、伸长率、硬度、晶粒度等方面的要求，制定合理的退火制度，即退火温度和保温时间是保证产品性能关键的环节。通常要考虑的因素有材料的导热性、退火前的加工率（会影响材料的再结晶温度）、制品的尺寸与退火炉的炉型等。

C　消除内应力退火

经过冷加工后，金属内会产生不均匀变形，晶粒内部或晶粒之间会产生应力。材料内部应力的存在会使制品产生裂纹、弯曲等现象。对于冷加工率大的制品和一些对应力腐蚀敏感的合金，例如高锌黄铜HPb59-1、H62、铝黄铜HAl77-2、硅青铜QSi1-3等材料很容易出现应力开裂现象，必须及时退火。应力退火的温度在再结晶温度以下，也就是处于恢复阶段。

D　退火温度的选择

棒材在通常的退火温度范围（见表5-12），制品的退火温度的确定应考虑生产实际情况。

表5-12　棒材的退火温度

合金牌号	退火温度/℃			
	中间退火	软制品	半硬制品	硬制品
H96	600～650	580～650		
H62	600～640	500～580	450～500	430～480
HMn58-2	600～650			370～470
H68	580～640	580～600	370～500	
H65	580～620	580～600	460～500	
HPb59-1	650～680		440～520	

续表 5-12

合金牌号	退火温度/℃			
	中间退火	软制品	半硬制品	硬制品
HFe59-1-1 HFe58-1-1 HSn62-1	650~680			440~520
HPb63-3，HPb58-2.5	500~550		300~350	180~220
HMn57-3-1	600~650	500~550		
HMn57-3-1，HAl59-3-2		450~480		
HPb63-0.1	620~660		450~470	
QSn4-3 Sn6.5-0.1 QSn7-0.2	600~650			330~380
QCd0.1	570~620	520~570		
QAl9-2	700~750			550~600
QAl9-4	730~780			640~660
QAl10-4-4	730~780	700~750		
QAl10-3-1.5	650~750	600~650		
QSi1-3	650~750			420~450
QSi3-1	650~700			340~380
QSi1.8-0.5	620			
B10，B30，BMn40-1.5	700~780	700~750		380~420
BZn15-20	600~650	600~650		250~280

5.6.4.4 加热炉

铜及铜合金材料生产的热加工工序，都必须在加工前对锭坯进行加热，因而不同形式的加热炉在铜加工领域获得了广泛应用。

铜锭坯对加热工序的主要要求是：加热温度准确、均匀，加热过程材料不发生氧化或不明显氧化。从环保要求、节能效果和产品质量全方位的较高要求出发，最适用于铜及铜合金锭坯加热的炉型是燃气炉和感应加热炉（工频加热炉、中频加热炉）。

A 燃气炉

燃料气和空气在烧嘴和燃烧室内混合、燃烧，释放出热量，热气流流经炉室并对炉室内的锭坯进行加热。锭坯在燃气炉中的加热过程是依靠热气流的热传导加热的，加热时间取决于锭坯的界面热阻、材料热阻、锭坯尺寸和界面温差等多种因素。

为了防止锭坯在加热过程中发生氧化，燃气炉的燃烧过程必须满足两个条件：一是调节空燃比，使燃烧过程处于欠氧状态，保持燃气成分中有少量CO气体；二是保持炉压在微正压状态，以防止炉外空气渗入。

燃气炉加热锭坯的适应性非常广泛，但其升温和降温过程较长，且在额定负荷条件下才有较高的热效率，小负荷条件下的热效率较低，因而特别适合在连续生产条件下满负荷工作的加热场合。

环形煤气加热炉的主要技术参数见表5-13。

表5-13 ϕ10.1m和ϕ11.7m环形煤气加热炉的主要技术参数

主要性能	ϕ10.1m环形炉	ϕ11.7m环形炉
配套加工设备	31.5MN挤压机	40MN挤压机
最高加热温度/℃	1050	1050
加热铸锭直径/mm	195~295	195~410
加热炉最高工作温度/℃	1200	1200
自动控制项目	炉温、炉压、空燃比	炉温、炉压、空燃比
炉温控制精度及均匀性/℃	±5	±5
加热炉外环直径/mm	10140	
加热炉内环直径/mm	3780	
炉底有效面积/m²	14	27
炉底平均直径/mm	7000	7800
燃料类型	发生炉煤气	发生炉煤气
燃料热值/kJ·m^{-3}	15000	15000
最大燃烧能力/kJ	21×10^6	27.3×10^6
烧嘴形式及数量	GSQ-50(100)-Ⅲ，10只	GSQ-50-Ⅲ，7只 GSQ-100-Ⅲ，3只
生产能力/t·h^{-1}	10	12
额定负荷热效率/%	>40	>40

B 感应加热炉

感应加热炉是利用电磁感应原理，通过感应器线圈使电磁场穿过锭坯，在锭坯内部感生电流，引起锭坯自身发热来达到加热的目的。

在原理、结构方面，工频炉和中频炉并无差别，所以，设计应用感应加热炉时，正确选择加热频率是很重要的。

退火炉的类型、结构、特点、用途简表见表5-14。

5.6.4.5 热处理控制技术

热处理的气氛对于许多材料的性能和制品最终表面状况是至关重要的影响因素。按照热处理的作用，一类是热加工前的加热气氛的控制，一类是退火气氛的控制。保护性气氛通常有 N_2、H_2、CO、CO_2 或者两种及两种以上气体的组合。

A 加工前加热气氛的控制

铜合金在挤压之前都需要进行加热，材料的类别不同，其影响的作用也不同。紫铜类加热时，对于无氧铜，需要的是中性气氛或微还原性气氛；而对于目前逐渐兴起的电子韧铜，则需要的是中性加热气氛或微还原性气氛，因为在还原性气氛中易产生氢脆。在白铜加热中，则希望是中性气氛，因为白铜的加热温度很高，如果氧化气氛很重，则会导致氧化皮很厚，影响最终产品质量。

中性气氛在感应加热炉中比较易实现，全部采用 N_2 即可，在使用燃气性（工业煤气）为原料的炉中比较困难。因此，在感应炉中，铜合金材料可以更好地减少氧化，但是更换铸锭规格时，炉胆也需更换，带来生产上的不便。

B 退火的气氛控制

退火炉有多种炉型，退火气氛控制是指在保护性气体退火炉中的气氛控制，通常这种炉子分为两种，一种是可以加大还原气体比例的炉子，例如网链式光亮退火炉和罩式退火炉，网链式退火炉是敞开式的，即炉内为正压，气体始终处于放散状态，还原性气体可以采用很高的比例，而高锌黄铜退火是需要较高比例的还原性气体。另一种是不需要很高比例的还原气体的炉子，如紫铜在真空度很高的炉中退火可以达到光亮退火的效果，白铜则可以在低还原性气氛中退火，例如

表 5-14 退火炉的类型、结构、特点、用途简表

类 型	基本结构	用 途	技术特点	其他说明
辊底式中间退火炉	以炉辊作为承载体和传输部件，炉体部分分为加热和冷却两个区段，加热区以电阻加热方式工作，冷却区较简陋，一般采用风冷结构	用于制品加工过程的中间退火，退火后制品表面需酸洗	退火炉结构简单，占地面积小，造价低，运行费用低。加热炉容量不受局限，可按需要设计	有分批退火和通过式退火两种工作方式，后者较易保证制品性能均匀
辊底式光亮退火炉	以炉辊作为承载体和传输部件。炉体部分分为前锁气室、加热室、冷却室、后锁气室等区段。炉内有保护气氛，且保持微正压状态，保护气氛中的 H_2 含量一般在5%以内。加热室设置循环风机。由电阻元件加热。冷却室采用水-风联合冷却方式，冷却效果较好	用于成品光亮退火和部分制品加工过程的中间退火	退火炉结构完善，性能优良，但造价较高；与其他类型的光亮退火炉相比，保护气氛消耗量较小，一般在 $100m^3/t$ 以下，但不能保证高锌黄铜制品退火的表面光亮性能。退火炉生产能力一般设计为1000～4000kg/h	有分批退火和通过式退火两种工作方式，用于后者时，前锁气室和加热室之间应增设过渡室。用于紫铜退火时，应有内吹扫装置
网链式光亮退火炉	以网链作为承载体和传输部件，炉体由加热室、冷却室组成。冷却室由水冷套构成。加热室内一般设有贯通式炉胆。由电阻元件对炉胆加热。炉内有保护气氛，保护气氛中的 H_2 含量可在1%～75%范围调节。加热和冷却过程都无换热风机，完全靠辐射和对流形式进行热量传递	用于直条制品的成品光亮退火和部分制品加工过程的中间退火	退火炉结构简单，占地面积小，造价低；以通过退火方式工作，制品长度不受局限；对退火的光亮程度保证能力强，产品适应面广；但退火能力在700kg/h以内，且保护气氛消耗量相对较大	该类型退火炉常用于直条黄铜退火，进一步改进后产能可扩大至1000kg/h以上

续表 5-14

类型	基本结构	用途	技术特点	其他说明
罩式退火炉	由炉台、内罩、加热罩、冷却罩组成，一般配置方式为两组炉台、两组内罩配一组加热罩和一组冷却罩，加热方式为电加热或燃气加热，加热和冷却两种工况都直接作用于内罩，内罩内部一般通以高氢保护气体（H_2为75%），保护气兼有防止制品氧化和加强热传导两种功能。内罩内部设循环风机实现强对流加热和冷却。	用于带卷和盘卷材料中间退火或成品退火	相对于同等生产能力的辊底式退火炉，具有造价低、保护气体消耗量小等优点，但占地面积较大，热效率较低，单炉的生产能力一般局限于2t/h，适合于在中小生产能力条件下选用	采用100%全氢气体保护时，可获得最佳热交换性能，减少加热和冷却时间
通过式感应退火炉	以中频电流对单根制品进行加热，实现退火。退火过程中制品保持在匀速运动状态。退火炉由中频电源、感应线圈、炉衬、传动机构、冷却系统构成；在要求光亮退火的场合，还需要配置保护气系统	适宜长条制品和盘卷制品开卷后退火；在线配置时可充分发挥此退火方式的优越性	加热快速、充分，加热和冷却时间短；退火后材料晶粒细小，力学性能优良，有利于后部工序采用较大的加工率。该类退火炉的生产能力有限且控制较复杂，仅适合在特殊条件下选用	紫铜退火时，宜用水冷；黄铜材料退火时，不宜急冷。由于快速加热和冷却过程中发生的弯曲现象，该退火方式不宜用于成品退火

辊底式光亮退火炉就属于这种炉型，这种炉子炉内保持微正压状态，保护气氛中的 H_2 含量一般在 5% 以内。

热挤压前，锭坯加热设备应根据金属工艺性质、生产能力、加热温度制度和锭坯尺寸等，来选择加热设备和加热炉类型。一般按加热方式可分为重油炉、煤气炉、感应加热炉等。可根据工厂的能源条件来选择锭坯加热设备和方式。在小型工厂，往往没有煤气来源，在电能也受到限制的情况下，采用油炉加热是比较方便的，但目前使用比较广泛的是煤气炉和感应加热炉。

6 铜及铜合金棒、线材拉拔技术

6.1 概述

拉拔具有悠久的历史，在公元前 20 ~ 30 世纪，出现了把金块锤锻后，通过小孔，用手工拉拔成细金丝。在我国，拉拔加工方法具有悠久的历史，早在 2000 多年前的青铜器时期，我国劳动人民就采用简单的工具手工拉拔青铜线，用作族长、贵族头盔的装饰物。

公元 13 世纪中叶，德国首先制造了水力拉拔机，并在世界上逐渐推广，直到 17 世纪才接近于现在的单卷筒拉拔机。

20 世纪 20 年代反张力的拉拔技术及 50 年代强制润滑拉拔方法的出现，推动了拉拔设备的发展，并出现了连续拉线机。

在我国，20 世纪 80 年代前，铜及铜合金棒、型材、线材的生产技术及生产设备是比较落后的。80 年代以后，我国许多铜材加工企业采用了比较先进的技术，并引进了相应的生产设备，建立了产量大、产品质量好的生产线，以适应国内外市场对液压、空调、电子、建筑等领域的需求。从此，拉拔设备在我国有了良好的发展空间。

近几十年来，随着许多新的拉拔方法研究的成功使用，同时电子计算机日新月异的变化，给拉拔设备的发展提供了良好的发展平台。各国展开了高速拉拔的研究，成功地制造了多模高速联合拉拔机、多线链式拉拔机，铜棒材的拉拔速度达到 150m/min 以上，线材的拉拔速度可达到 2000m/min 以上。

链式拉拔机目前应用最广泛的是单链和双链式。链式拉拔机发展至今，由于具有结构简单、制作容易、成本低廉、维护方便等优点，在中、小企业直拉设备中具有很强的生命力。同时在功能及使用上，有很大的改进，如自动化程度高、能一次性拉拔多根铜棒等。

联合拉拔机是1985年德国舒马格公司开发、设计出的连拉系统，并于1986年首次与用户合作将此技术用于实际生产。该设备最大的优点是提高了加工量。与链条式拉伸机相比，它不受铜棒拉拔长度的限制，也克服了链条式拉拔机在松开夹头时产生的噪声及变形。联合拉拔机发展至今，最高速度由35m/min提升到180m/min，同时最大拉伸力可达400kN。联合拉伸机的使用，用户可根据铜棒加工工艺、车间布局等因素组合成二串联联合拉拔机、三串联联合拉拔机及多串联联合拉拔机。

目前，各制造厂家在各种拉拔机上安装了许多辅助设施，从而实现了拉拔、预弯、矫直、清洗、抛光、切断、退火以及探伤等多种功能。

随着市场对铜棒、线材质量要求的不断提高，根据拉拔技术的发展与现状，目前拉拔设备需围绕下列问题展开研究：

（1）拉拔设备的自动化、连续化与高速化。

（2）拉拔设备适应产品品种、规格多元化，提高产品拉伸精度及减少拉伸缺陷。

（3）拉拔设备必须以适应高附加值产品及提高产品质量和生产率为目的。

（4）提高拉拔润滑装备技术，适应拉拔技术的发展。

（5）拉拔设备必须具有节能、节材的功能。

（6）拉拔设备必须符合环保、安全卫生要求等。

（7）拉拔设备与其他设备的联动结合，从而节约劳动辅助时间。

6.2　拉拔的理论基础

6.2.1　拉拔工艺

6.2.1.1　工艺流程

拉拔是指工件（线坯或锭坯）通过模孔在一定拉力作用下，发生塑性变形，使截面面积减小、长度增加的一种压力加工方法（见图6-1）。

拉拔也是一般拉制棒、线材的最后一道塑性加工工序。坯料在拉制过程中，要进行中间热处理、酸洗和制夹头、切头切尾、定尺锯切、扒皮等辅助工序。最终拉拔后的制品还要进行精整、成品热处

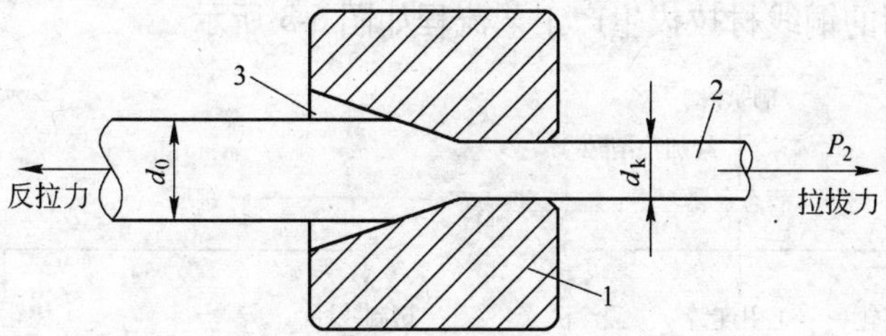

图 6-1 拉拔示意图
1—模子；2—拉伸坯料；3—拉伸模孔

理、分析等，最后经过检查合格后才能成为成品。不同的产品及生产方式选择的拉拔工艺不完全相同。

棒材控制工艺流程见图 6-2。

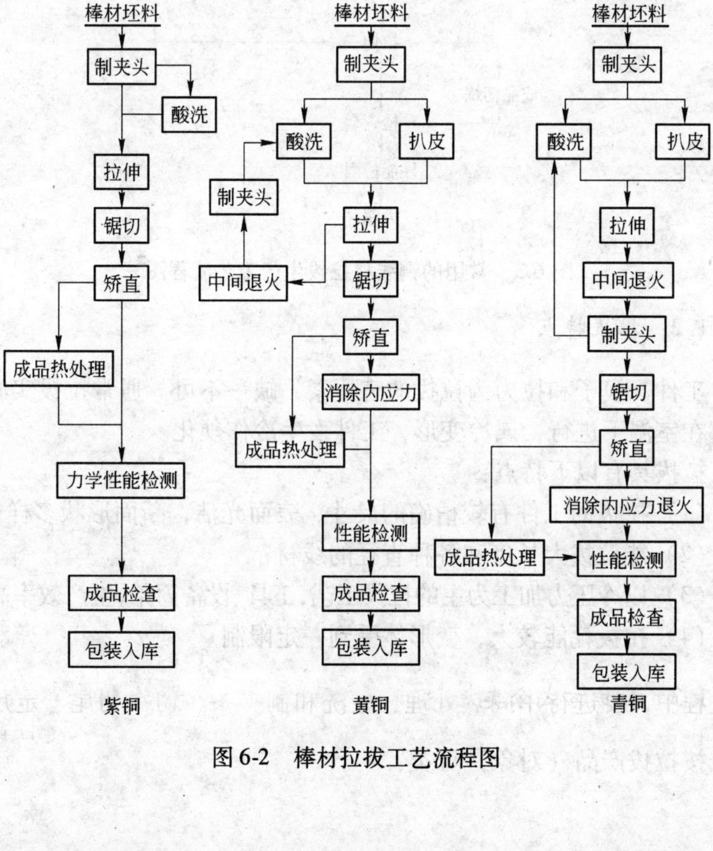

图 6-2 棒材拉拔工艺流程图

常用的铜线材拉拔生产工艺流程如图6-3所示。

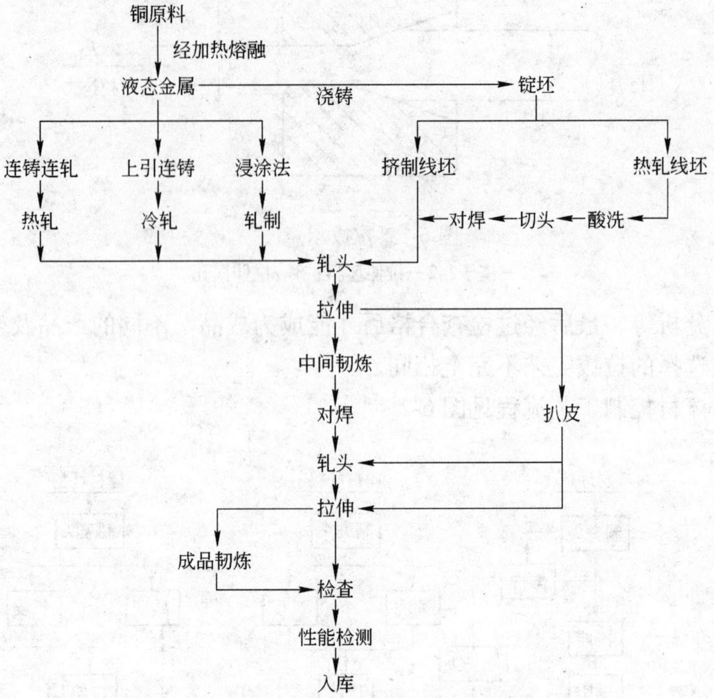

图6-3 常用的铜线材拉拔生产工艺流程图

6.2.1.2 拉拔特点

工件、模子和拉力为拉拔的三要素，缺一不可。通常拉拔实心工件都在室温下进行，属冷变形，工件发生冷作硬化。

拉拔具有以下特点：

(1) 拉拔的工件有较精确的尺寸，表面光洁，断面形状多样；

(2) 能拉拔大长度和各种直径的线材；

(3) 以冷压力加工为主的拉拔工艺,工具、设备简单,生产效率高；

(4) 拉拔耗能较大，变形体受到一定限制。

6.2.1.3 拉拔方式分类

按拉拔产品（对象）分类：

（1）棒材拉拔。在拉拔力的作用下，使棒材的尺寸（包括横断面和长度方向的尺寸）发生改变的加工方法。

（2）型材拉拔。在拉拔力的作用下，使型材的尺寸（包括横断面和长度方向的尺寸）发生改变的加工方法。

（3）线材拉拔。在拉拔力的作用下，使线材的尺寸（包括横断面和长度方向的尺寸）发生改变的加工方法。

按拉拔方式（设备）分类：

（1）直条拉伸。用直条拉伸机实现的拉拔方式。

（2）盘式拉伸。用盘式拉伸机实现的拉拔方式。

（3）连续拉伸。用连续拉拔机实现的拉拔方式。设备包括盘式拉伸机（如线材拉伸）和直条拉伸机（如连续拉伸棒材）等。

按拉拔方法分类，见表6-1。

表 6-1 拉拔方法及特点

拉伸方法	特　点
减径拉伸 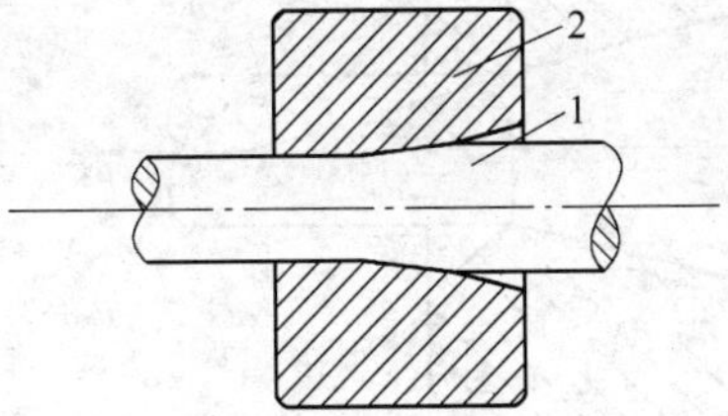 1—材料；2—模子	1. 它是铜棒材、线材最基本的拉拔方法； 2. 棒材、线材直径减小，同时长度增加
扒皮拉伸 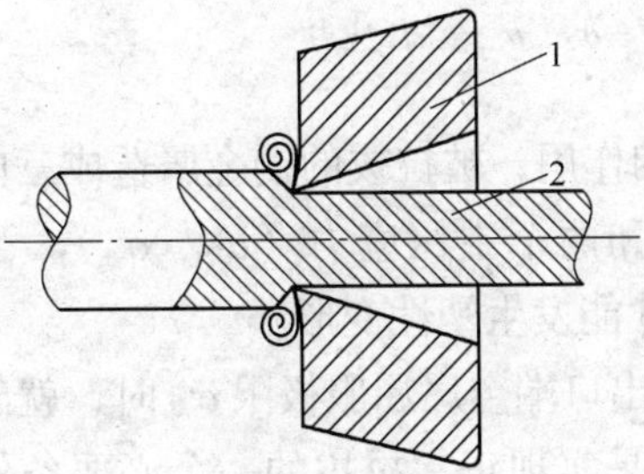 1—模子；2—材料	1. 用扒皮模将制品表面扒去0.1～0.8mm； 2. 扒皮可以消除制品表面的缺陷，提高品质

6.2.1.4　实现拉拔过程的条件

为实现拉拔过程，拉拔应力应大于变形区中金属的变形抗力，同时小于模孔出口端被拉金属的屈服强度极限。

即：
$$\sigma_k < \sigma_L < \sigma_{sk}$$

式中　σ_k——变形区中金属变形抗力；

σ_L——拉拔应力；

σ_{sk}——被拉拔金属出口端的屈服极限。

由于金属拉拔硬化后的屈服极限 σ_{sk} 值接近抗拉强度极限 σ_b，故实现拉拔过程的条件可以写成：$\sigma_k < \sigma_L < \sigma_b$。工件拉拔时的塑性变形，主要是通过截面面积由大逐渐变小的模孔实现的。工件在模孔的变形区中处于复杂的应力状态，如图 6-4 所示。

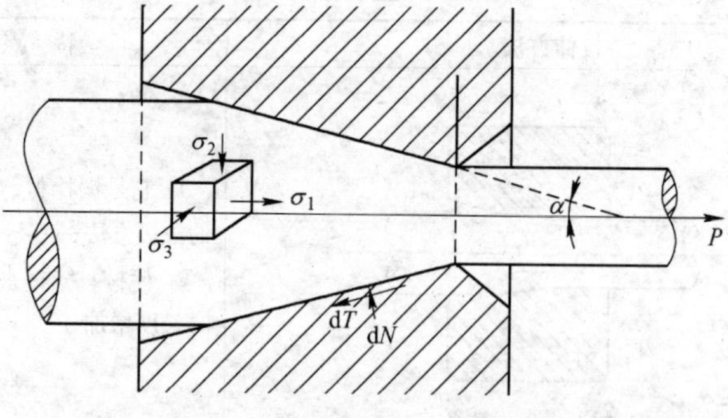

图 6-4　拉拔变形力学图

P—拉拔力；dN—反作用力；dT—摩擦力；

σ_1—主拉应力；σ_2、σ_3—主压应力

拉拔时，由于正反作用力的作用，被拉拔的铜金属造成三向应力状态，即一个主拉应力（σ_1）和两个主压应力（σ_2、σ_3）。当拉拔应力 σ_L 大于变形抗力 σ_k 时，才能发生塑性变形。

但是拉拔应力 σ_L 大于模孔出口端金属屈服极限 σ_{sk} 时，就出现拉细或拉断的现象。因此 $\sigma_L < \sigma_{sk}$ 是实现正常拉拔的一个必要条件。通常以 σ_L 与 σ_{sk} 的比值大小表示能否正常拉拔，即安全系数。

$$K_s = (\sigma_{sk}/\sigma_L)$$

式中　K_s——安全系数；

σ_{sk}——模孔出口端屈服极限；

σ_L——拉拔应力。

通常用抗拉强度 σ_b 代替 σ_{sk}，因此安全系数为：

$$K_s = (\sigma_b/\sigma_L)$$

在实际生产中，安全系数 $K_s = 1.4 \sim 2.0$（见表 6-2），如 $K_s <$ 1.4，则表示拉拔应力过大，可能出现拉断现象；$K_s > 2.0$，则表示拉拔应力和延伸系数较小，金属的塑性未充分利用。

随着直径的减小，工件内部存在的缺陷，变形程度的加大，拉拔模角度、拉拔速度、金属温度等因素的变化，对建立正常拉拔过程都有一定的影响。因此必须采用相应的安全系数，才能保证正常拉拔过程的进行。

表 6-2　安全系数与直径的关系

棒、型材工件直径/mm	>1.0	1.0~0.4	0.4~0.1	0.1~0.05	<0.05
安全系数	≥1.4	≥1.5	≥1.6	≥1.8	≥2.0

6.2.2　拉拔工件的变形与应力状态

拉拔工件变形受力状态见图 6-5。

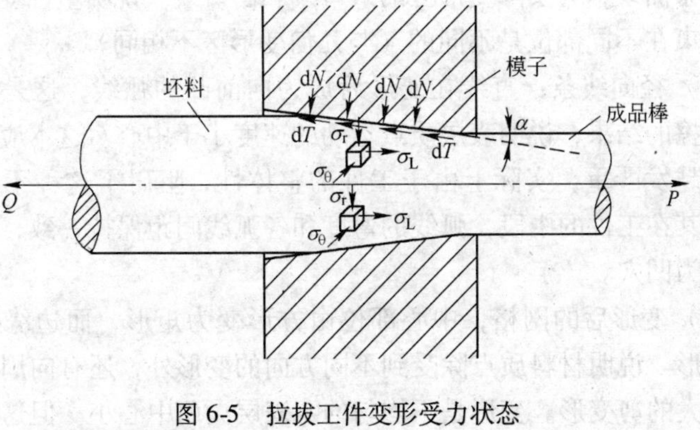

图 6-5　拉拔工件变形受力状态

6.2.2.1　工件变形

将圆截面的坯料沿子午面剖开，在剖分面上刻坐标网格（见图6-6），合拢后进行拉拔。之后，重新分开对网格进行观察。

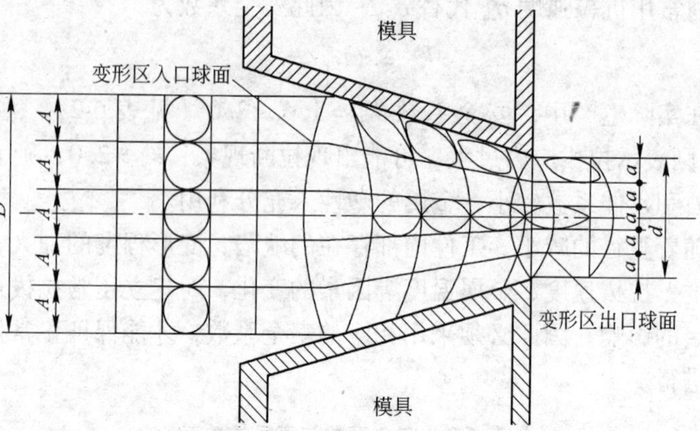

图 6-6　拉拔工件剖面上的网格

（1）剖面仍为平面。说明工件未在圆周方向变形，是平面变形。

（2）轴向线条：相互平行的直线仍为相互平行的直线，线的间距由 A 减小到 a。

（3）轴向线条通过模孔时，发生两次弯折。将各线弯折点相连，形成两条曲线，为实际变形区的入口线和出口线。说明塑性变形的开始和结束在不同部位是不同的（与几何变形区不相同）。

（4）径向线条：直线在变形后成为向前凸的弧线，这是工件和模壁摩擦的结果，说明表层质点运动的速度小于中心。这本应该不断累加而越发严重，实际上由于工件的整体性，阻碍了这种不均匀变形，使其在工件的中段，弧线的弯度和各弧线间距保持一致，直到尾端发展为凹穴。

（5）变形后的网格，中心部位由方形变为矩形，而边缘变成平行四边形。说明材料质点除受到不同方向的变形外，还有向周围表面逐步加大的剪变形。变形是不均匀的，表层大而中心小。但这种不均匀变形不能自由发展，故拉制时造成了附加应力，拉制后的工件有了表里相互平衡的残余应力。

(6) 因塑性变形与弹性变形共存，故可看到的网格已经是发生弹性恢复的网格了。

用坐标网格方法还可以对非圆截面工件，对不同模角、不同摩擦、不同材质、不同变形区几何因素进行研究，观察它们变形在质和量上的差异。

6.2.2.2 工件内部的工作应力

在变形区内任何一点上受到三对正应力和六对切应力的作用(切应力两两相等),分别为 σ_L、σ_r 和 σ_θ 以及 $\tau_{Lr}=\tau_{rL}$，$\tau_{r\theta}=\tau_{\theta r}$ 和 $\tau_{L\theta}=\tau_{\theta L}$。但单元体的轴与主轴相重合时，六对切应力为零，剩下三对正应力，即主应力。

σ_L：这是由拉拔力造成的应力，为拉应力（+)。用以克服模壁摩擦，克服工件的反拉力，并部分用于工件变形。因此它从变形区的入口向出口逐渐增大，且在出口面与单位拉制力（$p=P/F_1$）相等。

σ_r：这是径向应力。可以认为是由模壁压力造成的，故外大里小，为压应力（-)。在与模孔接触的变形区内才存在。它与 σ_L 一起使工件变形。

σ_θ：周向应力。这是由工件圆周方向缩小造成的应力。为压应力（-)。现因工件为圆截面，轴对称，因而有 $\sigma_r=\sigma_\theta$。

按屈服准则 $\sigma_1-\sigma_3=\beta\sigma_{0.2}$，对于轴对称圆截面的工件，$\beta=1$，于是 $\sigma_L-\sigma_r=\sigma_{0.2}$。式中 $\sigma_{0.2}$ 为工件的屈服强度，因冷作硬化而从模孔入口端向出口端增大。因此，σ_r 的增减则由 $\sigma_{0.2}$ 和 σ_L 的增量差所决定。

在直径方向上，因 σ_r 和 σ_θ 由表及里逐渐减小，故 σ_L 逐渐增大。

可以认为，σ_r 的大小和分布，影响模孔磨损情况，反映了 σ_r 的大小分布。

拉制时工件内应力沿轴向分布见图 6-7。

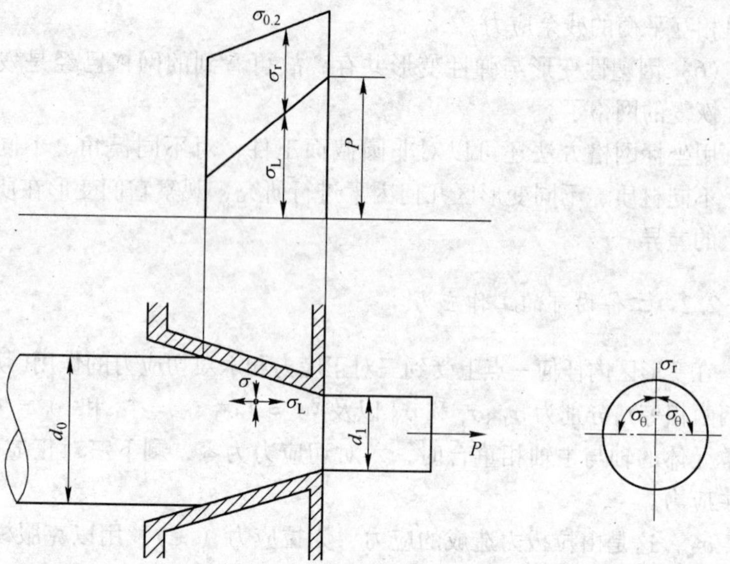

图 6-7　拉制时工件内应力沿轴向的分布

6.2.3　拉拔力的计算

6.2.3.1　拉拔基本参数的计算

拉拔属于压力加工范围。因此，拉拔过程中材料截面减小而长度增加，同时产生极少粉屑，体积变化甚微，因此认为拉拔前后材料的体积相等。“秒体积不变”规律是拉拔过程中涉及的所有计算公式的基础。

设：V_0 为拉拔前铜金属体积；V_K 为拉拔后铜金属体积；d_0 为拉拔前材料直径；

S_0 为拉拔前断面面积；S_K 为拉拔后断面面积；

L_0 为拉拔前材料长度；L_K 为拉拔后材料长度；d_L 为拉拔后材料直径。

根据“秒体积不变”规律得：

$$V_0 = V_K$$

因为 $V_0 = S_0 L_0, V_K = L_K S_K$

又因为 $S_0 = \frac{1}{4}\pi d_0^2, S_K = \frac{1}{4}\pi d_K^2$

$$\frac{S_0}{S_K} = \frac{L_K}{L_0} = \frac{d_0^2}{d_K^2}$$

表示在拉拔过程中材料变形量的基本参数计算公式有以下几个。

（1）相对延伸系数（简称延伸系数）。它是材料经一次拉拔后与拉拔前线材长度的比值μ：

$$\mu = \frac{L_K}{L_0}$$

（2）截面减缩率（简称减缩率或压缩率）。它是材料经一次拉拔前、后截面面积之差与拉拔前截面面积的比值，一般用百分数表示：

$$\delta = \frac{S_0 - S_K}{S_0} \times 100\%$$

（3）伸长率。它是材料经一次拉拔前、后的长度之差与拉拔前长度的比值，一般用百分数表示：

$$\lambda = \frac{L_K - L_0}{L_0} \times 100\%$$

（4）减缩系数。它是材料拉拔后与拉拔前截面面积的比值：

$$\varepsilon = \frac{S_K}{S_0}$$

（5）各变形参数之间的换算。材料在一次拉拔变形过程中，这四个拉拔变形参数之间的关系如表 6-3 所示。该表适用于表示在单次拉拔过程中的情况，也适用于在多次拉拔过程中的任意道次（n）拉拔前后有关参数之间的关系。表中的延伸系数μ与压缩率δ的对照关系，可供配模计算时参考。

表 6-3　变形参数之间的换算

变形参数	对应的有关参数值						
名称及符号	直径 d_0、d_K	截面积 S_0、S_K	长度 L_K、L_0	延伸系数 μ	压缩率 δ	伸长率 λ	减缩系数 ε
延伸系数 μ	d_0^2/d_K^2	S_0/S_K	L_K/L_0	μ	$1/(1-\delta)$	$1+\lambda$	$1/\varepsilon$
压缩率 δ	$(d_0^2-d_K^2)/d_0^2$	$(S_0-S_K)/S_0$	$(L_K-L_0)/L_0$	$(\mu-1)/\mu$	δ	$\lambda/(1+\lambda)$	$1-\varepsilon$
伸长率 λ	$(d_0^2-d_K^2)/d_0^2$	$(S_0-S_K)/S_K$	$(L_K-L_0)/L_0$	$\mu-1$	$\delta/(1-\delta)$	λ	$(1-\varepsilon)/\varepsilon$
减缩系数 ε	d_K^2/d_0^2	S_K/S_0	L_K/L_0	$1/\mu$	$1-\delta$	$1/(1+\lambda)$	ε

（6）拉拔应力的计算：拉拔应力是拉丝机设计中必须核算的基本数据，也是制定各道变形程度、拉拔道次和选择润滑剂等的重要依据。表 6-4 列出了一些常用公式。

表 6-4　常用拉拔应力计算公式

公式名称	公　式	使用范围
彼得洛夫	$P=\sigma_F S_K \ln\mu(1+f\cot\alpha)$	单次拉拔
古布金	$P=\sigma_F S_K\left[\frac{\alpha+1}{\alpha}\left(1-\frac{1}{\mu\alpha}\right)+m+n\right]$	精确，但较复杂
加夫利林科	$P=\sigma_F S_K(\mu-1)(1+f\cot\alpha)$	单次拉拔
克拉西里希柯夫	$P=0.6d_0^2\sqrt{\frac{d_0^2-d_K^2}{d_K^2}}\times\sigma_b$ 平均	滑动式多次拉拔
简易公式	$P=0.6\sigma_b S_K$	用于初步计算

注：表列公式中符号意义如下：

P—拉拔力，MN；σ_F—变形抗力，MPa；

S_K—拉拔后线材截面面积，m^2；f—铜金属与模孔之间的摩擦系数；

μ—延伸系数；σ_b—平均抗拉强度，MPa；

α—模孔变形区半角；

$$m=\frac{4}{3\sqrt{3}}\times\left(\tan\alpha+\frac{f}{2}\right);n=\frac{ftd_K}{S_K}\times\frac{1}{\mu\alpha}$$

6.2.3.2 影响拉拔力的因素

材料在拉拔时，受到四个外力，即出线端的拉拔力、模孔变形区对线材的正压力、模孔尺寸与线材表面之间的摩擦力和线材后端的反拉力。

拉拔力是为实现拉拔过程，克服金属线材在变形区内的变形抗力和金属与模壁间的摩擦力的合力。合适的拉拔力是制定各道加工率、正确拉拔道次和计算电机容量的重要依据。拉拔力的大小是实现整个拉拔过程的基本因素之一。

A 材料的抗拉强度

影响材料抗拉强度的因素很多，如材料的化学成分、压延工艺等。材料越硬，抗拉强度就越高，则拉拔力越大。由试验可知，单位拉拔力与材料变形前、后平均抗拉强度（见表 6-5）基本呈直线关系。

表 6-5 工件的强度对单位拉拔力的影响

材料名称	状 态	抗拉强度/MPa			单位拉拔力/MPa
		拉拔前	拉拔后	平均	
紫 铜	软 态	220	270	254	118
	半 硬	270	320	295	136
H62 黄铜	软 态	240	450	395	200
	半 硬	450	510	480	257

注：拉拔条件为模角 6°，由 1.12mm 拉到 1.00mm，延伸系数 1.25，乳化液润滑。

B 变形量

材料变形程度越大，拉拔力也越大。因为材料大的变形量必须通过获得大的压力才能实现，即通过模孔增加对线材的正压力，但同时摩擦力也随之增加。

C 反拉力

反拉力增大则拉拔力增加，如放线架制动过大，前一道离开鼓轮线材的张力增加等会增加后一道的反拉力。

D　摩擦

材料与模孔间的摩擦力，是拉拔过程中的阻力。摩擦将增大拉拔力。摩擦系数是由线材的材质、模芯材料的表面粗糙度、润滑剂的成分与数量决定的，它的大小将直接影响拉拔力的大小。

E　工件截面形状

工件截面形状越复杂，拉力越大。因为工件截面面积相同时，形状越复杂则截面周长越长。圆最短，六角次之，正方形、矩形最长。这不但会加重不均匀变形，还会增大工件与模具的接触面积。正压力和摩擦力的增大，导致拉拔力的增加。

在拉制型线时，通常先用同截面面积的圆来估算拉拔力，再乘以同面积的周长比进行修正。

线材拉拔力的对比见表 6-6。

表 6-6　圆线材与异形线材拉拔力的对比（材料均为软态紫铜）

材料类型	拉拔前尺寸	拉拔后尺寸	拉拔力/kN	单位拉拔力/MPa
圆线材—圆线材	ϕ17.0mm	ϕ14.7mm	16	94
双沟线—双沟线	双沟 $F_0=227\text{mm}^2$	双沟 $F_1=170\text{mm}^2$	20	118
圆线材—双沟线	ϕ17.0mm	双沟 $F_1=170\text{mm}^2$	26	153

F　模角和定径区长

在拉线模工作区圆锥角增加，有两个因素影响拉制力，一是摩擦表面减小，摩擦力相应减小；二是铜金属在变形区的变形抗力随圆锥角的增大而增大，使拉拔力变大。拉线模中定径区越长，拉拔力也越大。但定径区长度关系到模具的使用寿命，不能过短。

G　其他因素

拉线模的位置：拉线模安放不正或模座歪斜也会增加拉拔力，使线径及表面质量达不到标准要求。

若铜线材进线不直，放线时打结，拉线过程中铜杆抖动，都会使拉拔力增大，严重时引起断线，尤其拉小线时更甚。

6.2.4　拉拔配模

配模是指每道次拉拔前后尺寸的确定，即选择每道次拉拔线模的尺寸，它对连续多模拉拔设备极为重要。合理的配模能充分利用铜金属的塑性，采用最少的拉拔道次，提高生产效率，缩短生产周期；减少拉断、拉细现象，保证足够的安全系数；并使拉拔后的线材能达到要求的尺寸和形状，良好的表面质量，合格的力学性能。

6.2.4.1 拉拔配模计算步骤

确定拉拔道次 K。拉拔道次的计算有平均延伸系数和顺序递减延伸系数两种。

（1）根据拉丝机各鼓轮速比计算总速比 r_{Σ}：

$$r_{\Sigma} = \frac{V_K}{V_1} = r_1 r_2 \cdots r_{K-1} r_K$$

式中 r_{Σ}——总速比；

V_K——第 K 道鼓轮圆周上的线速度；

V_1——第 1 道鼓轮圆周上的线速度；

$r_1 \cdots r_K$——相邻两绞轮的速比。

（2）计算总的相对前滑系数 τ_{Σ}

$$\tau_{\Sigma} = \frac{\mu_S / \mu_1}{r_{\Sigma}}$$

式中 μ_1——第一道的延伸系数。

（3）计算平均前滑系数 τ

$$\tau = \sqrt[K-1]{\tau_{\Sigma}}$$

根据 τ 值的大小，按照各道次延伸系数分配原则分配 τ_1 到 τ_K 的值，并计算出 μ_1 到 μ_K 的值。分配结果应满足：

τ_1 到 τ_K 的乘积等于 τ_{Σ}

μ_1 到 μ_K 的乘积等于 μ_S

（4）根据 μ_1 到 μ_K 的值，从成品直径开始，逐道往前计算各道次线径大小。

$$d_{n-1} = d_n \sqrt{\mu_n}$$

根据以上配模计算结果，进行尾数调整，上机试用，如拉拔过程正常，质量合格，则可定为正式生产工艺。

6.3　拉拔设备和技术

6.3.1　拉拔设备

6.3.1.1　设备分类

拉拔后的铜棒、线材尺寸精确、表面光洁，拉拔过程是在室温下进行，操作方便，生产灵活，设备结构相对简单，工具制造比较容易，总投资和维护费用较少。虽然棒材（特别是铜合金）道次加工率较低，加工过程中要进行中间退火及酸洗；但是由于拉拔工艺特点鲜明，仍是各铜加工企业采用最多的加工方法；虽然拉拔设备还在不断改进，但仍旧是不可替代的。

在实际生产中，常用的铜棒材拉拔设备的形式很多。如表6-7所示。通常可以按拉拔装置结构分类，也可以按拉拔的棒材根数分类。

表 6-7　棒材拉拔设备分类

按拉拔装置结构分类			按拉伸的棒材根数分类
链条式拉伸机	单链式拉伸机		单线拉伸机
	双链式拉伸机		双线拉伸机
齿条式拉伸机			三线拉伸机
履带式拉伸机			多线拉伸机
两侧链带拉伸机			
模子移动式拉伸机			
联合拉伸机	单　式		
	二串联		
	三串联		
	多串联		
圆盘式拉伸机	立　式	正立式	
		倒立式	
	卧　式		

铜线材拉拔设备种类和方法分类:拉拔机的类型和结构极多,这是为了拉制不同的金属、不同粗细的线材而设计的;是为了改进线材自身质量,提高产量,降低机器和生产费用,而逐步改进、发展起来的。

从类型上分,有单模(头)拉拔机和连续拉拔机;连续拉拔机又分积蓄式连续拉拔机、滑动式连续拉拔机和非滑动式连续拉拔机。

从进出线粗细的角度,拉线机分为粗拉机、大拉机、中拉机、小拉机、微拉机。

从拉制的根数可分为单头拉线机、多头拉线机(分别见表6-8和表6-9)。

从绞盘放置方向分为卧式拉线机、立式拉线机。

表6-8 单头(一次)拉伸机分类

拉伸机的类型		优 点	缺 点	拉伸范围/mm
按收线分	按拉伸形式分			
绞盘收线	卧式	卸线方便	收线少	16~6
	立式	绕线整齐	卸线不方便,线材表面质量较差	6~0.8
	倒立式	卸线很方便,卷重大	绕线不整,结构复杂	10~2
线轴收线	直接收线	不用复绕	在较大张力下进行绕线	1~0.1
	经过牵引绞盘收线	不用复绕	占地面积大	<10

表6-9 多头拉伸机的分类

拉伸方法	优 点	缺 点	拉伸范围/mm
带滑动连续拉伸机	总加工率大;拉伸速度快	绞盘易磨损;线材表面质量较差	<16
无滑动连续拉伸机	绞盘磨损小;线材表面质量优	配模严格;电器较复杂	6~1.5
无滑动积蓄式拉伸机	可拉伸强度较低的、抗磨性能差的线材	拉伸速度慢;不适宜拉特细线	4~0.5

按拉拔方法又可分为:一次拉伸法,即线坯只通过一个模具进行拉伸的方法,此法一般用于拉粗线,道次加工率较大,但生产速度慢,效率低;多次拉伸法,即线坯通过两个或两个以上模具进行拉伸的方法,拉伸道次通常为2~25次,此法拉伸总加工率大,拉伸速度快,自动化程度高。

6.3.1.2　拉拔设备的选择原则和方法

拉拔设备在使用与选择上，各个国家、各铜加工企业虽都有各自的一套方法，但都必须符合一条原则：拉拔设备的选择必须与所需的质量要求相匹配。

拉伸设备的选择必须遵照科学的选择方法，否则会造成设备浪费或资源短缺，严重时会影响产品质量。

A　设备布局选择合理

合理的设备布局会给生产管理带来很多方便。如联合拉拔机有多种结构形式并能适应多种布局方式。在对其选择上可根据车间情况、其他生产线布置情况进行布置、选择。

B　确定拉拔生产线的产量

拉拔生产线的生产能力必须与其他生产线（如铸、挤、轧生产线等）生产能力相匹配。

C　对加工工艺熟悉

选择拉拔设备必须熟悉产品加工工艺，以利于确保设备的合理使用和最终产品的质量。

D　对各种拉拔设备特性和设备对产品质量的影响程度都了解

拉伸设备种类很多，对每种设备的特点都要明确。特别是要了解盘拉设备与直拉设备对产品质量的影响程度。这样，选择的拉拔设备才能在生产中发挥其更大的优越性。

E　拉伸设备选择的主要技术参数必须适应铜棒、线材工艺参数的要求

拉拔设备的主要技术参数包括主电机功率、整机功率、拉拔条件、润滑条件、拉伸力、适应规格、最高拉拔速度与额定拉拔速度、拉拔伸长率的范围等。

总之，拉拔设备的选择必须综合考虑各方面的影响因素，不能孤立地对每种设备进行定性、定量使用。

6.3.1.3　线材的焊接技术

拉拔过程的焊接技术只适用于线材，由于棒材经过定尺过程后，

长度相对较短，且大长度的棒材搬运困难，故无焊接过程。

为了连续拉拔线材，需要将若干段线材进行焊接，焊接可采用电阻对焊、冷压焊和微细线的银焊。目前多数工厂铜线坯焊接一般采用电阻对焊法。

A　电阻焊接技术

焊接前应剪去线坯的两个端头，将两端分别夹进焊机的两个夹头里，并使两线端接触。然后接通焊接电流，使焊件加热到足够的温度，并给予顶锻挤压力。切断电流后，焊缝冷却，两端线材即被焊牢。

焊接电流的大小，应按线材直径大小进行调整，保证焊接有足够的温度。

电流过大，焊接区温度高，易引起线材“过烧”、“过热”现象，降低焊区的力学性能；电流过小，温度不足，焊接不上。焊接时间要适当，时间过长也会出现“过烧”、“过热”现象。时间过短，焊接温度不够，挤压量小，氧化物杂质未被全部挤出，影响焊接质量。顶锻力大小，可调节弹簧或手工推力。焊接后残留在线材表面上的金属熔渣，用钳子剪去，并用锉刀打磨光，使焊缝平整。

焊接拉伸过的线材时，由于焊接处受热产生再结晶，其力学性能与焊接处两侧的线材差异较大，须将这部分线材在对焊机两夹头间通电加热，使线材力学性能缓慢变化过渡，避免焊缝处被拉断。

部分对焊机的技术性能参数见表6-10。

表6-10　部分对焊机的技术性能参数

型号	电压/V	额定容量/kV·A	焊件直径/mm	钳口最大距离/mm	生产率/次·h^{-1}
UN-1	220	1	0.5~1.2	7	300
UN-3	220	3	1.0~2.5	15	400
UN-10	220/380	10	2.5~6.0	30	400
UN1-25	380	25	最大14.0	50	110
UN1-75	380	75	最大600	80	75

B　冷压焊

冷压焊接是韧性有色金属连接的一种方法。其原理是在集中的压力载荷作用下，使需要连接的两接触表面面积扩大，面积的扩大使被焊接表面上原始的阻碍焊接的保护膜破裂，高压载荷又使暴露的纯净金属基体紧密接触，从而产生原子之间的结合。通过在线材的轴向加力，来顶镦线材的末端，使接触表面面积增大，被污染的不干净的表面被挤出，纯净金属就能结合在一起，继续加力就可以实现焊接。

冷压焊的优点是：接头牢固，焊接时不发热，使接头能保持高强度；模具的错位设计使焊接飞边非常容易去除。其缺点是：模具的要求比较高，而且模具的通用性较差，因此模具的造价较高；设备结构比较复杂，精密度高，对使用和保养的要求较高。

目前 ϕ0.50 ~ 3.0mm 各种规格的铜线材已普遍采用冷压焊的方法，其中手提式冷焊机可焊接的最小规格达 0.07 ~ 0.15mm。冷压焊应注意以下几点：

（1）模具的尺寸与线材直径的偏差为 -1% ~ 3%。

（2）模具的工作面上不能有金属碎屑和油污。

（3）冷焊机在待焊接状态下，模具的间隙应调至线径的三分之一左右。

（4）线材的末端要求留有足够长的直段，以便线端容易进入模具。

C　银焊

银焊是钎焊方法的一种，它由熔点较低的银作为焊料和中间体，在低于铜的熔点温度下使铜线相互焊接起来。这种焊料实际上是一种银铜合金，它的熔点低于铜的熔点，还具有高的导电性和良好的力学性能。焊接时，作为焊件的铜线并不熔化，而是靠熔融的银铜合金的金属原子向铜原子中扩散达到焊接的目的。为了在焊接过程中能除去焊件表面的氧化物和污垢，并保护焊件不继续氧化，以及降低熔融焊料的表面张力和改善它的流动性，还要选用合适的焊剂。银焊用的焊剂是脱水硼砂，它和银铜合金焊料的熔点接近。

由于在焊接线径小于 0.10mm 的线材时，使用的手工冷焊钳已无法准确对接，会发生错位和焊接强度不够等情况，通常的铜线材加工，银焊主要用于小拉、微拉机的线材断头焊接。

细铜线银焊时通常用酒精灯加热，焊料也是银铜合金，但呈颗粒状。细铜线的端部先用酒精灯加热呈红色，然后将端部粘上银焊料颗粒，使两线头接触至焊料凝固为止。

当用银焊法焊接大截面线材时，应将线材端部锯或锉成斜面，将涂上硼砂的银焊片夹在两个斜面中，在对焊机上通电使焊片熔化，并且立即断电，同时用钳子将两斜面夹紧至焊料凝固为止。这种焊接方法，可使接头处的力学性能与铜线材其他部分的力学性能接近。在使用银焊后，焊接处应修锉光洁。

6.3.1.4 拉拔机辅助及收线设备（线材）

A 轧头穿模机

为了使大截面线材穿过较小的模孔，需要用专用轧头穿模机。轧头机主要有两个偏心孔型的轧辊组成，当轧辊转动时，孔型由大变小，再由小变大，往复进行180°角的周期运动。孔型最大时将线材推进，随轧辊孔型的变化，线材截面面积均匀变小，并被轧辊向外推出。为防止产生飞边影响穿模，在操作时每轧一次将线材转动90°角，并根据线材直径选择适合的孔型。

中拉所用轧尖机的原理和使用方法与轧头穿模机相同，只是适用的线径较小。

穿模机类似一个单模拉丝机，鼓轮与转轴间有一个锥度，起离合作用，将线材从模孔中拉出所需的长度。小拉、微拉的穿模，基本采用人工方法：用工具将铜线一端头锉细，穿过线模，用钳子夹住，用力拉出所需的长度。

部分国产轧头穿模机主要技术参数见表6-11。

表6-11 部分国产轧头穿模机主要技术参数

轧制直径/mm	轧辊速度/m·min^{-1}	穿模速度/m·min^{-1}	电机功率/kW
3.5~0.8	8.4	20	1.5
1.0~7.0			3.0
8.0~1.2	9.4	24.6	5.5

B 收排线装置

a 鼓轮收线

将拉制的线材直接收绕在拉拔收线机的鼓轮上，用专用的吊钩取下捆扎而成。

b　叠绕式成圈收线

将拉伸后的线材卷绕在特制的收线盘上，待线收满后可脱卸盘盖，取下成圈线材捆扎而成。这种装置一般适用于大、中规格的圆铜线和铜扁线。

c　立式连续自动收线

经过拉拔后的线材通过收线的回转导轮将线材绕在圆形筒上，然后连续自动落至专用的收线架上。这种收线装置容量大，可装1000kg以上的线材，适用于工序间周转，避免在运输过程中造成乱线。

将拉制的线材收绕在线盘上。它有单盘间隙式和双盘连续式两种。单盘式收线是每一盘绕满后都要停机换空盘。双盘收线在一只盘绕满后，线材自动绕到另一只空盘上，自动切换线材，并卸下满盘换上空盘，因此换盘不需要停机，提高了生产效率。

d　排线装置

为了使线材在线盘上收线整齐，要有排线装置，拉丝机最常用的有凸轮排线和皮带排线。

凸轮式排线通常采用“工”字形收线盘。通过调节螺杆可以改变排线宽度；调整凸轮转速可改变排线节距的大小；调节排线轮在导向的位置可改变排线的位置。

皮带排线的工作过程是电动机通过皮带轮带动皮带运转，由于电磁铁的吸力作用，夹紧元件在皮带轮一侧夹紧，皮带就带动排线导轮移动，在达到限定位置后，电磁铁释放，另一电磁铁工作，夹紧元件又在皮带轮一侧夹紧，于是排线导轮又以相反方向移动。这样反复运动完成排线。

6.3.2　单模拉拔

6.3.2.1　线材单模拉拔

线材单模拉拔机只配置一个模座和一个绞盘或夹头，故同时只能拉某一根的某一道次。

单模拉拔机通常用于：

(1) 坯料阶段的头几道次，即工件较粗、长度不大的场合。也出成品，如订货量不大、长度无要求的粗线、棒材和异形线材等。

(2) 拉制冷硬块或塑性较差的铜合金，即需要经常中间退火的材料。

典型一次拉拔机的技术参数见表6-12。

表6-12 典型一次拉拔机的技术参数

参数 \ 名称	650拉伸机	550拉伸机
绞盘直径/mm	650	550
线坯直径/mm	12~7.2	8~3
成品直径/mm	10~6	7~2
电机功率/kW	55	40
最大拉伸力/kN	50	20
拉伸速度/$m \cdot s^{-1}$	0.9	1.2~1.4
卷重/kg	250	150

6.3.2.2 棒材单模拉拔

棒材单模直条拉拔是型、棒材常用的加工方法之一。它是将挤压、轧制、连续铸造等方法供给的坯料经多次冷拉成所需的型、棒材。拉拔具有制成品尺寸精确、表面光洁、更换模子等操作方便、生产灵活、设备比较简单、拉拔工具的制造比较灵活、投资和维修费用少等优点。

A 链式拉拔机

单链式拉拔机机构简单，制作成本低廉，操作维护简单，是中、小企业及家庭作坊使用最为广泛的拉拔设备。

双链式拉伸机机构示意图见图6-8。

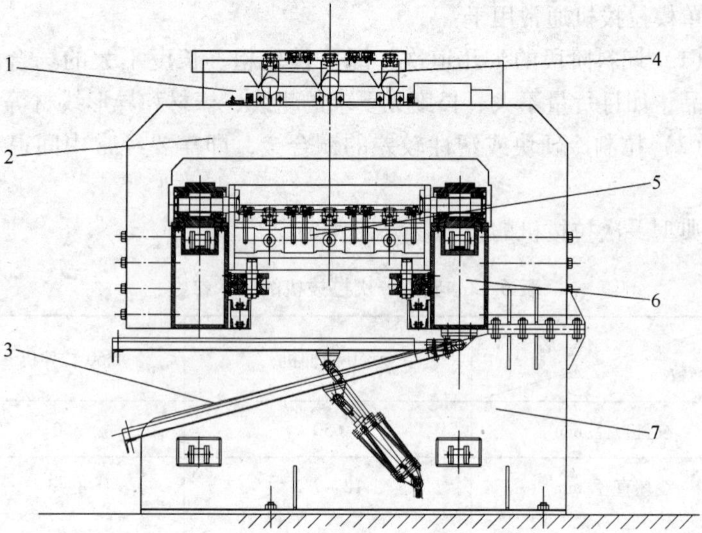

图 6-8　双链式拉伸机机构示意图

1—上料机构；2—C 形支架；3—落料架；4—分料器及滑板；
5—拉伸小车；6—横梁；7—主机架

链式拉伸机主要技术参数见表 6-13。

表 6-13　链式拉伸机主要技术参数

种类	拉伸机性能	拉伸力/MN								
		0.02	0.05	0.10	0.20	0.30	0.50	0.75	1.00	1.50
棒材	拉伸速度范围/m · min^{-1}			6 ~ 35	6 ~ 35	6 ~ 35	6 ~ 35	6 ~ 35		
	额定拉伸速度/m · min^{-1}			25	25	25	25	15		
	拉伸最大直径/mm			35	65	80	80	110		
	拉伸最大长度/m			9	9	9	9	9		
	小车返回速度/m · min^{-1}			60	60	60	60	60		
	主电机功率/kW			55	100	160	160	160		

B　履带式拉拔机

履带式拉拔机目前应用十分广泛，其结构紧凑、拉拔可靠，对改善棒材椭圆度、偏心度及保护成品有明显作用。但适应规格型号范围小，更换夹紧模具烦琐，拉拔大规格材料时整机体积明显增大。

由于履带式拉拔机靠铜棒与夹具之间的摩擦力来实现铜棒拉伸，故在变更材料规格及材质时须调整正压力的大小。其主要结构如图 6-9 所示。根据这一特性可知履带式拉拔机最适合成品的拉伸。

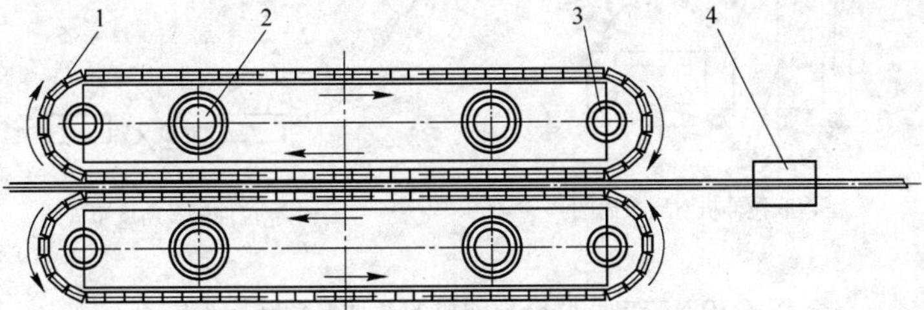

图 6-9 履带式拉伸机结构示意图

1—履带及夹紧模具；2—传动机构；3—履带张紧机构；4—拉拔模具

6.3.3 串联式拉拔机（二连拉）

6.3.3.1 设备结构与布局

两台拉拔机中间加装补偿机构等辅助机构就可组成二串联联合拉拔机。同样，多台联合拉伸机两两之间加装补偿机构等辅助机构就可组成多串联联合拉伸机。

其典型结构包括两台主机、制头机、清洗装置、弯曲矫直、切断等机构。

二串联、三串联、多串联联合拉拔机的整体布局形式可根据用户需要而定，可以根据其组合原理，设计出各种各样的生产线。在棒材拉伸工艺过程中具有明显的优势。它可以实现棒材多道次连续拉拔，从而节约了操作辅助时间，减少了操作人员。另外，该机自动化程度高，生产周期短，效率高。

三串联联合拉伸机的几种典型结构布局图见图 6-10。

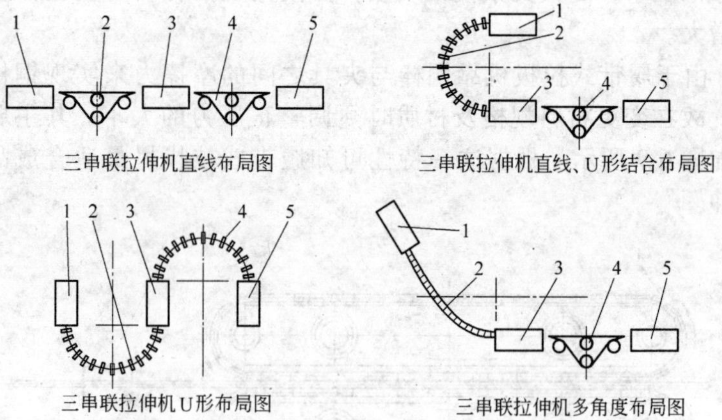

图 6-10 三串联联合拉伸机的几种典型结构布局图

1，3，5—拉拔主机；2，4—补偿机构

6.3.3.2 定尺工序

A 制头

坯料在拉拔前必须先制夹头，即先将坯料一端的断面减小到能顺利穿过模孔。坯料经过 2 ~ 3 次拉拔后又要重新制作夹头。夹头的长度为拉拔机床的厚度加 50 ~ 100mm。制造夹头的方法有碾头、锻头、旋转打头、液压送进和破口等方法。坯料的外径和截面尺寸不同，制夹头的方法和使用的设备也不同。棒材坯料常采用碾头法、液压送进和锻头法制作夹头。

B 定尺

定尺用于确定铜棒材的精确长度。由于目前市场对铜材的定尺长度或对盘料的盘重有严格的要求（具体数据见 6. 3. 6. 3 节），因此实际控制的精度误差应小于 ±5. 0mm。

C 锯切

锯切主要用于拉拔后棒材的再次精确定尺和平端面。锯切适用于各种规格的棒型材，锯切设备主要有各种规格的盘圆锯和铣刀锯。

锯切还用于坯料的中断、锯头尾、锯定尺、取试样、锯切废品等。

砂轮锯的主要技术性能、轻型圆锯的技术性能分别见表6-14和表6-15。

表 6-14 砂轮锯的主要技术性能

编号	名称	技术性能				
		电机		锯片		
		功率/kW	转速/r·min^{-1}	线速/m·min^{-1}	材质	规格/mm×mm×mm
1	砂轮锯	5.5	1440	1810	A(GZ)	400×25×4
2	砂轮锯	4.5	1440	2960	A(GZ)	400×25×4

表 6-15 轻型圆锯的技术性能

设备名称	电机		锯片		锯切规格		备注
	功率/kW	转速/r·min^{-1}	规格/mm×mm×mm	材质	外径(不大于)/mm	壁厚(不大于)/mm	
轻型圆锯	4.0	1440	ϕ320×32×5	$W_{18}Cr_4V$	100	7.5	镶齿
轻型圆锯	4.0	1380	ϕ320×32×5	$W_{18}Cr_4V$	100	7.5	镶齿
成品圆锯	2.5	1440	ϕ200×32×3	$W_{18}Cr_4V$	35	3.0	
成品圆锯	1.5	1440	ϕ110×32×1.5	$W_{18}Cr_4V$	25	2.5	

6.3.3.3 棒材矫直

铜棒材生产过程中挤压、拉拔时的不均匀变形，使拉拔后的制品变为弯曲、扭拧。为消除制品的弯曲、扭拧，制品必须进行矫直才能满足标准对弯曲的要求。

矫直的方法有张力矫直、辊式矫直、压力矫直和手工矫直等。

辊式矫直是多辊矫直，矫直辊是曲线形的，弯曲的制品进入矫直辊的间隙后，在主动辊与从动辊之间压力旋转前进行的同时，制品便发生反复的弯曲，从而使制品消除弯曲和扭拧，这种矫直方法在生产中应用最广。

辊式矫直机的主要技术性能见表6-16。

表 6-16　辊式矫直机的主要技术性能

设备性能		矫直机型号		
		9419	9417	9412
矫直材料的直径/mm		50~160	15~79	40~60
矫直制品的长度/m		2~6.4	2~6.4	
矫直料的 $\sigma_{0.2}$/MPa		≤275	≤275	≤275
矫直辊个数	主动辊	2	2	2
	被动辊	7	7	7
矫直速度/m·min⁻¹		33.4	14.7,16.6,29.6,33.4	33.4,60.4
辊子转速/r·min⁻¹				150~300
辊子回转角/(°)				25~35
主电机功率/kW		28/40	14/20	5/7
主电机转速/r·min⁻¹		730/1470	730/1470	720/1450
设备外形尺寸(长×宽×高)/m×m×m		18.3×2.3×1.5	16.8×2.7×1.4	15.5×1.3×1.2
设备总质量/t		13	12.0	3.9

垂直-水平辊子矫直机主要用于六角形和方形棒材的矫直，且仅用于圆棒的导向装置。

垂直辊矫直机包括矫直辊的七个头部：上部四个辊。下部三个辊。上部四个辊可分别用各自的手轮进行上下移动，每个手轮都装有一个刻度盘显示器，作为一个辊子调整的标准。下部辊子分别由锥形底座支撑，它们安装在共用的螺旋轴上，锥形底座通过螺旋轴一起移动。在螺旋轴的一端装有一个手轮。然后只要用一个手轮，底部所有的辊子对于不同的棒材和直径就可以同时对准中心。

水平辊矫直机包括矫直辊的七个头部：操作侧四个辊，后面三个辊用各自的手轮使操作侧的四个辊分别进行来回移动。在每个手轮上都装有一个刻度盘，作为辊子调节的一个标准。另一侧的三个辊子分别由装在共同螺旋轴上的锥形底座支撑。锥形底座通过螺旋轴一起移动。然后，所有后面的辊子对于不同直径的棒材只用一个手轮就能同时对准中心。

6.3.3.4 产品包装

我国铜加工企业的产品包装越来越引起人们的重视，并得到了较快的发展。在包装方法上，经历了裸件捆扎、简易包裹、箱式包装三个发展阶段；在包装物方面，从原来使用的草席、草绳、麻袋布、木材、铁丝等较原始的材料，发展到后来的纸制品、金属制品、木加工制品、工程塑料制品，以及目前不断涌现出的高强度、多功能、低成本和绿色环保的新材料，尤其是各种复合包装材料和再生材料。今后，产品包装将趋向于规格化、系列化和特色化；在包装材料方面将倾向于多功能、轻型化和绿色化。

包装，是在流通过程中保护产品、方便储运、促进销售，按一定技术方法而采用的容器、材料和辅助物等的总体名称。

产品包装有两层含义：一是指包覆产品的容器、材料及辅助物等，即包装器材（或称为包装物）；二是指包装产品的操作过程。

产品包装是为保护产品数量与质量的完整性而必需的一道工序，对大多数产品来说，包装还是产品运输、储存、销售不可缺少的必要条件。因此，它具有保护产品，方便储运装卸，加速交接、点验，美化、宣传产品，促进销售等的作用。

铜及铜合金加工产品使用的容器材料主要有木材、胶合板、钢材、瓦楞纸板等。包裹材料可分为防损伤材料、防潮材料及复合材料。目前，常用包裹材料主要有麻袋布、塑料编织布、塑料薄膜、铝箔、包装用纸及纸塑复合材料等。常用捆扎材料有铁丝、钢带、塑料打包带（PE、PP、PET）、塑料捆扎绳等。其他辅助材料有干燥剂、缓冲材料等。

A 线材的包装

该包装有以下几种：

（1）线材缠绕在用塑料、木料或金属制成的衬轴上，用防潮纸或气相防锈纸包裹后，再用衬有塑料薄膜的铁（木）箱包装；

（2）线卷用塑料薄膜缠绕，再用塑料编织布或麻袋布缠绕后，装入铁（木）箱包装；

(3) 线卷装入塑料袋中，用衬有防潮纸的铁（木）箱包装；

(4) 线卷装入衬有防潮纸的铁（木）箱包装；

(5) 线卷用塑料薄膜和塑料编织布或麻袋布缠绕包装。

B　棒材的包装

该包装有以下几种：

(1) 衬有塑料薄膜、防潮纸或气相防锈纸的铁（木）箱包装；

(2) 单根或多根捆扎后，用塑料编织布或麻袋布缠绕包装；

(3) 圆盘棒用花格木箱包装；

(4) 圆盘棒用塑料编织布或麻袋布缠绕包装。

线材夹板和棒材缠绕包装分别见图 6-11 和图 6-12。

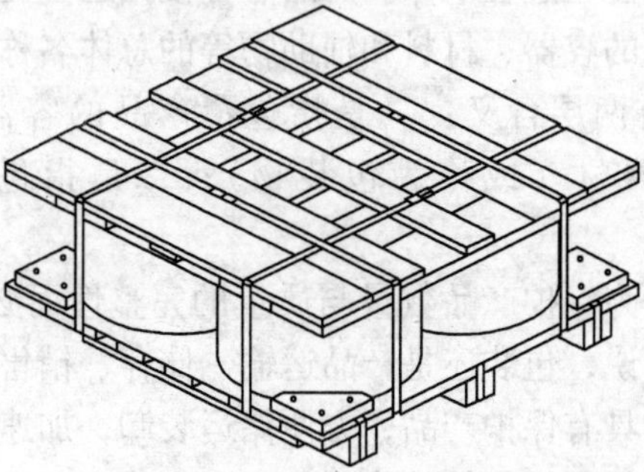

图 6-11　线材夹板包装

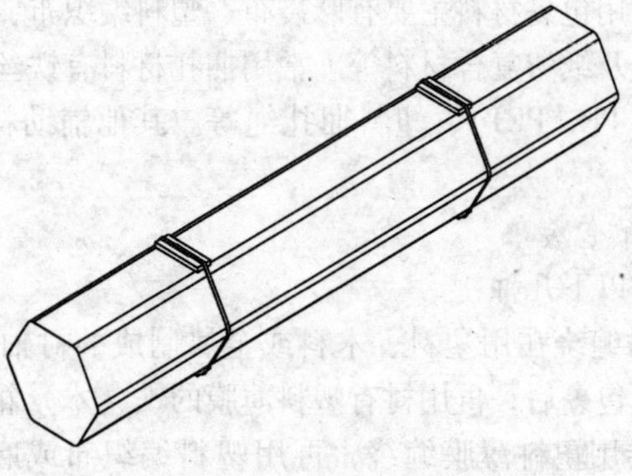

图 6-12　棒材缠绕包装

6.3.4 多模连续拉拔

6.3.4.1 棒材联合拉拔

联合拉拔机是近20年发展起来的国内外铜加工企业应用最广泛的拉拔设备。因其克服了盘拉设备盘拉时弯曲应力的影响，与链条式拉拔机相比，它不受铜棒拉拔长度的限制。同时，其使用灵活，可单台、多台组合使用。

联合拉拔也可在一台设备上生产多个品种与规格的制品，包括圆棒、六角、方棒及其他异形，实现了从拉拔、矫直、抛光、切断到倒角以及探伤等，自料坯至成品连续生产的作业线，达到了节能、节材、提高产品质量和生产率的目的。

联合拉拔机列由预矫直、拉拔、矫直、剪切和抛光等部分组成，如图6-13所示。

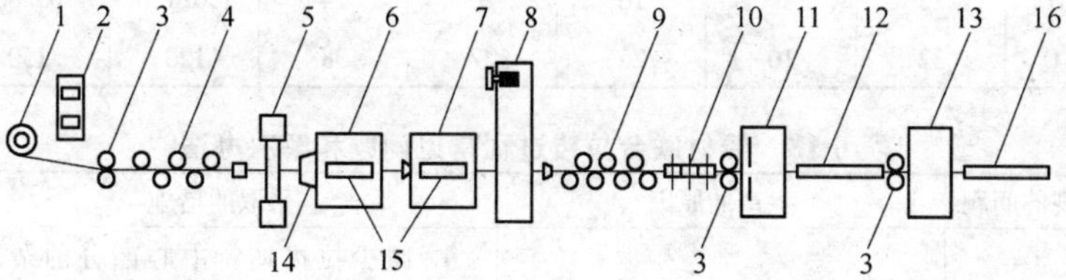

图6-13 DC－SP－1型联合拉拔机列示意图

1—线料盘；2、3—导轮；4—预矫直轮；5—球面模座；6、7—拉拔小车；8—主电动机和减速机；9—水平矫直辊；10—垂直矫直辊；11—剪切装置；12—导管箱；13—抛光机；14—小车钳口；15—小车中间夹板；16—收料台

部分联合拉拔机的主要技术性能见表6-17。

联合拉拔机的特点是：

（1）机械化、自动化程度高，所需生产人员少，生产周期短，生产效率高。

（2）产品表面粗糙度低。

（3）弯曲度最高达到0.02mm/m。

（4）公差尺寸控制精度高。

（5）设备质量轻，结构紧凑，占地面积小。

棒材联合拉拔过程常见问题和解决办法见表6-18。

表 6-17　部分联合拉拔机的主要技术性能

机型	棒材最大直径 ϕ/mm	棒材最小直径 ϕ/mm	方棒最大对边/mm	六角棒最大对边/mm	扁材最大对边/mm	V_Z /m · min^{-1}	F_Z /kN
0B/2	8	2	7	8	12	120/100	16/20
ⅠB/3	12	5	10	11	18	120/100	25/33
ⅠB/5	16	5	12	14	20	100/80	40/50
ⅠB/8	22	6	16	20	24	100/80	65/80
ⅡB/15	32	10	25	27	38	100/80	120/150
ⅢB/20	35	10	26	28	40	100/80	160/200
ⅢB/25	42	19	36	40	52	80/60	200/250
ⅣB/40	55	20	45	50	70	80/60	330/400
ⅠD	16	5	12	14	20	150/120	40/50
ⅡD	22	6	16	20	24	150/120	65/80
ⅣD	32	10	25	27	38	120	150

表 6-18　棒材联合拉拔过程常见问题和解决办法

出现的问题	生产的原因	采取的措施
材料的残余应力		1. 减少拉拔坯料中心部分的杂质、气孔； 2. 使拉拔坯料内外层力学性能均匀； 3. 对坯料进行热处理，使晶粒变细； 4. 在拉拔过程中进行中间退火； 5. 拉拔时，道次加工率不应过大
沿棒材剪切的长度偏差太大	1. 可能是气动离合器有些打滑； 2. 盘制动器操作不佳	1. 彻底清除离合器磨损表面的灰和油，根据气动离合器说明书重新调节离合器板的间隙； 2. 彻底清除盘制动器、调压器的灰尘，或换新的盘制动器衬垫； 3. 适当调节剪切凸轮轴盘制动器的空气压力
棒材不直	1. 矫直嘴偏斜度不够； 2. 拉拔模装配不正确而使棒材拉拔倾斜； 3. 线材内部张力太不均匀	1. 充分调节中心矫直嘴以达到棒材需要的倾斜度； 2. 根据线材弯曲方向设定拉拔模； 3. 在拉拔前对线材进行充分退火

续表 6-18

出现的问题	生产的原因	采取的措施
成品棒材的表面有螺旋状	1. 抛光盘和矫直嘴与棒材接触面有摩擦点； 2. 棒材不在导向板的中间位置； 3. 后面的导管太小，或导管的内表面不够光滑； 4. 棒材碰到用于擦拭油的导管圈	1. 为了便于发现棒材的摩擦点，当一根棒材的一半在机器内时，突然停止机器，操作者就可容易地找到棒材的摩擦点； 2. 调整可移动的抛光盘，使棒材只能在导向板之间活动而不碰到上部或下部的导向板，万一棒材碰到下部的导向板，轻轻转动抛光盘的齿轮箱朝左转动，万一棒材碰到上部导向板，则轻轻朝右转动齿轮箱； 3. 装置出口的导向管必须足够大，使棒材容易移动，但是该导管的尺寸必须严格控制，以避免两根棒材同时在里面重叠，而且管内要磨光，保持内表面光滑； 4. 把导向圈倒角换上大的
成品棒材的表面有擦痕点	1. 抛光盘上积聚了来自棒材表面的小金属物质，是由擦痕引起的； 2. 抛光的润滑有缺陷	1. 用金刚砂纸清洁抛光盘表面； 2. 用新的清洁润滑油
抛光盘上积聚了来自棒材表面的小金属物质	1. 抛光盘对棒材的压力太大，或抛光压力或推力太小，使棒材在抛光盘之间滑动； 2. 抛光润滑不合适	1. 用抛光盘调节压力； 2. 使用合适的抛光润滑油，一般来说，具有高黏性的润滑油用于铁制棒材，多种类型的润滑油用于非铁材料的棒材
圆棒上出现螺旋状痕迹	1. 抛光盘的压力太大； 2. 矫直嘴的接触面太窄； 3. 操作侧抛光盘角度不正确； 4. 导向件上的导向板设定不正确（在这种情况下，棒材的螺旋状刻痕可用手指检查）； 5. 擦痕钢圈上有一些不需要的金属物质（在此情况下，棒材应该有深的螺旋状刻痕）； 6. 导向板表面粗糙； 7. 中间导管上有一些裂缝； 8. 抛光装置的进出口的导向件与中心线没有对准	1. 松开手轮减少抛光盘的压力； 2. 正确设定导向件和导向板； 3. 磨光擦油钢圈的内表面或换上新的； 4. 用金刚砂纸磨光壁架板表面； 5. 把中间导向件浸在硫酸液中，清洁其内表面，或换上新的； 6. 在抛光装置的进、出口调整导向件的位置

6.3.4.2 线材多模拉拔

A 积蓄式无滑动连续多次拉拔

多次拉拔总加工率大，拉拔速度快，自动化程度高；拉拔道次可根据被拉拔的铜线材所能允许的延伸系数、产品最终尺寸以及所要求的力学性能来确定，通常为2~25道次。

这种形式的拉线机由若干台立式单模拉线机组合而成。每个绞盘都由各自的电动机拖动，既可以单独运行，也可统一运行。线材从上一个绞盘的引线滑环中引出，经过上导轮和下导轮，进入下一道次模子和绞盘，进行下一道次的拉制。这样就能在同一时间里拉若干道次。这种平行交叉作业的多模连续拉制，比单模拉制的生产率要高。

积线系数 J 相关公式：

$$J_n = \mu_{n+1}/r_{n+1}$$

或

$$J_{n+1} = \mu_n/r_n$$

式中 μ——延伸系数；

r——鼓轮速比。

通常 J 值可取1.03~1.05。如 J 值过大，将导致必须使某些电机频繁停转或降速；如过小，将使积线圈数减少或消失，设备无法正常工作。对积线式拉丝机来说，$J>1.0$ 是必要条件。

B 滑动式连续多次拉拔

在滑动式连续拉丝机上生产线材时，各中间鼓轮均产生滑动，滚轮上一般绕1~4圈线材。在拉拔过程中鼓轮各级转数不能自动调整，只有在停车时才能进行调整，但不能改变各鼓轮的速比。

滑动式连续拉拔有以下两个特点：

（1）除最后一道外，其余各道次都存在滑动。由于滑动式连续拉线机是由鼓轮上的线材与绞轮之间的滑动摩擦力来牵引线材运动，所以增加了功率消耗，还会造成鼓轮表面磨损，形成沟槽，使线材在鼓轮上的轴向移动发生困难，线与线叠压，甚至断线，也会因为线材与鼓轮的摩擦使其表面质量下降。但它却能自动调节线材的张力，不至于中间断线或留有余线。

k（最后一道）和 $k-1$（最后前一道）拉丝鼓轮图见图 6-14。

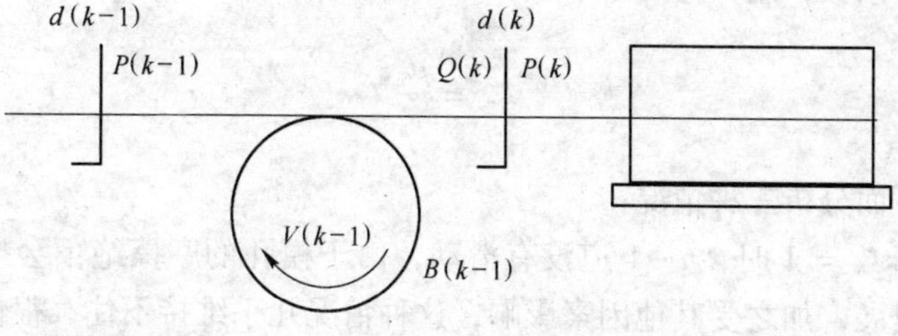

图 6-14　k（最后一道）和 $k-1$（最后前一道）拉丝鼓轮图

图中：$B(k-1)$—最后前一道的线速度；$P(k)$—最后一道拉制力；
$V(k-1)$—最后前一道绞轮速度；$d(k)$—最后一道拉制模具；
$Q(k)$—最后一道反拉力

k 道没有滑动，如果 $k-1$ 道也没有滑动时，$d(k)$ 由于磨损而增大，假设这时 $d(k-1)$ 没有增大，那么通过 $d(k-1)$ 道模孔线材的秒体积没有变化，而通过 $d(k)$ 道线材的体积增加，则产生供不应求的现象，使 $Q(k)$ 急剧增加，从而 $P(k)$ 也急剧增大，造成断线。

如果 k 道没有滑动，而 $k-1$ 道上设法使它存在一定的滑动时，只要 $Q(k)$ 稍微有增加，那么在 $k-1$ 道鼓轮上的线材就会箍紧些，使滑动量减少，$B(k-1)$ 增加，自动满足 k 道需要。反之，如果出现 $d(k-1)$ 增大，$d(k)$ 没有变化的情况，则 $Q(k-1)$ 就会减小，使 $k-1$ 道的滑动量增加，避免了因供过于求而引起积线过多。

滑动还能应付多种情况，如在拉线模的制造偏差，线的抖动，拉线机的振动，润滑剂供应不均匀，气流的波动等引起线材张力发生变化的情况下，都能自动地予以调整。保证正常滑动的方法是在相邻两鼓轮间，如果让拉拔后的长度与拉拔前的长度之比大于后面和前面的鼓轮线速度之比，就会在前面鼓轮上产生需要的滑动。

相邻两鼓轮线速度之比称为鼓轮的速比（r_n）：

$$r_n = \frac{V_{n+1}}{V_n}$$

式中　V_{n+1}——$n+1$ 道时鼓轮的线速度；

　　V_n——n 道时鼓轮的线速度。

从以上分析可知，只要使$(\mu_n/r_n)>1$即可，这里把μ_n/r_n称为相对前滑系数，用τ_n表示：

$$\tau_n = \frac{\mu_n}{r_n}$$

下面分析三种情况：

当$\tau_n = 1$时，$n-1$道没有滑动，由于模孔的摩擦绝不会按同一规律发展，加之受其他因素影响，这种情况几乎维持不住，很快就会发生断线。

当$\tau_n < 1$时，一开车就会断线，不能拉。

当$\tau_n > 1$时，在$n-1$道有滑动，能自动调节张力，保持长时间不断线。那么τ_n取值可根据线径公差（设定线材的偏差为断面面积的±2%），通过近似计算可得：

$$\tau_n = 1 + \frac{1.02S_n - 0.98S_n}{0.98S_n} = 1.0408$$

因发生极限情况的可能性较小，同时为保证线材质量和减少鼓轮摩擦，τ_n值也应较小。通常τ_n取1.015～1.04，有时τ_n值可达1.10。一般线径越细，τ_n值越小，出口模的τ_n值也应较小。

(2) 除第一道外，其余道次均存在反拉力。拉拔力是靠线材与鼓轮间的滑动摩擦产生的。滑动摩擦力的大小与摩擦系数、绕线圈数和线材对鼓轮的箍紧程度有关。绕线圈数和线材对鼓轮的箍紧程度决定正压力的大小，而离开鼓轮的线材的张力决定现场的箍紧程度。这个张力就是下一道的反拉力。

反拉力分析简图见图6-15。

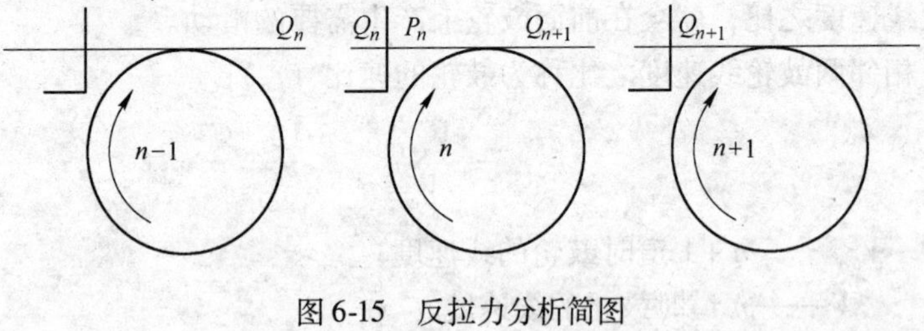

图6-15　反拉力分析简图

拉拔力 P_n、反拉力 Q_n、绕线圈数 m、摩擦系数 f 之间的关系可根据柔性物体对表面间的摩擦定理来确定。

$$P_n = Q_n e^{2\pi mf}$$

式中 e=2.718 自然对数的底；

m——第 n 道鼓轮上的绕线圈数；

f——圆铜线与鼓轮表面的摩擦系数。

$e^{2\pi mf}$ 的值可按表 6-19 确定。

表 6-19 $e^{2\pi mf}$ 值

缠绕圈数 m	摩擦系数				
	f=0.05	f=0.10	f=0.15	f=0.20	f=0.25
1	1.36	1.87	2.57	3.51	4.81
2	1.87	3.51	6.59	12.35	23.14
3	2.57	6.59	19.90	43.38	111.32
4	3.51	12.35	43.38	151.40	535.49
5	4.81	23.14	111.32	535.49	

由表 6-19 可以看出，绕线圈数的多少对下一道的反拉力影响很大。绕线圈数越少，下一道的反拉力越大；绕线圈数越多，下一道的反拉力越小。当绕线较多时，滑动对张力变化的反应迟钝，同时线材在绞轮上轴向移动困难，容易叠压造成断线。所以拉拔时要合理确定绞轮上的绕线圈数。

C 非滑动多次拉拔

非滑动拉拔主要使用非滑动积蓄式拉线机，在铜线材加工行业大部分已被淘汰。

非滑动拉拔的主要特点是线材与鼓轮之间没有滑动，各中间鼓轮上线材的圈数可以增减。中间各鼓轮起拉线的作用，又起下一道次的放线架作用。

当 τ_k 储存系数等于 1 时，拉拔过程中 k 道次绞轮上的线材圈数保持不变，线材不发生扭转。但不能长时间维持不变。

τ_k 大于 1 时，拉拔过程中 k 道次的线材圈数逐渐减少，线材发生扭转。

τ_k 小于 1 时，拉拔过程中 k 道次的线材圈数逐渐增加，线材同样也发生扭转。

为了保证线材与鼓轮之间没有滑动，开始穿模时要使每个中间鼓轮上绕有 15 圈以上的线材。

带滑动式多次拉拔机、无滑动的连续式多次拉拔机和无滑动的积蓄式多次拉拔机的技术性能见表 6-20 ~ 表 6-23。

表 6-20　带滑动式多次拉拔机的技术性能（一）

性能参数		1 级 5 模拉拔机	1 级 9 模拉拔机	2 级 9 模拉拔机	3 级 13 模拉拔机	3 级 12 模拉拔机	751 型拉拔机
模子个数/个		5	9	9	13	12	18
阶梯形牵引绞盘数/个		5	8	4	4	4	4
阶梯级数/级		1	1	2	3	3	3 × 4 + 1 × 5
牵引绞盘各阶梯直径 /mm		700	650	211-380	158-244-380	100-144-207	101-302 72-302
收线绞盘直径/mm		—	450	450	450	180	—
线坯直径/mm		17 ~ 10	10 ~ 7.2	8 ~ 7.2	8 ~ 7.2	3.2 ~ 1.8	3.0 ~ 2.0
成品直径/mm		12 ~ 5.5	5.5 ~ 4.0	4.0 ~ 1.6	2.3 ~ 1.0	1.0 ~ 0.4	1.0 ~ 0.35
出线速度 /m · s^{-1}	Ⅰ	1.0	3.0	8.0	8.0	12.0	8.5
	Ⅱ	1.6	4.4	10.0	10.0	15.5	12.2
	Ⅲ	2.9	7.3	15.0	15.0	20.0	16.5
	Ⅳ	—	—	—	—	—	23.2
线盘收线质量/kg		≤3000	≤400	≤400	≤400	40	100 ~ 15
拉拔机的电机功率/kW		100	100	100	100	36	40
转数/r · min^{-1}		1460	1460	1460	1460	1440	1450

表 6-21 带滑动式多次拉拔机的技术性能（二）

性能参数		418 型拉拔机	4 级 19 模拉拔机	5 级 21 模拉拔机	771 型拉拔机	6 级 18 模拉拔机	7~8 级 18 模拉拔机
模子个数/个		18	19	21	18	18	18
阶梯形牵引绞盘数/个		4	4	6	4	2	2
阶梯级数/级		3×4+1×5	2×4+2×5	4×3+2×4	7+2×8+9	2×9	2×9
牵引绞盘各阶梯直径/mm		106~300	60~294	—	53~184~190~233~226	40~141	45~99
收线绞盘直径/mm		75~153	180	—	—	141	71
线坯直径/mm		2.5~1.9	2.5~1.8	1.8~0.4	1.0~0.6	0.4~0.2	0.15~0.05
成品直径/mm		0.68~0.32	0.39~0.2	0.3~0.1	0.3~0.1	0.09~0.05	0.04~0.01
出线速度/$m \cdot s^{-1}$	Ⅰ	23.8	13.0	40	30	9.5	3.5
	Ⅱ		18.0			18.3	10.0
	Ⅲ		25.0			30	17.6
	Ⅳ		—			—	
线盘收线质量/kg		10	40~10				
拉拔机的电机功率/kW		22	29				
转数/$r \cdot min^{-1}$		975	1435				

表 6-22 无滑动的连续式多次拉拔机的技术性能

性能参数	3~4/550 拉拔机	6~7/550 拉拔机
形　式	直线式	活套式
模子数/个	3~4	6~7
绞盘直径/mm	425/550	430/550
绞盘个数/个	3	6
线坯直径/mm	9.2	6.5
成品直径/mm	6~3	3.2~1.5
拉拔速度/$m \cdot s^{-1}$	2.5~8.5	1.6~4.8
线卷的最大质量/kg	120~150	80~120
拉拔机的电机功率/kW	55×3	40×6

表 6-23　无滑动的积蓄式多次拉拔机的技术性能

名　称		拉拔机型号				
		2/550	4/550	2/450	6/350	8/250
模子数/个		2	4	2	6	8
绞盘数/个		2	4	2	6	8
绞盘直径/mm		550	550	450	350	250
线坯直径/mm		7.0	5.0	4.8	4.5	2.0
成品直径/mm		4.0	3.5 ~ 2.0	4 ~ 2	2 ~ 1.5	0.8 ~ 0.5
拉拔速度 $/m \cdot s^{-1}$	Ⅰ			1.24	4.93	6.15
	Ⅱ	1.18	1.22 ~ 3.67	1.69	6.70	8.31
	Ⅲ			2.50	9.95	12.38
线卷的最大质量/kg		80 ~ 150	80 ~ 150	80	60 ~ 80	40 ~ 60
拉拔机的电机功率/kW				7/9/10	7/9/10	2.5/3/3.5

无滑动的积蓄式多次拉拔机、小拉机及退火装置分别见图 6-16 和图 6-17。

图 6-16　无滑动的积蓄式多次拉拔机连续式拉丝机

图 6-17 小拉机及退火装置

6.3.4.3 多线拉拔

提高拉拔机速度是一种提高生产率的方法，但是速度达到一定值后，生产成本的增加大于提高速度所得的收益，且噪声、断线、工具寿命等问题也限制了拉拔速度的提高，于是就出现了多线拉拔。

多线拉拔大多应用于滑动式拉拔机，通常大拉为2线，中拉为4~8线，小拉和细拉为8~16线。该型拉拔机使用的绞盘与常规滑动拉拔机一样，有来回反复的塔轮式和直线摆布的等径绞盘；过线方式有，每个绞盘上同时走两线，但更多的是每个绞盘走一线，但同一轴上有多个相同直径的绞盘拉制多根线材，即直线摆布式，或多组塔轮绞盘拉制多根线材。

多线拉拔的速度处于常规滑动式拉拔机的中速范围，其优点是牺牲部分速度，换取更大的生产率和更低的生产费用。而穿模上线是件十分费时的工作，一旦出现断线停车，将严重影响其生产效率，因此该型设备对使用的材料质量要求很高，也使其推广过程受到阻碍。

多线拉拔机和拉拔机拉线塔轮分别见图 6-18 和图 6-19。

图 6-18　多线拉拔机

图 6-19　拉拔机拉线塔轮

Henrich 公司和 Niehoff 公司的多线拉拔机技术特性分别见表 6-24 和表 6-25。

表 6-24 Henrich 公司的多线拉拔机技术特性

型 号	线数	进线线径 /mm	出线线径 /mm	拉速 /m·s^{-1}	模子数 /个	道次变形 /%	退火装置
S	2	8.0	1.3~3.6	27	13，15	30，26	ES
A	2	8.0	1.3~3.0	27	13，15	30，26	ES
G	2	3.2	0.3~1.2	35	17	26	EG
G	4	2.6	0.3~0.7	30	17	26	GE，EG4
G	8	2.6	0.3~0.7	30	17	26	EA
I	2	2.6	0.15~0.65	35	17，21	26，21	EI
I	4	1.8	0.15~0.45	30	17，21	26，21	EI，EI4
I	8	1.8	0.15~0.45	30	17，21	26，21	EG
K	2	1.4	0.1~0.4	35	21	21	EK
K	4	1.4	0.1~0.3	30	21	21	
K	8	1.4	0.1~0.3	25	21	21	EI
K	6	1.4	0.3~1.2		8	26	
K	8	1.4	0.3~1.2		8	26	
K	8	0.8	0.1~0.3	25	7，12	26	
N	6	1.4	0.3~0.7		8	26	
N	8	1.4	0.3~0.7		8	26	
N	2	0.5	0.05~0.15	45	15	21	EN

表 6-25 Niehoff 公司的多线拉拔机技术特性

型 号	线数	进线线径 /mm	出线线径 /mm	拉速 /m·s^{-1}	模子数 /个	道次变形 /%	退火装置	收线装置
MM85	2	8	3.8~1.2	40	5~15	渐小	R560、R500	LS1250GE、WF1000①
MM315	2	3.2	1.0~0.3	50	5~21	26/21/19	R315、VG30	LS800GE
MMV250	2	2.1	0.6~0.2	40	5~21	26/21	R200/R160/VG30	LS800GE
MZV120	2、4、8	2	0.5~0.08	31.5	21	21/15	VG30	LS800GE
MZE201	2、4、8	2	0.5~0.2	31.5	11/21	21	VG30	LS800GE
MZE121	2、4、8	1	0.25~0.1	31.5	11/21	15	VG30	LS630GE

①LS××GE 为线盘收线装置，WF××为成圈下线装置。

6.3.4.4 铜线材韧炼工艺

铜棒材因其截面面积大，对制品弯曲度有要求，常使用整体退火炉进行中间、成品韧炼（可参见 5.6.5 节和 6.3.5.4 节）。而小截面的线材因其力学性能的特点，常采用与棒材不同的韧炼工艺。

A 间歇韧炼

韧炼又称退火、软化。在未出现在线连续退火装置前，铜线材制品是放置在密封的容器内进行韧炼的，两次退火过程之间存在一定的时间间隔。目前，部分线材生产企业仍然保留着该工艺。

间歇韧炼炉型主要有罐式、钟罩式、水封式、气体保护连续式。

由于各生产企业的铜线韧炼炉有所不同，以下所介绍的数据仅供参考。

a 罐式韧炼炉

其工艺流程为：

装料→ 抽真空→ 充气→ 加热保温→ 出炉冷却→ 出料

罐式炉温度及加热时间见表 6-26。

表 6-26 罐式炉温度及加热时间

形　式	线径/mm	温度/℃	加热时间/h
成盘铜线	1.0 以下	500 ±10	4 ~4.5
	1.01 以上	500 ±10	4.5 ~5.5
圈铜线	1.0 ~2.0	500 ±10	4 ~5
	2.1 ~3.28	500 ±10	5 ~5.5
	3.29 ~5.0	500 ±10	5.5 ~6
	5.1 及以上	500 ±10	6

b 钟罩式韧炼炉

其工艺流程为：

装料→ 抽真空→ 加热保温→ 出炉冷却→ 出料

钟罩式韧炼炉温度规范见表 6-27。

表 6-27 钟罩式韧炼炉温度规范

铜线线径/mm	温度/℃		保温时间/min
	上 部	下 部	
0.8	490~500	400~410	110
	360~370	340~350	150
0.8~1.0	500~510	410~420	110
	380~390	360~370	150

c 水封式韧炼炉

为使铜线韧炼时不氧化，在刚开始生产时的一段时间内，进行预热，并通入水蒸气，排除炉膛内的空气，创造无氧环境。出口水封槽的水温应在60℃左右（见表6-28）。

表 6-28 水封式韧炼炉线径及温度

线径/mm	温度/℃	线径/mm	温度/℃
0.1~0.12	345~360	0.45~0.58	560~570
0.13~0.20	380~390	0.59~0.74	570~580
0.21~0.29	440~450	0.75~1.00	590~600
0.30~0.38	460~470	1.01~1.19	630~640
0.39~0.44	490~500	1.20 及以上	660~690

d 电热气体保护连续式韧炼炉

其生产工艺流程为：

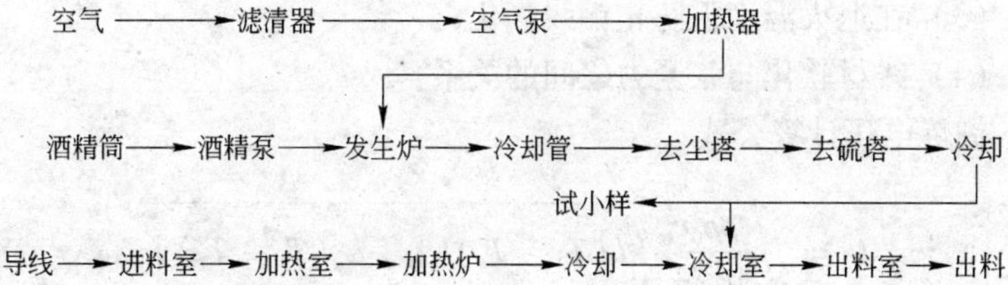

其主要工艺参数见表6-29。

表 6-29　主要工艺参数

线 径 /mm	酒精筒压力 /MPa	酒精流量 /L·h⁻¹	风 量 /m³·h⁻¹	空气加热器温度/℃	工作炉温度 /℃	出炉间隔时间/min
0.40~0.92	0.1~0.2	2.3~3.0	15	100~155	400	48
1.0~1.9	0.1~0.2	2.3~3.0	15	100~155	400	60
2.0~2.62	0.1~0.2	2.3~3.0	15	100~155	420	60
2.63~3.15	0.1~0.2	2.3~3.0	15	100~155	420	60

B　连续韧炼

连续退火就是在拉拔机与收线装置之间插入退火装置，使工件边通过边退火。该方法与间歇式退火工艺相比，具有节能30%~50%、缩短生产周期、改善劳动条件等优点。

连续退火的方法是：通过带有交流或直流电的导轮（接触轮），向运动中的线材导入大的电流，电流与线材自身电阻作用而发热升温，达到退火温度，再通过冷却液使其快速冷却下来。

由于拉拔机的线速度较高，通过退火装置的总时间较短，故在设备上设置低温预热段和高温退火段。同时又由于线材在退火装置中的保温时间极短，退火后立即被冷却液冷却至再结晶温度以下，故韧炼的温度应比其他韧炼工艺高约50℃。

欲使连续退火正常运行，需要解决相关技术问题，这些问题也是工艺控制的重点：

(1) 线径、出线速度与电流、电压的关系；

(2) 在大电流和高速运动中线材与接触轮之间的稳定接触和稳定馈电；

(3) 在退火温度下防止铜线氧化；

(4) 线材软化与张紧力之间的关系。

韧炼电压计算公式：

$$U = \sqrt{\frac{\rho\rho_0 c_{\mathrm{p}}}{0.24} VL(T_2 - T_1)[1 + a_{\mathrm{p}}(T_1 - T_2)]}$$

韧炼电流计算公式：

$$I = F\sqrt{\frac{\rho c_p}{0.24\rho_0} \times \frac{V}{L} \times \frac{T_2 - T_1}{c_p/2 \times (T_1 + T_2)}}$$

式中　ρ——密度，kg/dm^3；

ρ_0——20℃时电阻率，Ω · mm/m；

c_p——定压比热容，J/(kg · ℃)；

V——韧炼速度，cm/s；

L——韧炼长度，cm；

T_2——韧炼末端温度，℃；

T_1——韧炼始端温度，℃；

F——韧炼导线截面面积，cm^2。

部分国产连续退火装置的技术特性见表6-30。

表 6-30　部分国产连续退火装置的技术特性

型　号	线径 /mm	速度 /m · s^{-1}	电流 /A	电压 /V	接触轮直径 /mm	冷却液容量/L	配套拉拔机型号
TLZ-400	1.2 ~ 3.5	8 ~ 16.5	4000	20 ~ 26	400	600	LH400/13
TLZ-250	0.4 ~ 1.2	10 ~ 21.2	1200	55	250	200	LH280/17
TLZ-160	0.12 ~ 0.4	15 ~ 25	300	63	160	290	LH200/17
TLZ-100	0.08 ~ 0.15	15 ~ 25	35	27	100	70	LH120/17

6.3.5　铜及铜合金材料拉拔技术

6.3.5.1　铜合金材料拉拔控制

目前，线材成品的加工，一般是用加工率来控制其最终性能，不同的牌号、不同的状态，选择不同的加工率。而坯子的拉拔则要依据设备和金属塑性等条件，尽量采用较大的加工率，以减少退火次数，缩短生产周期。各合金牌号两次退火间的总加工率和成品加工率的推荐，见表6-31。当然还可以用退火来控制成品最终的力学性能，即先控制好成品前的总加工率，最后用退火温度和保温时间来达到所需力学性能的目的。

合金材料力学性能和加工率的关系见图 6-20。

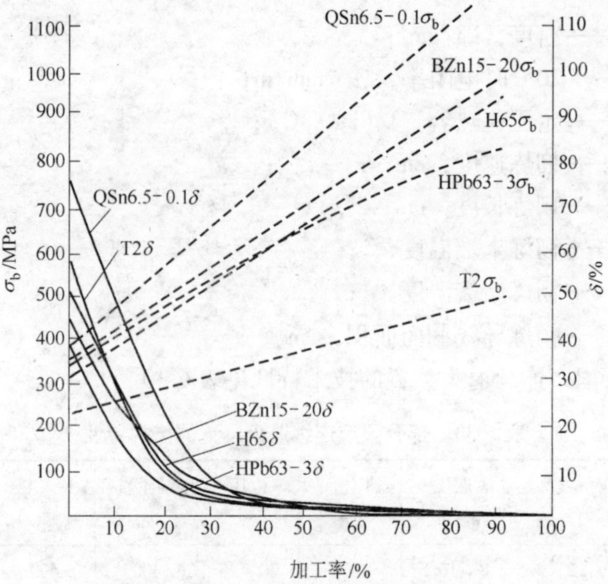

图 6-20　T2、H65、HPb63-3、QSn6. 5-0. 1、BZn15-20 的力学性能与加工率的关系

各合金加工率的推荐见表 6-31。

表 6-31　各合金加工率的推荐

牌　号	两次退火间总加工率/%	成品直径/mm	成品加工率/% 软 性	半 硬	硬 性
T2、T3、TU1、TU2	30 ~ 99	0. 02 ~ 6. 0	30 ~ 99		60 ~ 99
T2、T3、铆钉	30 ~ 99	1. 0 ~ 6. 0		5 ~ 12	
H68	25 ~ 95	0. 05 ~ 0. 25	25 ~ 95		46 ~ 75
		>0. 25 ~ 1. 0		10 ~ 25	50 ~ 75
		>1. 0 ~ 2. 0		15 ~ 20	45 ~ 50
		>2. 0 ~ 4. 0		15 ~ 25	45 ~ 50
		>4. 0 ~ 6. 0		20 ~ 25	40 ~ 45

续表 6-31

牌　号	两次退火间总加工率/%	成品直径/mm	成品加工率/%		
			软性	半硬	硬性
H65	25～95	0.05～0.25	25～95	—	35～75
		>0.25～1.0		17～20	55～75
		>1.0～2.0		18～21	50～55
		>2.0～4.0		19～24	40～50
		>4.0～6.0		22～24	40～45
H62	25～95	0.05～0.25	25～95	—	62～90
		>0.25～1.0		17～19	60～80
		>1.0～2.0		18～21	50～60
		>2.0～4.0		17～21	50～55
		>4.0～6.0		20～22	45～50
H62 铆钉	25～75	1.0～6.0	—	9～17	
HPb62-0.8	25～80	3.8～6.0	—	13～16	
HPb63-3	20～70	0.5～6.0	20～70	17～22	40～50
HPb59-1	20～80	0.5～6.0	20～80	15～20	25～45
HSn62-1 HSn60-1	20～70	0.5～6.0	20～80	—	20～55
QCd1	25～95	0.5～6.0	20～90	—	65～85
QBe2	25～80	0.1～0.5	25～80	17～21	64～75
		>0.5～1.1			48～61
		>1.1～2.5			38～47
		>2.5～6.0			34～37
QSn6.5-0.1 QSn6.5-0.4 QSn7-0.2	25～75	0.1～1.0	25～75	—	66～75
		>1.0～2.0			63～65
		>2.0～4.0			61～63
		>4.0～6.0			59～66
QSn4-3	35～95	0.1～1.0	—	—	91～93
		>1.0～2.0			90～92
		>2.0～4.0			86～91
		>4.0～6.0			81～88

续表 6-31

牌　号	两次退火间总加工率/%	成品直径/mm	成品加工率/%		
			软性	半硬	硬性
QSi3-1	25 ~ 85	0.1 ~ 1.0	—	—	64 ~ 84
		>1.0 ~ 2.0			64 ~ 67
		>2.0 ~ 4.0			58 ~ 65
		>4.0 ~ 6.0			60 ~ 64
BZn15-20	30 ~ 95	0.1 ~ 0.2	30 ~ 95	—	80 ~ 89
		>0.2 ~ 0.5		—	60 ~ 75
		>0.5 ~ 2.0		18 ~ 22	43 ~ 59
		>2.0 ~ 6.0		18 ~ 22	40 ~ 45

注：软态成品加工到成品尺寸后，再进行光亮退火。

6.3.5.2　扒皮

扒皮的目的是消除成品表面的起皮、起刺、凹坑等缺陷，一般坯料表面要用扒皮模扒去一层。为了确保扒皮质量，在扒皮前须经一道加工率 20% 左右的拉拔，然后经过可调的导卫装置，进入扒皮模。因为坯料的椭圆度较大，且材质较软，经拉一道后，变圆且已加工硬化，这样能保证线坯四周均匀地扒去一层。如不能完全消除坯料表面缺陷，还要重复扒皮。由于被扒金属材质不同，扒皮模的一般技术参数有所区别。

扒皮模的加工见表 6-32。

表 6-32　扒皮模的加工

合金	图　形	材料	定径区长/mm	刃口角度/(°)	加工顺序
紫铜	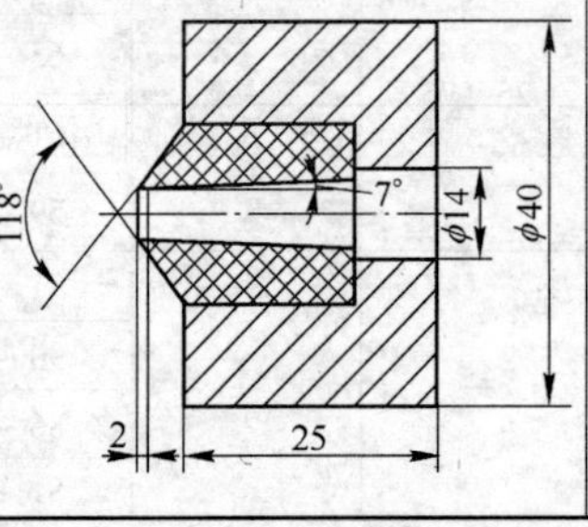	Cr12 YG6 YG8	1.5 ~ 2.5	59 ±2	1. 如采用合金工具钢，先在 970℃ 温度下保温 5 ~ 15min 后在油中淬火。除去刃口面及定径区的氧化皮； 2. 磨刃口凹圆锥； 3. 磨定径区、出口圆锥、出口区； 4. 精磨定径区、刃口凹圆锥

续表 6-32

合金	图 形	材料	定径区长/mm	刃口角度/(°)	加工顺序
黄铜	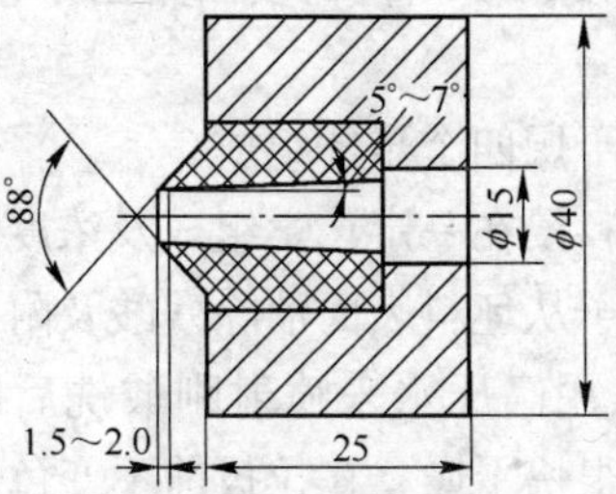	YG6 YG8	1.5~2.0	88±2	1. 磨刃口圆锥； 2. 磨定径区、出口圆锥、出口区； 3. 精磨定径区、刃口圆锥
铅黄铜	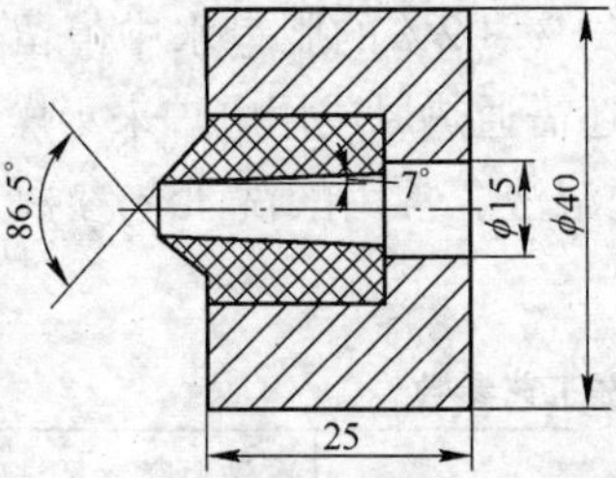	YG6 YG8		86±2	1. 磨刃口工作面； 2. 磨出口圆锥、出口区； 3. 精磨刃口工作面、出口圆锥
青铜、铜镍合金	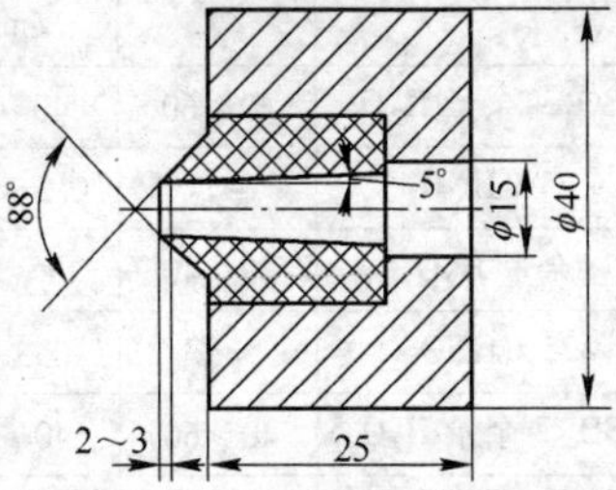	YG6 YG8	2~3	88±2	1. 磨刃口圆锥； 2. 磨定径区、出口圆锥、出口区； 3. 精磨定径区、刃口圆锥

每次金属扒皮量推荐值列于表 6-33。

表 6-33 每次金属扒皮量推荐值

每次金属扒皮量/mm	紫 铜	黄 铜	青 铜	白 铜
	0.3~0.5	0.3~0.5	0.2~0.4	0.2~0.4

6.3.5.3 酸洗和脱脂

热挤压或氧化退火后的坯料，表面形成一层氧化皮，它的硬度、脆性很大，如果直接拉拔，表面无金属光泽，同时使模具的模孔很快磨损。

因此，在拉拔前应设法去掉氧化皮。目前去掉氧化皮的方法有酸洗法、机械法、冷水浸清法等。而酸洗去氧化皮乃是最彻底、最常用的方法。

酸洗法即是用化学方法去掉氧化皮，使坯料的表面露出本色来，便于再拉拔。

酸洗工序由酸洗、水洗、中和、干燥四个步骤组成。

酸洗过程就是把带有氧化皮的坯料浸在一定化学组成及浓度的酸洗液中，经过一段时间后取出来。为了从坯料表面消除残酸及附在其上的金属粉末，要进行水洗。水洗是用高压水来喷射刚酸洗后的坯料。为了彻底去掉表面的残酸，使之很快干燥，在拉拔前不变色，水洗后把线坯浸入预热到 60 ~ 80℃ 含有 1% ~ 2% 的肥皂水中停留一定时间。肥皂和残酸起中和作用，有的还需通热风或用电炉来干燥。

在酸洗时不同合金采用不同酸洗溶液。常用酸洗工艺参数见表 6-34。

表 6-34　常用酸洗工艺参数

牌　号	酸液成分与浓度	酸洗温度 /℃	酸洗时间 /min
T2、T3、TU1、TU2	7% ~ 17% H_2SO_4 + 余量 H_2O	40 ~ 60	40 ~ 70
	75% H_2SO_4 + 25% HNO_3	室温	0.2 ~ 0.5
H68、H65、H62、HPb59-1、HPb63-3、HSn62-1、HSn60-1	5% ~ 12% + 余量 H_2O	20 ~ 40	1 ~ 15
	75% H_2SO_4 + 25% HNO_3	室温	0.5 ~ 1
QSn4-3、QSn7-0.2、QSn6.5-0.1、QSn6.5-0.4、QSi3-1、QBe2、B19、BZn15-20、BMn3-12、BMn40-1.5	7% ~ 17% H_2SO_4 + 余量 H_2O	40 ~ 60	40 ~ 70
	25% H_2SO_4 +25% HNO_3 +50% H_2O	室温	0.1 ~ 1.0
	35% ~ 50% HNO_3 + 余量 H_2O	室温	0.1 ~ 1.0
	75% H_2SO_4 + 25% HNO_3	室温	0.2 ~ 1.0

注：H_2SO_4 为 92.5% 左右的工业用硫酸，HNO_3 为 96% 左右的工业用硝酸。

A　酸洗的化学反应

常用的硫酸酸洗，其化学反应为：

$$H_2SO_4 + Cu_2O \longrightarrow CuSO_4 + H_2O$$

$$H_2SO_4 + CuO \longrightarrow Cu + CuSO_4 + H_2O$$

由于白铜含 Ni、Fe、Mn 等元素，氧化皮组成比较复杂，相对氧化皮也比较厚，氧化亚铜等氧化物酸洗时在酸液中的溶解速度比较缓慢，因此，为加速白铜酸洗时的溶解过程，可在硫酸液中加入氧化剂，如硝酸、双氧水等，其化学反应为：

$$Cu_2O + H_2SO_4 + HNO_3 \longrightarrow CuSO_4 + Cu(NO_3)_2 + 2NO_2\uparrow + 3H_2O$$

$$Cu_2O + H_2SO_4 + H_2O_2 \longrightarrow 2Cu_2SO_4 + 3H_2O$$

在热状态的单相黄铜和白铜，可以直接放入冷水水槽中冷却后再进行酸洗；对含锌高的黄铜必须自然冷却到70℃以下才能酸洗。

由于硫酸和硝酸是强腐蚀剂，在配制硫酸水溶液时要注意配酸的程序，先往池内加水后再加酸。为了保障职工身体健康和加强环境保护，酸洗所造成的“三废”必须治理，一定要符合国家排放标准。

B 酸洗设备

酸洗设备主要有酸洗槽、水洗槽，水洗槽分冷水槽、热水槽，酸洗槽用耐酸材料有耐酸不锈钢、铅板、耐酸塑料、耐酸青石、花岗岩、耐酸水泥和木材（见表6-35）。

表6-35 常用酸洗槽、水洗槽的规格及材质

设备	酸水槽规格/m			耐酸材料	加热装置材质
	长	宽	高		
硫酸液槽	14~16	1.2	1.2~1.5	耐酸塑料、不锈钢、铅材、花岗岩、木材	铅管或不锈钢管
硫酸+双氧水槽	14~16	1.2	1.2~1.5	不锈钢、耐酸塑料	
水洗槽	14~16	1.2	1.2~1.5	铅板、木材	

C 脱脂（除油）

成品经拉拔、矫直后，制品表面总会残留一层润滑剂，这些油污如不除掉，退火后的制品表面就留下一层非常难看的印痕、残炭，严重影响制品的表面质量，为使制品表面保持光亮、清洁、无残炭、在光亮退火前必须进行脱脂处理。

脱脂处理一般采用“741”等类洗涤剂的水溶液，它的配法是在每100kg水中加入2~3kg“741”洗涤剂。脱脂温度为50~60℃。脱脂处理的方法是将要脱脂的物料全部放入装有脱脂液的脱脂槽中，浸泡5~30min，取出后在水槽中充分漂洗干净。

6.3.5.4　退火(热处理)

热处理是通过在特定条件下将材料加热、保温和冷却，造成与随后的加工或使用条件相适应的组织状态，以获得预期的力学性能的一种工艺过程。它是铜棒、线材生产中重要的也是必不可少的工序之一，是改善材料的工艺性能和使用性能、充分发挥其潜力的一种重要手段。热处理的好坏直接影响产品的质量、性能以及最终成品的使用寿命。

材料热处理按其目的可分为以下几种。

A　中间退火

中间退火的目的是消除在冷拉变形时产生的加工硬化，恢复塑性，以利于进一步加工。这种退火工艺是将材料加热到再结晶温度以上进行。退火温度的选择主要根据不同成分的合金，而加工率的大小也有一定的影响。图 6-21 所示为 T2、H65、HPb63-3、QSn6.5-0.1、BZn15-20 合金线坯经 50% 左右的加工率后，在不同温度下保温 60min 后的软化曲线。

退火是拉制棒型材生产中不可缺少的重要工序。中间退火的主要

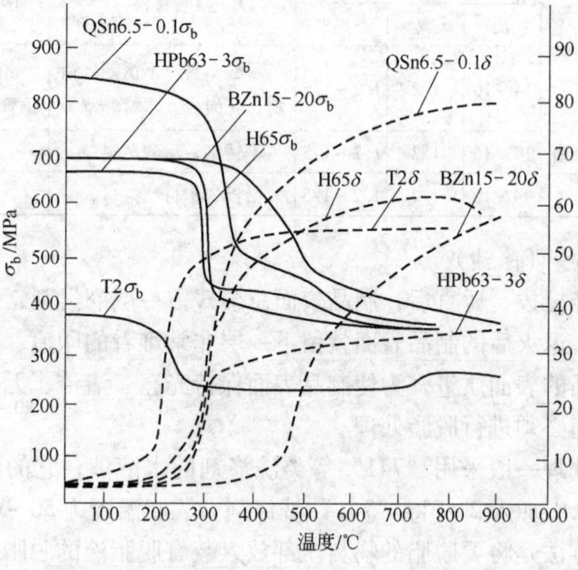

图 6-21　不同合金线坯经退火后的软化曲线

目的是消除坯料在冷加工时产生的加工硬化现象。降低变形抗力，恢复塑性，使坯料能继续顺利地进行拉伸，而不发生拉断现象。因此，中间退火温度要在合金的再结晶温度以上。在退火过程中一方面要使金属能充分发生再结晶，另一方面要注意控制再结晶后的晶粒度，以防止晶粒粗大，确保坯料在退火后的组织与性能。中间退火可称为软化退火或再结晶退火。

制品的中间退火和成品退火温度，要根据制品的技术性能要求和合金的软化曲线，并结合生产的具体情况来确定。

B 成品退火

成品退火的目的是消除成品在冷加工时产生的内应力和达到成品的力学性能。退火工艺参数推荐见表6-36。去应力退火通常采用再结晶温度以下，退火后的成品仍保持原有的力学性能。

表6-36 成品退火工艺参数推荐

牌号	状态	退火温度/℃	保温时间/min
T2、T3、TU1、TU2	软	390~480	120~150
H68、H65、H62	硬	160~180	90~120
	半硬	160~180	
	半硬	260~370	
	软	390~490	
HPb59-1、HPb63-3	硬	160~180	90~120
	半硬	160~180	
	软	390~430	
HSn62-1、HSn60-1	硬	160~180	90~120
	软	390~430	
QBe2	软	760~790	60~90
QCd1	软	380~400	110~130
QSn6.5-0.1 QSn6.5-0.4 QSn7-0.2	软	380~470	90~120
QZn15-20	半硬	400~420	120~150
	软	600~620	
BMn3-12	软	500~540	110~140
BMn40-1.5	软	680~730	110~140

C　淬火

少数合金(如铍青铜)的淬火,目的是进行调质处理,改善内部组织。

D　均匀化退火

合金（如硅青铜）连铸线坯进行均匀化退火，目的是改善加工过程，改善内部组织和性能。

铜合金材料光亮退火的目的是保持软性成品表面色泽，减少金属损耗，减少酸洗对环境的污染。随着科学技术的不断发展，在线退火的设备和工艺得到了广泛应用。

E　退火过程常见问题

a　铜棒变形严重

铜棒变形产生的原因主要是铜棒堆放不合理，或炉内温差较大，测温点不准。

其解决方法是：合理堆放，尽量防止压伤，测温点设置要合理。

b　铜棒表面有油斑

这种缺陷产生的原因主要是拉拔油没有擦干净。

其解决方法是：在将铜棒放入退火炉前用布条蘸酒精等有机溶液擦拭后再退火。

6.3.6　异形线材的拉拔和质量要求

6.3.6.1　异形线材的拉拔要求

异形线材的生产方法有多种，其中一种是用圆线坯直接通过各种成形模具进行拉拔，如方形线、六角线和宽厚之比小于1.6的扁线。

方形线、六角线加工圆坯的经验公式见表6-37；扁线加工圆坯的经验公式见表6-38。

表6-37　方形线、六角线加工圆坯的经验公式

形状	经验公式	β值					
		H62	HPb59-1	QSn4-3	QSn6.5-0.1、QSn7-0.2	QSn6.5-0.4、QSi3-1	BZn15-20
方形	$D_0 = A_k \cdot \beta$	1.55	1.5	4.5	2.1	1.7	1.5
六角形	$D_0 = A_k \cdot \beta$	1.4	1.25				

注：D_0 为圆线坯的直径；A_k 为型线成品边长。

表 6-38　扁线加工圆坯的经验公式

成品宽厚之比	经验公式	成品宽厚之比	经验公式
≤1.6	$D_0 = 1.5\sqrt{ab}$	>1.6	$D_0 = \frac{a+b}{2}(1+\beta)$

注：式中 D_0 为圆线坯的直径；b 为扁线宽度；a 为扁线厚度；β 为系数；由经验曲线查图 6-22 确定。

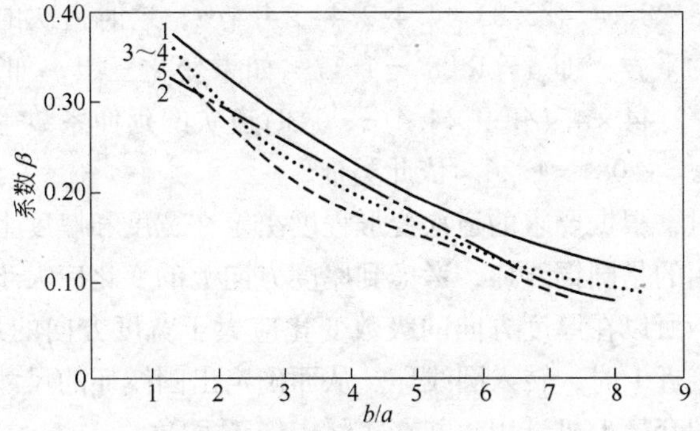

图 6-22　扁线坯确定系数

表 6-39　六角形、方形棒横截面棱角处圆角半径 r　　（mm）

项　目	横截面棱角处圆角半径 r，不大于					
	$3\leqslant S<5$	$5\leqslant S\leqslant 6$	$6<S\leqslant 10$	$10<S\leqslant 18$	$18<S\leqslant 30$	$30<S\leqslant 50$
GB 4423—1992	—	0.5	0.8	1.2	1.8	2.8
精密铜棒	0.3	0.4	0.6	1.0	1.5	2.0

6.3.6.2　扁线的拉拔配模

制造扁线有三种方法：一是用圆铜线坯经过数道拉制而成；二是用圆铜线坯经过一道或数道冷轧，再经过两道或数道拉制而成；三是用扁线坯经过数道拉制而成。

扁线生产一般在滑动式拉线机上拉制，或在轧扁机轧制后再拉制，或在轧拉连续生产线上进行。扁线配模是确定拉拔或轧制的道次和道次尺寸。

扁线拉拔时各道次的尺寸也是按各道次的变形程度来确定的。配模可根据标准的等比数列来进行，它们的公比为1.08。配模时，一般扁线宽度小于5.10的配模尺寸在此数列内变化，宽度大于5.10的配模，为保证成品线材的表面质量，一般出线模后的一只道数模，可另选择不在公比数列内的尺寸。

如果逐级变化，如3.8×4.4/3.53×4.4/3.28×4.4/3.05×4.4…，这时道次的延伸系数等于公比1.08，即$\mu=1.08$。如果变化二级，如3.8×4.4/3.28×4.4/2.83×4.4/2.44×4.4…，这时道次的延伸系数等于公比的平方，即$\mu=1.08^2=1.17$。如果变化三级，如3.8×4.4/3.05×4.4/2.44×4.4/1.9×4.4…，这时道次的延伸系数等于公比的立方，即$\mu=1.08^3=1.26$。依此类推。

配模时，根据要求的道次变形程度决定在宽度和厚度上的变化级数。因为用的是圆铜线坯，考虑到厚度方向上的变化应大于宽度方向上的变化，所以在厚度方向的级数变化应大于宽度方向的系数变化。但宽厚比接近1时，转入圆线坯。从而确定出圆线坯的尺寸，把这些数据组成的套模上机试用，并在实际中修正完善。

宽度较大的扁线，其成品模后的道数模可选择特殊尺寸配合，保证拉制成品表面不产生皱缩纹。

H62黄铜六角线配模、方形线配模分别见表6-40、表6-41。

表6-40 H62黄铜六角线配模

线坯/mm	配模/mm	说 明
ϕ8.0	8.0 $\xrightarrow{\triangle}$ 6.5(六) $\longrightarrow$ 6.0(六)*	
ϕ7.4	7.4 $\xrightarrow{\triangle}$ 6.0(六) $\longrightarrow$ 5.5(六)	
ϕ6.7	6.7 $\xrightarrow{\triangle}$ 5.5(六) $\longrightarrow$ 5.0(六)	
ϕ6.6	6.6 $\xrightarrow{\triangle}$ 5.0(六) $\longrightarrow$ 4.5(六)	1. △为退火； 2. *为六角形内接圆
ϕ5.9	5.9 $\xrightarrow{\triangle}$ 4.5(六) $\longrightarrow$ 4.0(六)	
ϕ5.1	5.1 $\xrightarrow{\triangle}$ 4.0(六) $\longrightarrow$ 3.5(六)	
ϕ4.5	4.5 $\xrightarrow{\triangle}$ 3.5(六) $\longrightarrow$ 3.0(六)	

表 6-41 H62 黄铜方形线配模

线坯/mm	配模/mm	说明
ϕ8.8	7.2 $\xrightarrow{\triangle}$ 6.5(六) ⟶ 6.0(六)*	1. △为退火； 2. * 为六角形内接圆
ϕ8.1	6.6 $\xrightarrow{\triangle}$ 5.9(六) ⟶ 5.5(六)	
ϕ7.4	6.0 $\xrightarrow{\triangle}$ 5.4(六) ⟶ 5.0(六)	
ϕ7.3	5.4 $\xrightarrow{\triangle}$ 4.8(六) ⟶ 4.5(六)	
ϕ6.5	4.8 $\xrightarrow{\triangle}$ 4.3(六) ⟶ 4.0(六)	
ϕ5.7	4.2 $\xrightarrow{\triangle}$ 3.8(六) ⟶ 3.5(六)	
ϕ4.9	3.6 $\xrightarrow{\triangle}$ 3.3(六) ⟶ 3.0(六)	

6.3.6.3 异形材质量要求

A 棒材的弯曲度

在现有的国家标准中所制定的棒材弯曲度已远远不能适应自动生产线的工作需要，因目前从国外引进的和国产的抛光机、矫直机已能将棒材的弯曲度控制在 0.1mm/m 以下，供货标准应修改到 0.5mm/m 以下，机器主轴转速在 5400r/min 以下，对弯曲度不大于 0.5mm/m 的棒材可以顺利使用。六角形棒、方形棒、矩形棒的弯曲度不应超过 1mm/m。

六角形、方形铜棒允许的最大不圆度见表 6-42。

表 6-42 六角形、方形铜棒允许的最大不圆度 (mm)

直径		不圆度，不大于（GB 4423—1992）			精密铜棒允许的不圆度，不大于
>	≤	高级	较高级	普通级	
3	6	0.025	0.04	0.06	0.005
6	10	0.03	0.045	0.075	0.01
10	18	0.035	0.55	0.09	0.015
18	30	0.04	0.65	0.105	0.03
30	50	0.08	0.125	0.195	0.05

ISO/DIS 3491.3 平直度的要求见表6-43。

表 6-43 ISO/DIS 3491.3 平直度的要求 (mm)

棒的长度		最大弯曲度（弯曲度的深度）	
>	≤	非切削用材料	切削用材料
1000	2000	任意1000长为2.0	任意1000长为1.0
2000	3000	任意2000长为5.5	任意2000长为3.0
3000		任意3000长为12.0	任意3000长为7.0
局部长度		任意300长为0.6	任意300长为0.4

精密铜棒平直度的要求见表6-44。

表 6-44 精密铜棒平直度的要求

平直度/mm		圆棒/mm		型棒/mm
		5~18	18~22	
弯曲度（不大于）/mm·m^{-1}	国家标准要求	3	2	6
	精密化要求	0.5	0.5	1

B 扭拧度

截面形状为六角形、方形和矩形等型棒的扭拧度会影响自动机床的自动化操作，规格为20~50mm的扭拧度要求小于3mm/m。生产（拉伸）时一要精心制作成品拉模，要求变形区各面的压缩变形率一致；二要提供合格的半制品，使在拉制成品时各边变形均匀。型棒扭拧的矫直比较困难，必须借助张力矫直机才能消除，但强度较高的合金棒或强度虽不高却性脆的铅黄铜棒采用张力矫直较困难，建议采用联合拉拔机或可进行任意调位的拉伸机。

C 供货状态

a 定尺、定量

目前市场对铜材的定尺长度或对盘料的盘重有严格的要求，常见的直棒定尺长度为1.2m、1.5m、2m、2.5m、3.5m，长度偏差在±5mm；常见的盘重有每盘（每线）100kg、150kg、200kg、250kg。

b 倒角

自动车床都要求棒材在工位末端制成倒锥角形状（有的用户要

求棒材两端棒料都倒锥角），以便用相应的内锥角推进机构自动推进棒材，形成作业自动化。棒材的倒锥角一般呈45°、60°或75°，由用户在合同中选定。凡要求一端倒锥角的棒材，另一端端面最好有一个0.5×45°的倒角处理。

c 切口

铜棒端面在不倒角的一端应锯切平整，切面与棒的轴线应基本垂直，切口不留毛刺。

d 表面质量

表面质量要求：

（1）铜材表面应光洁，不允许有裂纹、起皮、气泡、夹杂和有手感的环状痕等缺陷，不允许有因拉制引起的细划痕、表面麻点。

（2）保持铜材表面没有锈斑、黄铜脱锌、发红、水迹等缺陷。

（3）表面粗糙度。一般用途的铜棒表面粗糙度在$R_a12.5$~$R_a3.2$之间，作为精密铜棒，大多用户将棒料的原始表面作为零件表面而不再加工，因此棒材的表面粗糙度应在$R_a6.3$及$R_a6.3$以上，拉制异形棒的表面粗糙度控制在$R_a12.5$至$R_a6.3$之间（能超过$R_a6.3$则更好）。

e 内部质量

材料断口质量要求组织致密，无疏松、裂纹、气孔、缩空、分层、夹杂、折叠和挤压缩尾等缺陷。在做微观检查时，要求金相组织均匀，晶粒细小，质点（铅、铁等元素）细小不成团块且分布均匀。

6.4 拉拔模具设计

6.4.1 模具的组成和形式

6.4.1.1 模具的组成

A 根据铜材制品的形状类型划分

可把拉拔模具分为：

（1）棒、线材拉拔模具；

（2）型材拉拔模具；

（3）旋压拉拔模具。

B 根据模具在拉拔过程中的作用划分

广义的铜棒、线材拉拔模具有下列三种形式，但通常都是指第三种。

a　扒皮模

它实质上是一圆孔刃具，是对工件进行切削加工的工具。当坯料表面有夹杂、氧化皮、刮伤、起皮和麻坑等缺陷，将会影响后续拉拔和成品质量时，可先用扒皮模对工件剥皮。

b　辊式模

它实质上是一无动力的轧机，前张力拖工件向前运行，工件又拖动辊子旋转，辊子上的轧槽将工件轧细。在理论上辊式模拉线变滑动摩擦为滚动摩擦，可以节能。但实测结果表明节能并不多。其好处只是轧槽磨损小，寿命长；其缺点是费用较大，体积与质量也大。在有色金属行业中更适合于拉扁线和异形线。辊式模有两种结构：土耳其头和钳形辊式模。

c　拉拔模

它是对工件进行塑性变形用的工具，一般由模心和模套组成，模心常为硬质合金或钻石，模套为钢或黄铜，它对模心起加固作用。

金刚石模和硬质合金模分别见图 6-23 和图 6-24。

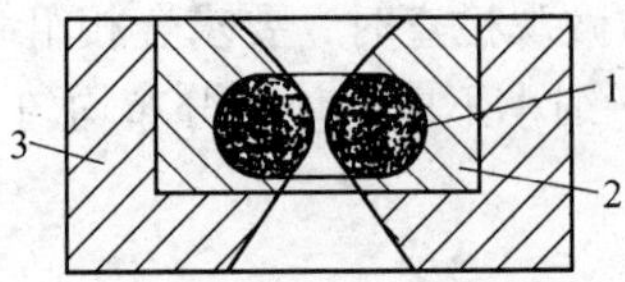

图 6-23　金刚石模
1—金刚石；2—模框；3—模套

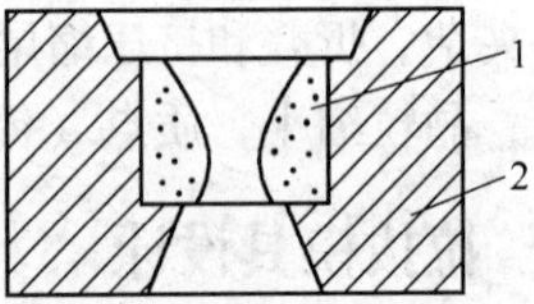

图 6-24　硬质合金模
1—硬质合金；2—模套

6.4.1.2　拉拔模具的分类

A　按材质分类

可分为以下几种：

（1）硬质合金模，用于大量生产时大拉机的各种规格用模；

（2）钻石模，用于生产细线；

（3）聚晶模，用于拉制中、小规格的线材；

(4) 钢模，用于生产少量、大截面的型线。

B 按材料形状分类

可分为以下几种：

(1) 圆形模，用于生产圆截面棒材、线材；

(2) 型线模，用于生产型线。

C 按结构分类

可分为以下几种：

(1) 整体模，用于生产单圆截面材料和型线；

(2) 组合模，用于生产型线；

(3) 辊压模，主要用于生产型线，也开始用于大直径圆截面的中间道次。

6.4.2 模孔结构

棒、线材模具的模孔（模心）结构一般分为润滑区、压缩区、定径区和出口区四个部分，有的模子润滑区和压缩区形状相同，没有严格的分界线，润滑区和压缩区的形状分为圆锥形和圆弧形两种，如图 6-25 所示。

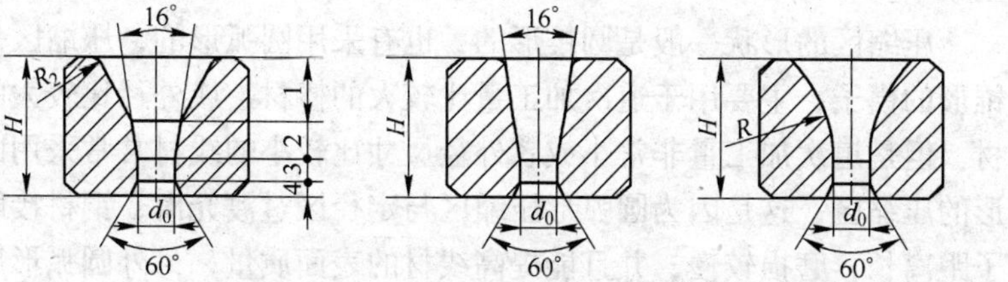

图 6-25 铜棒、线材拉拔模具模孔结构形式、形状示意图
1—润滑区；2—压缩区；3—定径区；4—出口区

6.4.2.1 模孔结构形状和尺寸设计

A 润滑区（入口区）

润滑区的作用是便于拉拔时润滑油或润滑脂进入外模的压缩区内，减少拉拔摩擦力，减少模具的磨损，提高铜材的表面质量。润滑

区的入口处往往带有 $R=1.5\sim3.5$mm 的圆弧，其作用是便于坯料穿孔和防止拉拔时坯料因弯曲而引起划伤。

润滑区的形状一般为圆锥形，圆弧形由于加工难度较大，一般不用。锥角大小的选择要适当，锥角太大，润滑剂不易储存，尤其是黏度较小的润滑油，容易造成润滑不良，锥角太小，拉伸过程中附着在棒、线表面或润滑剂中含的铜屑、铁屑等颗粒聚集在润滑区，容易被制品带入模具的压缩区，引起划伤，甚至拉断。

润滑区的角度一般为：

硬质合金模：$\beta=40°\sim50°$；

钢模：$\beta=50°\sim60°$。

润滑区的长度主要取决于以下几个因素：一是整个拉拔模具的高度；二是拉拔的工艺方法。一般情况是拉拔模具高度大，其润滑区的长度就长一些；高度小，润滑区的长度就小一些。棒、线材拉拔模具润滑区的长度为定径带的0.6倍。

B 压缩区

压缩区是模具的最重要部分，是金属的主要塑性变形区，也是引起拉拔力的主要部分，压缩区设计是否合理，决定着拉拔力大小和加工效率。

压缩区的形状一般是圆锥形的，也有采用圆弧形的，压缩区是圆锥形的模子，主要用于道次加工量比较大的棒材，或外径比较大的线材。但是道次加工量非常小或者外径尺寸比较小的线材常常采用圆弧形的压缩区，这是因为圆弧形压缩区与定径区过渡光滑，铜材接触模子距离长，磨损较慢，并且能提高线材的表面质量，另外圆弧形压缩区加工容易，只要用振动的金属针磨光、再抛光即可，但对定径区直径大于1mm 的圆弧形压缩区加工比较难。

压缩区设计得是否合理，对于压缩区的锥角和长度至关重要。

对塑性较好的纯铜棒、线材，锥角一般为 16°～22°，锥角过小时，加大了模具的厚度，造成浪费，金属塑性变形长度加长，引起拉拔阻力增大；如果拉制塑性非常差、加工率非常小的铜合金棒、线材，锥角应小一些，锥角过大时，金属流动发生急转弯，金属的剪切应力加大，拉伸力增加，容易引起拉断现象，另外锥角过大时，铜材对模子的压力增大，润滑油容易被铜材挤出，造成油膜厚度减小，润滑条件差，模具粘铜和磨损严重。

拉伸模角（简称模角），指的是模孔变形区的角度，即变形区锥面母线与拉拔模轴线之间的夹角，用 α 表示。模角是拉拔模的主要技术参数之一。模角大小对拉拔力的大小和变形特点都有很大影响，应根据拉拔制品的材质、形状、拉拔时的润滑条件和方法等因素来综合考虑确定。模角的大小一般为：$\alpha = 8° \sim 15°$。依据经验，拉拔硬质棒材时可取下限。

变形区的长度可用下式计算：

$$H_{工} \geqslant \frac{D_0 - d}{2\tan\alpha} = \frac{d\sqrt{\lambda} - 1}{2\tan\alpha}$$

式中 $H_{工}$——变形区的长度，mm；

D_0——坯料直径，mm；

d——制品所需要的尺寸，mm；

α——模角，(°)；

λ——延伸系数。

C 定径区（定径带）

定径区是制品最终获得精确形状和尺寸的部分，定径区的形状和尺寸决定着制品的形状和尺寸，故定径区的形状和尺寸要求非常严格。

定径区的形状是圆柱形的，但对于拉伸细线材的模子，由于加工时必须用带有 0.5° ~ 2° 锥度的磨针进行修磨、抛光，定径区的入口处常常带有很小的锥度。

定径区的直径（定径带直径，模孔直径）的设计应考虑制品的尺寸偏差、弹性变形量，以及模子的使用寿命。定径区直径应选用制品尺寸的下偏差，可以延长模子的寿命。

定径区的长度要合适，在设计定径区的长度时要考虑制品的尺寸精度、模子寿命、拉伸能耗三个因素。定径区长度过长，定径的入口处只存在很少的塑性变形，定径区的大部分长度只参与弹性变形及制品表面的微观变形，所以定径区过长，摩擦力会增大，拉拔力增大，引起能耗损失增加，定径区太短，模子定径区很快磨损，难以保证制品的尺寸精度，模子使用寿命缩短。根据经验，棒、线材拉伸模子的定径带长度可以分别按表 6-45 和表 6-46 的数值选择。

表 6-45　棒材拉伸模定径带长度　(mm)

模孔直径	5 ~ 15	15 ~ 25	25 ~ 40	40 ~ 60
定径带长度	3 ~ 5	4.5 ~ 6.5	6 ~ 8	10

表 6-46　线材拉伸模定径带长度　(mm)

模孔直径	<1.0	1 ~ 2	2 ~ 3	>3.0
定径带直径	$(0.85 \sim 1.0) d_{定}$	$0.75 d_{定}$	$(0.60 \sim 0.7) d_{定}$	$(0.40 \sim 0.5) d_{定}$

注：$d_{定}$为定径区直径。

进口区又分为入口区和润滑区。入口区为 70° ~ 80°的锥角；润滑区为 40°左右的锥角，是储存润滑剂的区域。该段长度为模心长度的 1/4 左右，至少是模孔直径的一倍。润滑区角度选择过大，润滑剂不易储存；角度过小，产生的铜屑易堵塞模孔。

工作区又称变形区。它使坯料在此进行塑性变形，以获得所需的尺寸和形状。工作区圆锥角度的大小可根据以下原则选择：

（1）拉拔越硬的材料，角度就越小；

（2）加工率大，角度也要大；

（3）拉拔直径小时，角度一般也较小。

工作区的长度可按下式确定：

$$L = \frac{d_0 - d_1}{2\tan\alpha}$$

式中　L——工作区长度；

d_0——工作区的进口直径；

d_1——定径区直径；

α——工作区喇叭半角，即圆锥角的一半（铜线材通常选择 8°）。

定径区又称“承线”。其合理的形状是圆柱形，但在实际加工中，往往呈 1° ~ 2°的锥角。长度一般为 $0.4d$ 左右。

出口区又称出线口，分为退出区和出口区。退出区是 15° ~ 20°的倒锥，区段长约 $0.1d$；出口区外端采用更大的角度，此区不再与铜线材接触，起保护定径区不被碰伤和擦伤的作用，常呈 60°锥角，长度为0.12～0.20d。

模孔形状见图6-26。

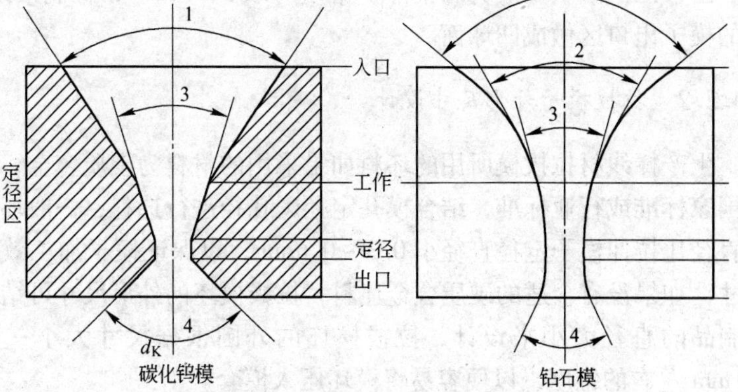

图6-26 模孔形状

1—入口区角度；2—润滑区角度；3—变形区角度；4—出口区角度

模孔结构尺寸见表6-47。

表6-47 模孔结构尺寸

模孔区域			碳化钨模	钻石模
润滑区	长 度		0.25H或不小于工作区长度	2/3H-h
	角 度		锥度50°～70°	$\beta_1=90°$、$\beta_2=60°$、$\beta_3=35°$
工作区	长 度		1～1.4d_K	1.0d_K
	角 度		16°～18°	16°
定径区	长度	$d_K<1.0$	1d_K	0.4d_K
		$d_K=1.0～2.0$	(0.75～1.0)d_K	
		$d_K=2.0～3.0$	(0.60～0.75)d_K	
		$d_K>3.0$	(0.50～0.60)d_K	
	形状及尺寸		圆筒形 $d=d_K$	圆筒形 $d=d_K$
出口区	形状及角度		倒锥形锥角60°左右	小倒锥 $r_1=45°$ 半球面部分:半径 $r=0.2$mm 大倒锥 $r_2=70°$
	长 度		(0.2～0.5)d_K	小锥长：0.1d_K 大锥长：H/3-h

注：H为模坯高度；d_K为出线线径；h为定径区长度。

D　出口区

出口区的作用是防止制品拉出模子引起划伤和模子拉裂。

出口区的形状一般为圆锥形，锥度可取 30°～35°，拉制细线时，有的模子出口区做成凹球面。

6.4.2.2　拉拔模子外形尺寸设计

生产棒线材拉拔模所用的坯料如果采用的材料为硬质合金，可按照国家标准或行业标准，结合模孔定径区孔径进行选料，一般坯料模孔直径比拉伸模子定径直径小 0.3～0.6mm，以保证模子加工效率和尺寸，如果没有合适的硬质合金坯料，拉拔模坯的外形尺寸可结合拉拔制品的直径大小来设计，拉拔模坯的外圆根据尺寸大小一般有 0.1mm 左右的锥度，以便容易将模坯压入模套。

选择硬质合金坯料时坯料厚度应略大于计算值，以便在模具使用寿命到期而报废后可以再加工，定径和锥面经过进一步修磨和抛光，可以生产更大规格的铜棒线材，大大节约模具成本。

6.4.2.3　棒材拉拔模具的设计原则

棒材的坯料的断面形状尽可能采用与制品形状相似的坯料，有矩形、方形、椭圆形等，这些坯料多为挤压机生产的挤压制品，型材拉拔配模的关键是尽量减少变形的不均匀性，设计型材模孔应考虑以下原则：

（1）成品型材的外形必须包括在坯料外形之中，因为拉拔变形时，金属受力为拉力，金属径向尺寸难以增加。

（2）为了使变形均匀，坯料各部分延伸变形应尽量相等。

（3）拉拔时要求坯料与模孔各部分同时接触。

（4）带锐角的型材应经过几个道次后逐步减小到所要求的角度。

6.4.2.4　拉拔模具设计中的“图解设计法”

在实际的模具制作中，人们常常采用 B. B. 兹维列夫提出的“图解设计法”进行型材模孔的设计。

图解设计法的步骤如下：

(1) 选择与成品形状相近，但又简单的坯料，坯料的断面尺寸应满足制品的力学性能要求和表面质量的要求。

(2) 参考与成品同种金属、断面面积又相等的圆断面的配模设计，初步确定拉拔道次，道次延伸系数和各道次的断面面积（F1，F2，F3，…）。

(3) 将坯料和成品断面的形状放大 10～20 倍，然后将成品的图形置于坯料的外形轮廓中，在使它们的重心尽可能重合的同时，力求坯料与型材轮廓之间的最短距离在各处相关不大，以便使变形均匀。

(4) 根据型材断面形状的复杂程度，在坯料外形轮廓上分 30～60 个等距离的点。通过这些点作垂直于坯料与型材外形轮廓且长度最短的曲线。这些曲线应该是金属在变形时的流线。在画金属变形流线时应注意到这样的特点：金属质点在向型材外形轮廓凸起部分流动时彼此逐渐靠近，而在向其凹陷部分流动时彼此逐渐散开。

(5) 按照 $\sqrt{F_0}-\sqrt{F_1}$、$\sqrt{F_1}-\sqrt{F_2}$、…、$\sqrt{F_{K-1}}-\sqrt{F_K}$ 值比例将各金属流线分段，然后将相同的段用曲线圆滑地连接起来，这样就画出了各模子定径带的断面形状。为了获得正确的正交网，在金属流线比较疏的部分可作辅助的金属流线。

(6) 设计模孔，计算拉拔力并校核安全系数。

拉伸模制造工艺流程见图 6-27。

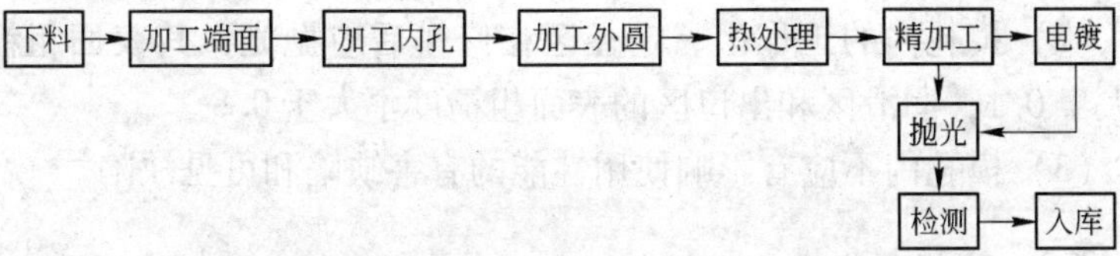

图 6-27 拉伸模制造工艺流程图

6.4.3 模具材料的选择

拉拔模具模孔常用的制造材料有工具钢、硬质合金、金刚石等。

6.4.3.1 钢模

钢模一般用于生产大规格棒材，或订货少的棒材，因为大规格模具采用硬质合金，成本高。

钢模修制较容易，价格低，但硬度和耐磨性较差，寿命短。钢模用材料是碳素工具钢和合金工具钢。材料常选用 T8A、T10A、T12A、9CrSi、5CrMnMo、GCr15。为了提高模具寿命，减少粘铜现象，这些硬度高、耐磨性好的材料常常在表面镀一层铬或钛。

碳素工具钢按钢质量又分为优质碳素工具钢和高级优质碳素工具钢。碳素工具钢的碳含量（质量分数）为 0.65% ~1.35%。高级优质碳素工具钢的硫、磷含量较低，锰、硅含量范围也较窄。碳素工具钢淬火后的硬度，随碳含量的增加虽有提高，但差别很小，一般硬度为 HRC 60 ~65。随碳含量的提高，钢的耐磨性提高，塑性和韧性下降。在退火状态下易于切削加工。碳素工具钢的缺点是淬透性低，热硬性（指高温下保持高硬度、耐磨性的能力）差，工作温度在 200℃以上时不能保持高硬度和耐磨性。

合金工具钢是在钢中加入某些元素，以改善钢的性能。合金工具钢制造的模具耐磨性好，淬火变形小。如 Cr12 合金钢碳含量高达 1.45% ~2.3%，铬含量也高达 11% ~13%，具有淬透性好、耐磨性好、淬火变形小等优点。

钢模的技术要求：

(1) 模孔各区内不允许有裂开、裂纹、砂眼和凹形存在。模孔内各区的连接部分应呈圆弧形，不得有尖角存在。

(2) 模孔内的工作区、定径区在修模后应抛光，其表面粗糙度不大于 0.1，润滑区和出口区的表面粗糙度不大于 0.8。

(3) 模孔内不应有影响使用性能的有害缺陷和可见缺陷。

6.4.3.2 硬质合金模

硬质合金模是铜加工中最常用的材料，一般用于生产 ϕ50mm 以下的制品和大批量的产品。硬质合金的硬度高，仅次于金刚石，具有耐磨性好、表面粗糙度低、寿命长等优点。硬质合金中常用的材料为 YG6、YG8、YG10 等，随着硬质合金的发展，硬质合金的种类越来越多，在选择时，应该根据铜材生产的实际情况（如根据表面粗糙度、抗弯强度、硬度、耐磨性能等要求），选择合适的材料。

A 硬质合金的材料要求

硬质合金的材料硬度一般采用 HRA 88 ~ 92，随着硬度的提高，材料的耐磨性能也提高。材料抗弯强度与材料中 Co 的含量、晶粒度大小、致密程度等有关，Co 含量提高，抗弯强度提高，但材料的硬度降低；晶粒越细小，抗弯强度也越高。抗弯强度高，模具不易断裂，尤其是生产大规格棒材时，需要考虑抗弯强度。

B 硬质合金坯料的选择

根据国家标准或行业标准中有关拉拔棒、线、型、管材的硬质合金标准，结合生产规格尺寸，确定坯料的规格，一般坯料孔的直径比生产规格尺寸要求小 0.3 ~ 0.5mm 比较合适，另外还要考虑定径带的长度和压缩区入口处的直径。

小规格芯头所用坯料常用实心或空心棒材，如果生产大规格模具应设计图纸，由厂家按照图纸加工成毛坯，使用这样的毛坯可以减少磨削量，降低成本。

C 模套的制造

生产棒、线、管材所用的模子，一般在硬质合金坯料的外面镶上模套，以减小硬质合金模坯工作时承受的压力，模套与硬质合金坯料之间不能有松动现象。对模套材料也有一定要求，即要求材料要有高的导热性、弹性和屈服极限，常用的材料有 45 号、50 号钢，也可用 T8A、T10A 和 T12A 优质碳素钢。

一般模套的规格比较少，以便使用统一的模具架，更换模子也方便。

模子的镶套方式有焊接法、冷压法、热压法、热镶法等，空心游动芯头须用堵头把孔堵上，常用方式是焊接法和铆接法等。

焊接法是把铜管或黄铜焊接料装在模套和模坯之间（用于生产模子）或者模坯孔与堵头之间（用于生产芯头）一起加热到高于焊料熔点温度，冷却后硬质合金与铜材牢固粘结在一起，这种工艺生产的模子，强度较低，只适用于拉拔力不大的产品。但这种工艺生产的芯头，芯头与堵头粘结牢固，比铆接法强度要高一些。

冷压法是把表面磨光的模坯放在相适应的过盈量的模套中，用压力机压入，然后再将露出模坯上的套边进行滚压，冷压法工艺复杂，不常用。

热镶法是模子生产中最常用的方法，它是把模套加热到 350 ~ 450℃，然后把模坯放入模套内，用压力机把模套压到模套底部，使模坯端面与模套底面充分接触，经过自然冷却，模套收缩后，模坯被牢固地镶嵌在模套中。

D　技术性能及要求

硬质合金是钨钴合金。这些合金由碳化钨和钴组成，碳化钨是整个合金的基体，主要起坚硬耐磨作用。钴是粘结金属，是合金韧性的来源，改变成分的比例，合金的性能将起变化。随着钴含量的增加，合金的密度、硬度、抗拉强度、弹性模数、导热性和电阻率均降低，而韧性和抗弯强度升高。随着碳化钨含量的增加，其性能与钴含量增加时相反。

a　硬质合金模具有优异的性能

（1）耐磨性好，能长期使用，保证加工线材的尺寸准备；

（2）黏附性好，拉制线材金属不易黏附在模孔表面，提高模具的寿命；

（3）抛光性好，能加工出表面粗糙度低的模孔；

（4）摩擦系数小，可降低能量的消耗，减少拉拔过程中不均匀变形；

（5）抗腐蚀性高，硬质合金模对各种润滑剂适应性广，尤其是当润滑剂的酸、碱度高时或采用酸溶液作为润滑剂时，抗腐性更突出。

部分模心用硬质合金的性能参数见表 6-48。

表 6-48　部分模心用硬质合金的性能参数

牌 号	硬度 HRA（不低于）	抗弯强度（不低于）/MPa	密 度 /kg · dm^{-3}	用 途
YG_3X	896. 7	1078	15. 0 ~ 15. 3	拉制小于 ϕ2. 00mm 线材
YG_6	877. 1	1421	14. 6 ~ 15. 0	拉制小于 ϕ20. 0mm 线材
YG_8	872. 2	1470	14. 5 ~ 14. 9	拉制小于 ϕ50. 0mm 线材
YG_8N	877. 1	1470	14. 5 ~ 14. 9	用于铜材的拉制
YG_{15}	852. 6	2058	13. 9 ~ 14. 2	用于铜材的拉制

b　硬质合金模的技术要求

模孔各区内不允许有裂开、裂纹、砂眼和凹形缺陷存在。模孔内各区的连接部分应呈圆弧形，不得有尖角存在。

模孔内的工作区、定径区在修模后应抛光，其表面粗糙度不大于0.1，润滑区和出口区的表面粗糙度不大于0.8。

模孔内不应有影响使用性能的有害缺陷和可见缺陷。

6.4.3.3 金刚石模

金刚石模分为人造金刚石模和天然金刚石模。天然金刚石模因尺寸小,价格昂贵而很少用,一般用的是人造金刚石模,金刚石是已知物质中硬度最高的一种材料,但是非常脆,不能承受较大的压力和高温,同时模子加工也很困难。金刚石模具一般用在小直径线材的拉伸,也有的厂家用于直径0.5mm以上线材的拉伸。故高速拉制线材时,金刚石模孔磨损很快,模具寿命大大降低。金刚石模一般镶在硬质合金模套中。

A 钻石模

天然钻石又称天然金刚石，19世纪后半叶开始使用。它是化学成分极纯的透明体，具有最大的硬度与耐磨性，但价格昂贵。天然钻石非常脆，密度为3.15~3.35kg/dm^3。钻粒质量一般在0.02~0.12g。天然钻石有各种不同的色彩，以稍带黑色的硬度最高，其次是黄色，再次是白色。在细线生产中用的钻石以选用中间硬度较为有利。

天然钻石模由于结晶尺寸、异向性结构及对切平面的依赖关系，其总体及均一性、耐磨性有很大差异，且有八面劈裂的趋势，各向硬度差异大，故四周易出现不均匀的径向磨损。天然钻石模理论孔径可达ϕ2.0mm，一般适用于小于0.5mm的孔径。

B 聚晶模（PCD）

人造钻石模又称聚晶模，20世纪70年代开始使用。人造钻石与天然钻石一样，具有高硬度和耐磨性。它是以石墨为原料，镍合金为触媒，在高温（2000℃）和高压（5kPa以上）的条件下制成的。聚晶模的材料是采用经过精选的优质人造钻石微粒加上硅、钛等结合剂在高温、高压条件下制成的，属于多晶体。它的硬度有的已超过天然钻石。

聚晶模不存在天然钻石模的缺点。其具有均匀的硬度和各向耐磨性，有很高的耐破裂性，磨损均匀而缓慢。聚晶模最适合拉制有色金属的孔径范围为0.50~11.0mm，也可用于更大或更小的孔径。

C 钻石模和聚晶模的技术要求

其技术要求有以下几点：

（1）模孔各区域应光洁，不允许有棱角，各区的中心线应重合，并与钻石的端面垂直，模孔内无裂纹。

（2）定径区直径大于0.20mm的模具，出口处必须有明显的安全角。

（3）工作区、定径区及安全角处呈光亮的光滑表面。

（4）进口润滑区呈细麻砂的表面。

（5）钻石应紧密牢固地镶嵌在模套内，模孔的中心线与模套的中心线重合，并垂直于模套的端面。

6.4.4 模具的使用与维护

6.4.4.1 模具的验收

模具的质量关系到产品尺寸和表面质量，模具的验收非常重要。根据模子和芯头的图纸进行验收，模子和芯头的验收项目包括：

（1）内外表面的粗糙度 R_a，尤其是压缩区和定径区的粗糙度 R_a 应在0.0125μm左右；

（2）模子的定径区、压缩区、入口区的同轴度；芯头的定径段、圆锥段、导向段的同轴度；

（3）模套在出口区的外圆端面与模孔的轴线垂直度；

（4）模子表面无砂眼、划伤、裂纹和沟槽等缺陷；

（5）模子的定径区的尺寸达到标准。模子的定径区的圆度最好控制在0.01mm以下。

6.4.4.2 模具的使用管理

由于模具规格很多，不容易区分开，为了更好地管理模具，一般在模具的非工作面刻上模具的规格和锥度等重要参数，以方便使用。

另外，模具也可采用一模一卡的方式进行管理，每个模具都有一张卡片，上面记录有模具的编号、尺寸、使用日期和制品的产量等有关事项。

模具使用前，应对模具清洗并擦拭干净，检查模具的工作面是否合格，并检测尺寸是否合适，必要时进行简单抛光处理。

模具每次使用后要清洗干净，并涂抹防锈油，放在通风良好处，湿度保持在70%以下。

6.4.4.3 模具的报废

模具的报废标准如下：

(1) 模套的外表面严重碰伤、氧化或变形，应报废。

(2) 模具磨损严重，锥面存在明显的环沟槽或定径区尺寸超差，应报废。

(3) 模具在使用过程中有粘铜现象，应及时抛光，如果粘铜抛光不掉，则报废。

(4) 模具表面有划伤、裂纹、掉块等缺陷，引起制品划伤的，应报废。

(5) 制品表面出现花纹时，应及时调换模具，确因模具同轴度、垂直度差引起的，应报废。

(6) 由模具锥角角度不符合要求引起的断管、空拉，应报废，如果芯头引向区直径过大引起断续空拉，应进行修整或报废。

6.4.4.4 如何提高模具的寿命

提高模具寿命的措施：

(1) 选用优质的耐磨材料生产模具；

(2) 降低模具工作面的粗糙度；

(3) 模具要轻拿轻放，不要碰撞模具外形，以免碰伤和变形；

(4) 模具要经常涂油，防锈；

(5) 选用模坯时，要留有一定的余量，以便模具能够重新修复再利用，减少材料的浪费；

(6) 改善润滑条件，减少磨损；

(7) 防止冲击和振动载荷，避免急冷急热等非正常使用；

(8) 由模具磨损或制造失误等原因引起模具失效，可以通过镀铬、镀钛或其他机加工、电加工、化学处理、手工研磨等方式进行维修，使之能够重新使用。

模具在使用过程中，模孔受到不可避免的磨损，首先是在变形区与线材表面接触处形成凹环，并逐渐向定径区内扩展和加深，凹环边缘被磨损得比较薄，当承受不了拉拔的压力和拉力时，模孔会崩裂。

模具使用寿命是多种影响因素综合作用的结果，如制模材料的质量、模孔形状和尺寸、模孔的抛光质量，特别是工作区和定径区的抛光质量；道次变形程度及被拉拔金属线材的质量；润滑剂的质量及添加润滑剂的方式和冷却效果；反拉力的存在和大小及拉拔速度等。

各种模具的平均寿命见表6-49。

表 6-49　各种模具的平均寿命

制模材料		拉线直径 d/mm	平均使用寿命	
			km	kg
钢	不镀铬	15.00～10.00	1	$7d^2$
	镀　铬	15.00～10.00	4	$28d^2$
硬质合金		16.00～10.00	50	$350d^2$
		9.90～1.00	143	$1000d^2$
		0.99～0.70	100	$700d^2$
		0.69～0.40	71	$500d^2$
天然钻石	0.4Car	1.59～1.00	5100	$4000d^2$
	0.2Car	0.99～0.40	7200	$5000d^2$
	0.1Car	0.39～0.20	8000	$6000d^2$
	0.05Car	0.19～0.10	10000	$7000d^2$
	0.032Car	0.09～0.03	11400	$8000d^2$

确定模具寿命，最有实际意义的是以它能拉出合格产品的数量为依据。因为模孔磨损大，材料表面产生划伤，这时模具虽然没有完全崩裂，但已不能继续使用。

6.5　拉拔润滑剂

6.5.1　润滑剂的基本类型

在铜棒、线材的拉拔过程中，常用各种润滑剂来降低摩擦，减少总功率的输出，故凡能降低摩擦阻力的介质都可作为润滑材料，亦称为润滑剂。

润滑剂在使用时，不但能起到润滑作用，还能有效地保护材料、模具表面，减少摩擦损耗，同时清除模具压力加工区域的杂质，并带走材料在压力变形中所产生的热量。

润滑可分为流体润滑和固体润滑。

润滑剂可分为气体、液体、半固体和固体四种基本类型（见表6-50）。

表 6-50 润滑剂分类

种 类	液体润滑剂	半固体润滑剂	固体润滑剂	气体润滑剂
应 用	应用最广泛的是润滑油，包括矿物油、动植物油、合成油和各种乳剂	各种润滑脂是润滑油和稠化剂的稳定混合物	任何可以形成固体膜以减小摩擦阻力的物质	任何气体都可以作为气体润滑剂，常用的是空气，它主要用于气体轴承中

润滑剂的主要性能见表6-51。

表 6-51 润滑剂的主要性能

润滑剂性能	润滑油	润滑脂	固体润滑剂	气体润滑剂
流体动力润滑性	极好	可以	无	好
边界润滑性	差→极好	好→极好	好→极好	差
冷却性	很好	差	无	可以
低摩擦性	可以→好	可以	差	极好
向轴承供给的简易性	好	可以	差	好
保持在支承中的能力	差	好	很好	很好
免受污染的密封性	差	很好	可以→好	很差
对大气腐蚀的防护性	可以→极好	好→极好	差→可以	差
工作温度范围	可以→极大	大	很大	极大
挥发性	很高→低	低	低	很高
易燃性	很高→很低	低	低	视气体而定
适应性	很低→中等	中等	极高	很高
成 本	低→高	相当高	相当高	很低
支承设计的复杂性	相当低	相当低	低→高	很高
决定寿命的因素	变质和污染	变质	磨损	维持供气能力

6.5.2　拉拔用液体润滑剂

铜材在拉拔过程中可以使用的润滑剂有固态润滑剂、半固态润滑脂、液态矿物润滑油、动植物油、水溶性油脂等。最常用的是水溶性油脂润滑剂。目前常用的几种润滑剂的性能、应用范围、种类及组成分别见表6-52和表6-53。

表6-52　常用润滑剂性能及应用范围

应用范围		润滑剂成分	优　点	缺　点	厂　家
滑动式	大、中、小拉丝机	10号机油为50.78%，合成脂为7.81%，OS15为3.13%，石油磺酸钠为19.14%，DK12为15.62%，DZ01为3.52%；使用时将该合成剂用水稀释，含量：大拉为8%～10%，中拉为7%～9%，小拉为4%～7%；pH值：大拉为7.0～7.5，中拉为7.0～7.5，小拉为6.7～7.0	无味、低温性能好，与铜粉末不起反应，干净	润滑性能较差	天津红岩TLS-1
		20号机油为45%，工业油脂酸为40.1%，氧化石油脂为5%，烧碱为10%；使用时将润滑剂加入两倍的温水中调制成母液，然后再加水稀释至总脂肪量的4%～7%，总碱量小于0.3%，pH值为7～9	有良好的润滑、防锈和冷却作用	略有臭味，较脏，乳化性能易受温度的影响，低于30℃时不易乳化	营口润滑油脂厂
		20号机油为45%，石油磺酸钠为18%，OS15为3%，聚异丁烯为5%，合成脂为18%，拉线时加磷酸三丁5%，pH值为7，水分小于1.8%，加水乳化后使用	乳化稳定，有良好的润滑冷却作用	黏度低	吉化WD-1
	中、小拉丝机	磺化蓖麻油或太古油5%～10%，加水90%～95%	价格便宜，不易变质		
	细拉机	隔离剂为固体中性隔离剂			
	细、微拉机	工业皂片为2%，加98%的水	干净，润滑效果好，去污性强	游离碱含量高	
单模拉丝机	粗拉机	菜籽油	价格低廉，不易变质	容易被污染，不易过滤	

表 6-53 拉拔用的润滑剂种类及组成

润滑剂种类	组成(质量分数)/%							用途
	机油	油酸	三乙酸胺	碳酸钠	白皂	石蜡	水	
乳膏	85	10	5				余量	紫铜、黄铜、青铜和白铜
乳液	20~25	13~15	3~5	2~3			余量	
乳液	13	15			12		余量	
石蜡乳液	12~15	15		3~5		12~13		
其他	机油+黄甘油 机油+黄甘油+洗衣粉混合黏稠液							拉伸紫铜、黄铜盘卷棒坯
	洗衣粉+菜籽油混合润滑剂;机油+洗油							

注:乳膏要加入水配成乳液才能使用。50%乳膏+50%水的乳液可作润滑剂;5%~20%乳膏+80%~85%水的乳液可作润滑冷却剂。

6.5.2.1 油剂

流体润滑是在一定的条件下,靠摩擦面的运动,用黏性流体将两摩擦面完全隔开,由流动的动压力平衡外载荷,将摩擦面间的固体外摩擦变成为流动内摩擦。流体润滑有三种主要润滑状态:流体膜润滑、混合润滑和边界润滑。

润滑油容易流动。这一特性形成了润滑油的主要特点。润滑油易于进入支承的承载区,工作后又易于排出,故它可以带走摩擦产生的热,起到冷却的作用,又能载走尘土、杂质,起清洁作用,但污染环境,不能构成有效的密封以防止尘土等进入支承。

6.5.2.2 润滑脂

在很多方面与润滑油类似,它不易从支承中流失,能构成有效的密封,但难以供入支承,几乎不起冷却作用。

6.5.2.3 矿物油

它属于非极性烃类,通式为 C_nH_{2n+2},常用的矿物油有锭子油、机械油、汽缸油、变压器油以及工业齿轮油等。

矿物油与金属表面接触时只发生非极性分子与金属表面瞬时偶极

的相互吸引,在金属表面形成的油膜纯属物理吸附,吸附作用很弱,不耐高压与高温,油膜极易破坏。因此纯矿物油只适合有色金属细线的拉拔。

矿物油的润滑性质可以通过添加剂改变，扩大其应用范围。

6.5.2.4 脂肪酸、脂肪酸皂、动植物油脂、高级醇类和松香

它们是含有氧元素的有机化合物，在其分子内部，一端为非极性的烃基，另一端则是极性基。因为这些化合物的分子中极性端与金属表面吸引，非极性端朝外，定向地排列在金属表面上。由于极性分子间的相互吸引，而形成几个定向层，组成润滑膜，润滑膜在金属表面上的黏附较牢固，润滑能力较矿物油强。因此，在金属拉拔时，可作为油性良好的添加剂添加到矿物油中，增强矿物油的润滑能力。

6.5.2.5 乳液

乳化液通常由水、矿物油和乳化剂组成,其中水主要起冷却作用,矿物油起润滑作用,乳化剂使油水乳化,并在一定程度上增强润滑性能。

目前有色金属拉拔所使用的乳液是把80% ~85%机油或变压器油、10% ~15%油酸、5%三乙醇胺配制成乳剂之后,再与90% ~97%的水搅拌成乳化液，供生产使用。

还有一种乳剂，即石墨乳。它是一种具有自润滑性能的润滑剂，也是高温润滑首选乳剂。即使在500℃以上，石墨的稳定性急速下降，也无妨。在铜棒、线材拉拔过程中不常使用。而一些高硬度、冷加工脆性的铜合金，热态拉拔时需要使用石墨乳。

有两种牌号的石墨乳，见表6-54。在使用时，以蒸馏水稀释搅拌均匀，测量密度，若使用时附着力不足，可添加适量的动物胶和糖类。石墨乳应保存在18 ~28℃的环境中，以防止酸化和冻结。

表6-54 石墨乳的性质

牌 号	粒度/mm	含量(质量分数)/%		干燥后剩余物(质量分数)/%	8h沉降(质量分数)/%
		石 墨	灰 分		
S-0	1 ~2	≥17.5	≤1.5	≤20	≤7.5
S-1	3.7	≥21.0	≤2.0	≤25	≤7.5

先将拉拔的铜棒、线材通过流动的石墨乳槽，再通过加热装置。在加热材料的同时，也将石墨乳烘干，然后进入模具进行拉拔。在进入模孔前石墨层不应崩落，并有一定的厚度。在高温下，石墨是不稳定的，将受到氧化，故拉拔温度高低、受氧化时间长短、石墨乳中灰分多少等，都会影响润滑的效果。

6.5.2.6 拉拔用润滑剂应具备的性质

拉拔用润滑剂应满足拉拔工艺、经济与环保等方面的要求。由于拉拔的方式、条件与产品品种的不同，对润滑剂的要求也有所不同。对拉拔用润滑剂的一般要求可概括为以下几点：

（1）黏附性好，保证润滑层有一定的厚度，应能有效黏附在被加工的铜材表面，并能承受高压，热稳定性好；

（2）对工具与变形金属表面有较强的黏附能力和耐磨性能，在高压下能形成稳定的润滑膜；

（3）有较小的流动剪切应力；

（4）对工具及变形金属有一定的化学稳定性；

（5）温度对润滑剂的性能影响小，且能有效地冷却模具与金属；

（6）对人体无害，对环境污染最小；

（7）应保证使用与清理方便；

（8）有适当的闪点及着火点；

（9）成本低，资源丰富；

（10）没有腐蚀性，加工之后易除去。

6.5.2.7 拉拔用润滑剂的质量要求

通常，铜材拉拔采用水溶性润滑剂。常用的有 WD 和 TLS 系列合成润滑剂和磺化蓖麻油（太古油）。其中磺化蓖麻油的质量要求为：

（1）油脂含量大于40%，碱（NaOH）含量小于4mg/100g。

（2）应为半透明稠状液体，且具有良好的水溶性，能以任何比例与水混合成乳化液，且不得有分层现象产生。

（3）油内不允许有任何固体物质或其他悬浮物混入。

润滑剂（乳剂）质量指标见表6-55。

表6-55　润滑剂（乳剂）质量指标

序　号	项　目	质量指标
1	外观（15～35℃）	半透明均匀流体
2	水分（不大于）/%	2
3	运动黏度（50℃）/$mm^2 \cdot s^{-1}$	$4\times10^{-5}\sim7\times10^{-5}$
4	凝固点（不大于）/℃	-5
5	腐蚀（铝棒）55±2℃·4h	合格
6	5%乳化液pH值	7.5～8.5
7	5%乳化液稳定性（分油）	无
	(15～35℃/h)析皂量/%	≤2.0

6.5.3　拉拔用固体润滑剂

6.5.3.1　常用固体润滑剂的类型和使用方法

固体润滑就是在两接触的表面间放入固体材料进行润滑，以防止两表面咬粘，降低摩擦系数。根据表面性质的不同，可以采用多种不同的固体润滑剂。对固体润滑剂的要求是：

（1）使两支承表面间具有低且稳定的摩擦系数；

（2）在规定的温度范围内具有化学稳定性，不会对支承表面材料侵蚀与损伤；

（3）能牢固地黏附在表面上，不会在载荷的作用下被挤出支承表面的接触区；

（4）有足够的耐磨性；

（5）无毒、经济、便于控制。

常用固体润滑剂材料见表6-56。

表 6-56 常用固体润滑剂材料

类别	材料名称
层状晶格化合物	二硫化钼、二硒化钨、二硒化铌、氟化石墨、氟化钙、石墨、二硫化钨、二硫化钽
聚合物	聚四氟乙烯、聚三氧氯乙烯、氧化乙烯丙烯、尼龙、乙缩醛、聚氨酯、硫化聚苯
金属	铅、金、铟、锡、银
无机物	氧化钼、一氧化铅、三氧化硼、氮化硼

固体润滑剂全都具有层状结构（见图 6-28），石墨、二硫化钼、云母和其他固体润滑剂，由光滑的分子或原子片组成层状结构，聚四氟乙烯和其他一些聚合物，由长的平行直分子链组成层状结构。

图 6-28 层状结构

这种材料在垂直于层的方向上耐压强度高，而在平行于层的方向上抗剪强度低，故能减小摩擦系数。因为具有特定的方向性，所以固体润滑剂只有在层状结构平行于滑动方向时才有效。通常它只用在一些有特殊要求的场合。

固体润滑剂的分类、使用方法分别见表 6-57 和表 6-58。

6.5.3.2 *石墨*

石墨是最稳定且有明显层状结构的碳结晶体。晶体内的石墨层系由碳原子六角体形成，同一平面层内相邻碳原子以强的共价键相连，而层与层之间的碳原子则以较弱的范德华力相连。在摩擦运动时，石墨能沿着结晶层面滑移并定向，且与钢、铬等表面有良好的黏着力，因此是一种性能良好的润滑剂（见表 6-59）。

表 6-57　固体润滑剂的类型

类　型	名　称	最高使用温度/℃	特　点
层状固体	MoS_2	350	1150℃时在真空中分解
	$MoSe_2$		
	WSe_2	370	耐热能力高于 MoS_2
	WS_2	400	抗氧化的稳定性优于 MoS_2
	$NbSe_2$	370	导　电
	酞青染料	400	黏附性良好
	石墨	500	在真空中无效
	氟化石墨		低摩擦
	TaS_2	550	低电阻
	CaF_2	1000	在 350℃以下无效
其他无机物	MoO_3	1000	在 300℃以下无效
	PbO/SiO_2	750	在 250℃以下无效
	B_2O_3/PbS		
	BN	750	在 300℃以下无效
软金属	铅	327	摩擦系数在 0.3 数量级以上，能在真空中使用
	金	1048	
	银	961	
	锡	232	
	铟	155	
聚合物	聚四氟乙烯	275	摩擦系数低，抗腐蚀性极强
	聚全氟代乙丙烯	210	
	聚三氧氯乙烯	250	易加工
	尼龙	150	一般不耐磨
	乙缩醛	130	
	聚氨酯	100	摩擦系数较高
	聚酰亚胺	350	难加工
	聚苯硫醚	250	最好用水润滑

表 6-58 固体润滑剂的使用方法

使用方法	说　明	膜厚/μm	特　点
擦涂法	将固体润滑剂粉末与挥发性溶剂混合后擦涂于摩擦表面，形成光滑薄膜	0.1~10	润滑膜寿命与基本硬度无明显关系，而与湿度、温度、厚度和表面粗糙度有关
黏结法	将固体润滑剂粉末与黏结剂混合后喷涂于摩擦表面，固化成黏结覆盖层	5~25	性能同上，但湿度对覆盖层寿命影响不大。覆盖层的摩擦系数和磨损率随时间而变化
分散法	将固体润滑剂粉末分散于各种液体中，如水、酒精、甲苯、矿物油等		
特殊法	以特殊方法形成固体润滑膜，如真空沉积、电泳、粒子撞击喷涂等		

表 6-59 石墨的理化与润滑性能

项　目	特　性
外　观	黑色、片状、有脂肪质感觉
分子结构与结晶构造	六方晶系层状结构，层内原子间距离 14.2nm，层间原子间距离 34.1nm，易劈开
密度/kg·m^{-3}	220~2300
熔点/℃	3527
热稳定性	大气中可在 540℃下短期使用，在 426℃下长期使用，快速氧化温度 454℃、氧化生成 CO、CO_2
与金属、橡胶反应	不起反应
硬　度	莫氏 1~2
化学稳定性	非常好
电阻率/Ω·m	2.64×10^{-5}
抗拉强度/MPa	2.5~3.5
抗弯强度/MPa	8.5~10

续表 6-59

项　目	特　性
抗辐射能力	室温下经 γ 射线照射，摩擦力增加 43%，中子照射晶格损伤
线胀系数/$℃^{-1}$	2.2×10^{-6}
蒸气压	较低
与水接触角/(°)	50
摩擦系数	0.05～0.19
真空性能	在真空中失去润滑能力
与金属的附着力	较弱
许用 pv/Pa · m · s^{-1}	0.7×10^{6}

石墨的使用方法见表 6-60。

表 6-60　石墨的使用方法

名　称	方　法	应用举例
石墨分散剂	将石墨分散在水、油和其他溶剂中	模具、铸模
黏结薄膜	用热固性树脂黏结	
整体炭-石墨	用炭-石墨压制零件	
金属石墨	将全熔金属浸渍在石墨或炭-石墨零件的孔隙中，或烧结	

6.5.3.3　二硫化钼

二硫化钼的使用方法有以下几种：

（1）以粉末形式直接使用；

（2）使用二硫化钼的分散剂；

（3）二硫化钼黏结覆盖层；

（4）利用化学方法在金属表面上形成 MoS_2 膜；

（5）用二硫化钼浸渍和烧结。

二硫化钼的基本特性见表6-61。

表 6-61 二硫化钼的基本特性

项 目	特 性
外 观	黑灰色、无光泽、有滑腻感
分子结构与结晶构造	六方晶系的层状晶体结构，容易劈开，因为两个分子层间相邻面极易滑移
硬 度	莫氏1.0~1.5，克氏12~60
熔点/℃	高于1482
热稳定性	大气中可在399℃下短期使用，在349℃下长期使用。快速氧化温度423℃，氧化产生物是MoO_3、SO_2。真空中在1093℃以下，氢气中在1427℃以下，低温在-184℃或更低，保持热稳定性
与金属、橡胶反应	一般条件下与金属表面不产生化学反应，也不侵蚀橡胶
电阻率/Ω·m	8.51×10^{-4}，比石墨高
磁 性	非磁性
与金属的附着力和耐压力	与不清洁表面不易附着，在洁净表面，通过硫原子与金属直接结合，结合力相当强，一般摩擦下不易剥落。厚度小于2.5μm的膜能承受2.8GPa以上的压力和40m/s的摩擦速度。涂有MoS_2的金属表面在3.2GPa压力下不会发生黏附
摩擦系数	0.03~0.2
许用pv/Pa·m·s^{-1}	3.5×10^6
密度/kg·m^{-3}	4700~4800
相对分子质量	160.08

二硫化钼的分散剂见表6-62。

表 6-62 二硫化钼的分散剂

分散体	载体	固体物含量(质量分数)/%	粒子规格	密度/kg·m^{-3}	稀释剂	特殊性能	应用
胶体 MoS_2	矿物油	10	最小	1100	矿物油	低沉降率，能均匀应用固体物的细粒子	钻、铰润滑剂
	聚乙二醇	10	次小	1070	聚乙二醇	残留少、抗高温、液体载体	用在极端温度下的润滑剂
	异丙醇	20	次小	950	工业酒精、丙酮等	载体迅速蒸发产生非树脂黏结干膜	过盈配合、罗纹抗黏附涂层、轻载荷机构润滑剂
	三氯乙烯	20	次小	1460	三氯乙烯	载体迅速蒸发	轻载机构润滑剂
	矿油精	25	次小	960	—	残留少、蒸发中等	高温润滑剂，用于传动装置润滑剂
	水	35	次小	1320	水	残留少、易蒸发	金属加工，如拉丝润滑剂
	矿物油	65	较大	1800	矿物油		特种润滑剂
石墨 + MoS_2	矿物油	37	较大	1200	—	摩擦系数低、抗黏附	罗纹抗黏附润滑剂

6.5.4 润滑剂的作用以及对拉拔的影响

在铜材拉拔过程中，材料和模壁发生摩擦，产生急剧的摩擦热，使被拉拔的材料有可能与拉线模孔壁发生黏着现象，从而破坏了拉拔过程，造成拉拔力急剧增加，轻则使线材表面起槽，线径缩小，重则使线材拉断。为此，必须在被拉拔的材料和模孔间注入必要的冷却润滑液，避免此类现象发生。

6.5.4.1 拉拔润滑的方式

A 单个模槽分散润滑

它主要用于单模拉丝机或非滑动储蓄式多模拉线机。润滑剂可用固体粉状、半固体膏状或液体。为了冷却拉线模和润滑剂，模槽壁做成空心的，通入冷却水，将铜材拉拔过程中产生的热量带走。这种润滑方式，是靠材料经过润滑剂时，润滑剂附着在其表面，随材料的运动将润滑剂带入模孔，达到润滑目的。这种模槽是敞开的，容易弄脏设备和场地，但可直接观察润滑剂的润滑情况，便于调整。

B 浸入式润滑

浸入式润滑是采用乳液状和液体油状的润滑剂，适用于滑动式连续拉线机。润滑剂是盛注在拉线机专设的槽内，鼓轮、线材和模具浸入其中。这种方式不要求有复杂的系统，却能保证拉模具、线材、鼓轮连续润滑和冷却，作用可靠。但是由于润滑剂不停地运动，拉拔生成的铜屑没有沉淀的可能，并不断被带到模具和鼓轮上，影响模具和鼓轮的使用寿命，但可在其中装冷却水管，以利散热。

C 循环式润滑系统

在滑动式连续拉拔机上，希望润滑剂有固定的成分和保持一定的温度，而循环式润滑系统可以满足这一要求。这种系统可以单台设备使用，也可以数台设备集中使用。这种系统由润滑剂储存池（箱）、泵、进出水管路、冷却和加热装置、沉淀和过滤装置等几部分组成。在循环使用过程中须适当补充润滑剂，并定期进行成分检验分析。对储存池底的铜泥和其他沉淀物要定期清理，以保证润滑剂的清洁度。

6.5.4.2 润滑液的作用及对拉拔过程的影响

润滑剂在拉拔过程中的作用有三个方面。

A 润滑作用

在变形的铜材和模孔之间，保持一层润滑膜，避免模具与铜材直接接触及粘结，降低摩擦系数，减少摩擦，使铜材沿受力方向均匀变形，并可增加铜材的变形程度，减少能量消耗和加工道数，延长模具使用寿命。

B 冷却作用

使用适当的润滑剂，可以使铜材变形产生的热量迅速传导出去，降低铜材与模孔的温度，防止材料温度过高发生氧化变色现象。

C 清洗作用

铜材在拉拔过程中，不断产生细微的金属粉尘，润滑剂有不断冲洗模孔、清除金属粉尘的作用。

6.5.4.3 润滑剂对拉拔过程的影响

A 浓度

润滑效果与润滑剂的浓度有密切关系。润滑剂浓度增大，金属材料与模壁的摩擦系数减小，相应的摩擦力也减小，拉拔力也随之下降，反之，则摩擦力增大，所需拉拔力也上升。拉制各种直径的铜材，应根据工艺要求配制相应的润滑剂浓度。浓度越大，润滑剂的黏度也随之上升，冲洗模孔的作用将减小，拉拔中产生的铜屑不易被润滑剂冲洗带走，产生材料表面起槽等质量问题；浓度过大，铜屑将悬浮在润滑液中，不易沉淀，将影响润滑效果及拉拔后的表面质量。

B 温度

润滑剂的温度对拉拔有较大影响。温度过高，拉拔时所产生的热量不易带走，使铜材及模具的温度升高，表面容易氧化变色，降低模具的使用寿命，也会影响油脂润滑膜的强度，润滑效果下降。温度过低，黏度上升，不利于拉拔。因此拉拔过程中润滑剂应控制在一定的温度，一般为25~60℃。

C 清洁度

润滑剂应保持洁净，如在润滑剂中混入酸类物质，pH值小于7（pH值越小危害越大），会造成润滑剂中油脂的分层，失去润滑效果，不利于拉伸。碱含量增加，特别是过高的pH值，拉拔后的材料表面残留的润滑剂对材料有腐蚀的作用，影响使用寿命。润滑剂中杂质增加，会影响润滑系统的畅通，造成润滑剂供应量不足，影响润滑冷却效果。铜材拉拔润滑剂的酸碱度pH值一般为7.0~9.0。

6.5.4.4 常用乳剂配置要求与含量测定

A 铜材拉拔冷却润滑剂的配制、使用和化验

a 水溶性润滑剂的配制

水溶性润滑剂可在不低于17℃的常温下进行配制。先加入50%的水，然后在继续加水的同时加入一定量的润滑剂，并要求与水混合均匀，进行乳化，形成乳化液，其使用温度为25～55℃。在一般情况下，乳化液的浓度：大拉为大于6%，中拉为4%～6%，小拉为2%～5%，微拉可控制在3%以下。部分线材拉拔设备对乳化液浓度有特殊要求的，应按说明书规定范围和生产实际情况进行配制。

b 碱含量的测定

取润滑剂试样10g，置于50mL的量筒中，加蒸馏水100mL，用玻璃棒搅匀。用酚酞作指示剂，用微量滴定管以0.1M浓度的盐酸滴定至红色消失为止。利用公式计算润滑剂的碱含量。

$$\text{碱含量(mg/100g)} = \frac{V \times M \times 40}{G} \times 100\%$$

式中 V——所消耗的0.1M盐酸的体积，L；

M——滴定用盐酸摩尔浓度；

40——NaOH摩尔质量，kg/mol；

G——润滑剂质量。

c 油脂稳定性和含量的测定

将10mL润滑剂试样注入150mL的玻璃量筒中，加蒸馏水至100mL处，用玻璃棒搅匀后，静置24h，观察量筒内溶液是否分层，并以不分层为合格。取100mL待测的乳化液注入量筒中，并注入30mL的强酸，用玻璃棒搅匀后，加热至溶液完全分层，直接读取油脂的浓度。

d 水溶性及pH值测定

称取5g（精度0.1g）的试样，置于量筒中，加水至100mL刻度线，摇匀，配制成5%的乳化液，1min后，用pH值为4～10的试纸条，浸入溶液中（按试纸说明书上要求的时间严格执行），一定时间内取出，与标准色板比较，即得pH值。

e 乳化液腐蚀试验

将金属片浸在一定温度下（40 ± 2℃）的乳化液中，达到规定的浸入时间后，以金属片颜色变化来评定乳化液对金属的腐蚀性能。如铜试片按一、二、三、四级评定（一级光亮，二级轻微均匀变色，三级中变色，四级重变色），其中一、二级为合格。

B　废液处理

为了消除拉拔乳化液对环境的污染，使废液达到排放标准，确保环境卫生，应采用适当的方法处理，使废液中的油含量由每升数万毫克降至几十毫克或以下，才能正常排放。

拉拔废液处理主要包括破乳及水质净化。破乳时采用聚沉法将油水分离，其具体处理方法是：先将废乳化液的 pH 值调整到 8 ~ 9，加入废液量 2% ~ 5% 氯化钠，经搅拌溶化。2h 后，再加入 1% ~ 3% 废液量的硫酸钾铝，稍加搅拌，静置 24h，待其凝聚分层后把上部分离物放出可作燃料，下部废水的油含量在 10mg/L 以下，可直接排放。

6.6　铜及铜合金棒、线材拉拔产品缺陷及控制

6.6.1　拉拔产品缺陷的种类

拉拔产品缺陷的种类按存在的部位可分为内部缺陷和表面缺陷（见表 6-63）。

表 6-63　拉拔产品缺陷的种类

内部缺陷	表面缺陷
1. 力学性能不达标； 2. 产品内部存在中心裂纹	1. 表面划伤及擦伤； 2. 产品形状弯曲； 3. 表面环状痕； 4. 尺寸公差不符合要求； 5. 表面存在夹灰及夹杂； 6. 拉断、拉裂

6.6.2　拉拔产品缺陷产生的原因

6.6.2.1　力学性能不达标

力学性能不达标的主要原因是拉拔工艺安排不合理。一般而言，

铜及铜合金型棒材的力学性能在热加工成形后，基本能达到工艺要求，但有些却需要通过拉拔来改变相应的力学性能，从而适合后道产品加工的需要。拉拔时的加工率过高或过低，都会使伸长率及抗拉强度达不到所需的要求。

6.6.2.2 产品内部存在中心裂纹

产品内部存在中心裂纹主要原因是拉拔工艺不合理，没有按铜及铜合金不同的变形加工性能来执行相关的拉拔工艺。一般来说，无论是锻造还是挤压、轧制的坯料，都存在内外层的力学性能不均匀的问题，即内层的强度低于表面层，同时按拉拔时应力分布的规律，在塑性变形区内中心层上的轴向主拉应力在于周边层，因此常常在中心层上的拉应力首先超过材料强度极限，造成拉裂。如图 6-29 所示，由于拉拔时，在轴线上金属流动速度高于周边层，轴向应力由变形区的入口到出口逐渐增大，所以一旦出现裂纹，裂纹就越来越长，裂缝越来越宽，其中心部分最宽；又由于在轴向上前一个裂纹形成后，使拉应力松弛，裂口后面的金属的拉应力减小，再经过一段长度后，拉应力又重新达到极限强度，将再次发生拉裂，这样拉裂—松弛—再拉裂的过程继续下去，就出现了明显的周期性。这种裂纹很小时是不容易发现的，只有在特别大时，才能在制品表面上发现细颈。

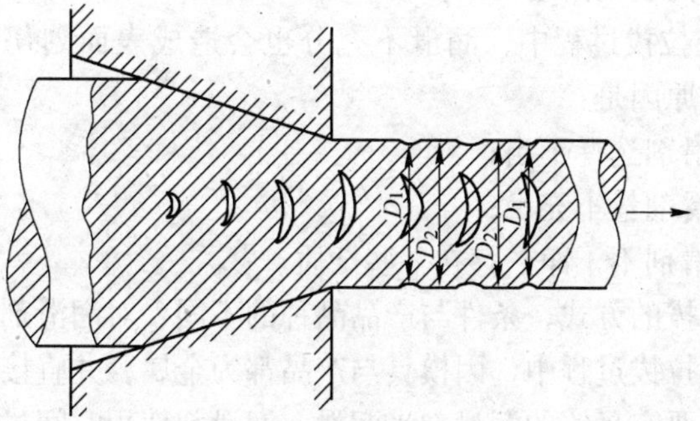

图 6-29 中心裂纹

D_1—裂纹处的直径；D_2—无裂纹处的直径

6.6.2.3　表面划伤及擦伤

表面划伤及擦伤产生的原因：

（1）产品表面划伤、擦伤的一个重要原因是在拉拔前的工序中出现划伤、擦伤的现象，而通过拉拔又消除不了的。如因挤压模具开裂或挤压后制品放置的台面不平，以及与料坯直接接触的工具较锋利，都会使表面划伤、擦伤；因扒皮模具存在刀口上的损坏，表面在扒皮之后出现划伤、擦伤等。

（2）产品在拉拔前的酸洗过程中，酸洗不彻底，表面还存在部分氧化铜，导致拉拔过程中氧化铜粘在模具表面，使拉拔出的产品被氧化铜划伤、擦伤。

（3）产品表面划伤的另一个重要原因是模具不合格。其中，一方面是模具的拉模角没有达到工艺要求。对不同的铜及铜合金，最佳模角也不相同，一般硬度低的因摩擦系数较大，故最佳模角值也大，而硬度高的因摩擦系数较小，故最佳模角值也小。模角过小，模具与型、棒材的接触面过大，使摩擦力加大，从而造成划伤、擦伤；模角过大，润滑距离过短，润滑不充分，也会造成划伤、擦伤等缺陷。另一方面是模具本身的材料硬度达不到要求。由于在拉拔的过程中，模具都和产品紧密接触，同时速度也很高，工具的磨损很快，如果拉模的材料硬度、抗磨性和强度不高，很容易产生发毛、不光洁等缺陷，从而出现产品表面的划伤及擦伤。

（4）在拉拔过程中，润滑不充分也会造成表面划伤、擦伤。润滑不充分的原因是：

1）润滑剂选择不当；

2）润滑剂量不充足；

3）润滑剂不干净，存在一些杂质。

由于拉拔的方式、条件与产品品种的不同，对润滑剂的要求也有所不同。在拉拔过程中，因模具与产品都为金属，并直接接触，摩擦力大，必须要有足够的润滑剂来润滑。润滑剂使用时间过长，产品表面的一些杂质及氧化物会混入润滑剂中，在下次拉拔过程中会随润滑剂一起进入模孔，导致产品表面划伤、擦伤。

（5）产品表面粘有沙土、氧化皮等，在拉拔时进入模孔，从而导致表面划伤及擦伤等缺陷。产品在拉拔前，如放置时间过长，受周围环境影响，表面粘有灰尘、沙土，而产品表面又未经过处理，存在氧化皮，就会使这些物质在拉拔过程中进入模孔，导致划伤、擦伤。

6.6.2.4　产品形状弯曲

产品形状弯曲产生的原因：

（1）产品形状弯曲的一个重要原因是模具的定径带尺寸不均匀。一些异形材形状较复杂，模具须采用手工加工，存在一定的加工误差，会使定径带尺寸不均匀，而定径带的不均匀又会使产品各个面摩擦力有差异，从而使拉拔后的型棒材产生弯曲。这种情况在材料较硬、材料形状较复杂、拉拔加工率较大的产品加工中尤为突出。

（2）产品形状弯曲的另一个原因是模具在装配上拉拔机时，与拉拔机的中心线垂直度不够，或模具中心与拉拔机中心线存在左右偏差。模具与中心线不垂直或存在左右偏差，会使定径带中各个面受到的压力不均匀，从而导致产品弯曲。

（3）产品弯曲还有一个原因是拉拔机制作精度不够。拉伸机的机身或拉伸小车与装配模具的挡板垂直度达不到要求，或拉伸小车钳口中心与拉拔机中心线不垂直。这些情况的存在，都会使产品在拉伸过程中，定径区域各个面所受的压力产生差异，导致金属弯曲变形，造成产品缺陷。

（4）产品弯曲有些是在拉拔前道工序就产生的弯曲变形。因在拉拔前的工序多为金属热加工成形，如挤压、热轧、连铸等等，在工艺控制不当的情况下，就容易产生弯曲变形。而一些硬度较高的合金（如 HPb59-1 等）在拉拔过程中无法拉直，拉伸完成后，还是会出现弯曲的原形。

6.6.2.5　产品表面有环状痕

产品表面环状痕产生的原因：

（1）产品表面有环状痕的最主要原因是拉拔工艺不合理。拉拔工艺没有根据所生产产品的特性来选择，加工率过高过低都可能产生环状痕，加工率过低，特别在拉拔后半段时，如加工率低，拉伸机钳口的拉力较小，型、棒材的重力影响就较明显，使型、棒材在径向上受力不均匀，造成环状痕；相反，加工率过高，造成拉伸机拉力不够，使拉伸小车产生抖动，出现环状痕。

（2）造成环状痕的另一个原因是拉拔毛坯本身存在这种缺陷，而在拉拔过程中又不能改变。如退火温度不均匀、冷轧坯料环状痕过大等。

（3）造成环状痕还有一个原因是润滑不均匀。润滑不均匀，会使产品径向上各面受到的阻力不同，从而出现环状痕。

6.6.2.6 产品拉拔后尺寸公差不符合要求

产品拉拔后尺寸公差不符合要求的原因：

（1）尺寸公差不符合要求的主要原因是模具尺寸公差不符合要求。特别是异形材，由于模具加工较困难，更容易出现公差不符合要求的情况。

（2）尺寸公差不符合要求的另一个原因是料坯本身成形偏差较大。如圆棒椭圆度大，六角棒六角不正等，出现这类情况，在拉拔形变中的变形量又不足以改变，就会产生尺寸公差不符合要求的问题。

6.6.2.7 产品表面有夹杂和夹灰

产品表面有夹杂和夹灰的原因：

（1）产品表面有夹杂及夹灰的主要原因是拉拔前工序存在缺陷。包括铸造时铜锭内部存在杂质，在挤压中又脱不了皮，使夹杂存在于拉拔毛坯表面；又如挤压温度过高，挤压速度过快，使金属流动过快，造成产品表面存在夹杂和夹灰，热轧类的型、棒材在糠模成形中，如没有对毛坯表面的夹灰进行处理，也会将夹质轧入毛坯，使拉拔后夹质存在于产品表面。

（2）产品在拉拔过程中，由于润滑油不净，产品表面碰伤，脏物被压入产品表面，造成缺陷。

6.6.2.8 产品拉裂、拉断

产品拉裂、拉断产生的原因：

（1）产品的拉裂即产品表面有裂纹。表面裂纹是在拉拔过程中由不均匀变形引起的。在拉拔过程中，定径区中的被拉产品所受的轴向应力分布是：周边层的拉应力大于中心层的拉应力，再加上不均匀变形，周边层受到了较大的附加拉应力作用，因此被拉产品周边层所受的实际工作应力比中心层要大得多，当此种拉应力超过抗拉强度时，就产生表面裂纹，甚至拉断。当模角与摩擦系数增大时，则内、外层间的应力差值也随之增大，更容易形成表面裂纹。当加工率过大时，润滑条件较差，都极有可能形成以上缺陷。对于一些异形材，应力集中的角上形成的比例也较高。

（2）产品在拉伸前如拉伸夹头制作得不正，使拉拔时受力不均匀，而造成拉断、拉裂。或制作夹头时，头部本身存在裂纹，就会在拉伸时出现拉断。

6.6.3 拉拔产品缺陷的控制

根据上述对拉拔产品缺陷产生原因的分析，必须在加工中采取一定的措施或进行一定的工艺调整，从而避免这些缺陷的产生。

对于产品力学性能达不到要求的情况，必须在拉伸前，明确所加工产品的力学性能要求，从而制定出相应的拉拔工艺，如确定加工率、加工道次等，下面介绍几种常用产品的力学性能与加工率的关系，可供参考。

6.6.3.1 消除产品缺陷的措施

为了防止产生中心裂纹，需要采取以下措施：

（1）尽可能地减少拉拔毛坯中心部分的杂质、气孔。毛坯中心部分的杂质及气孔的存在，会使内、外层间的抗拉强度更加不均匀，这就要求必须严格控制拉拔毛坯的质量。

棒材在挤压时应按工艺规定严格执行，不同的合金，加热的温度也要进行相应的调整，挤压的速度不能过快，也不能过慢。对挤压前铸锭的表面质量也应加以控制，对铸锭表面缺陷较深的（指深度大

于等于挤压脱皮量的），就不能进入下道挤压工序铸造过程中。同时，对半连铸、热轧、连铸等铸锭的表面及内部的杂质及气孔也要加以控制，如用一些金属清渣剂及精炼剂，可加大对铜液中杂质的清除力度，用木炭等覆盖剂覆盖在铜液表面，不仅可以吸除铜液中的气体，而且还可防止周围环境中的气体进入铜液。

（2）使拉拔坯料内、外层力学性能均匀。要使力学性能均匀，有效的方法是在拉伸前进行热处理，也就是进行再结晶退火，一是使晶粒变细，二是使晶粒大小变均匀，从而达到力学性能均匀。同时，对需要进行多次拉拔的产品，在拉拔过程中，进行中间退火，也可使坯料内、外层力学性能均匀。

（3）在拉拔时，每道次的加工率不应过大。因各种合金的抗拉强度存在很大的差异，根据中心裂纹的形成原因，必须对力学性能不同的合金，制定出合理的加工率进行拉制。

T2、TU、TUP、H96、H62、H60、HSn60-1、HNi65-5、HMn58-2、QAl7、QAl10-3-1.5、QAl10-4-4、QBe2、B5、B10、B30的力学性能与加工率的关系分别见图6-30～图6-45。

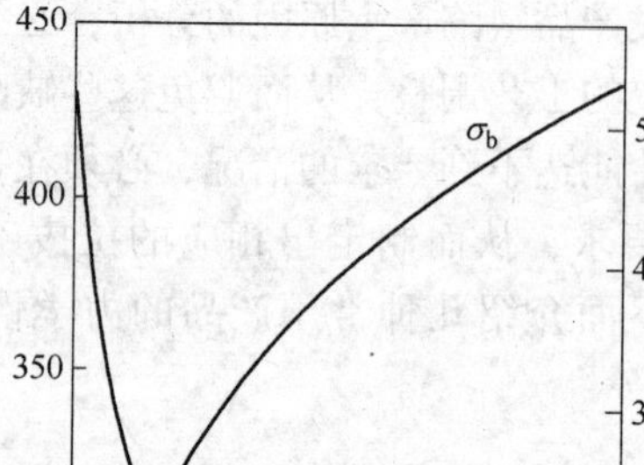

图6-30 T2的力学性能与加工率的关系

$$\sigma_b = 2.5 + 1.5\varepsilon^{0.58}$$

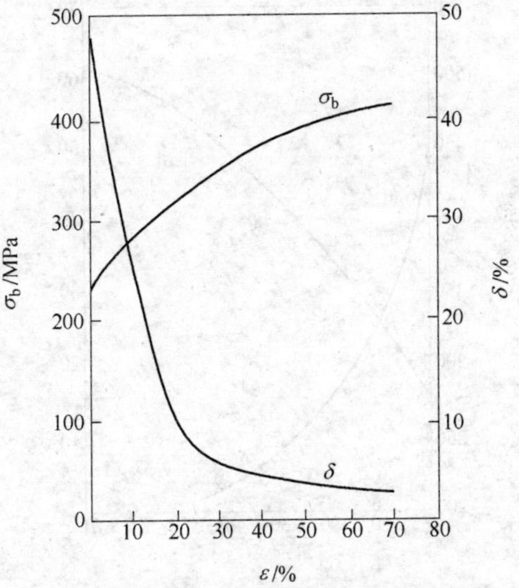

图 6-31 TU 的力学性能与加工率的关系

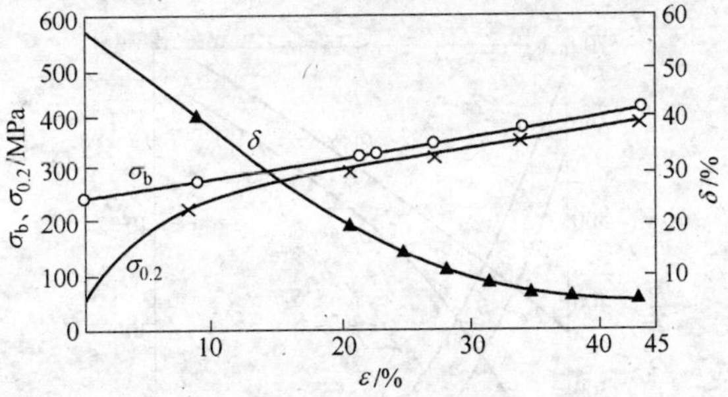

图 6-32 TUP 的力学性能与加工率的关系

6.6.3.2 表面划伤、擦伤的控制

采取以下控制措施：

(1) 对上道工序引起的缺陷，必须在上道工序加以控制。如挤压棒材毛坯存在缺陷，就要注意挤压模具是否开裂，是否粘铜，并根据情况，及时更换模具，同时，也应注意挤压平台的润滑及光洁程

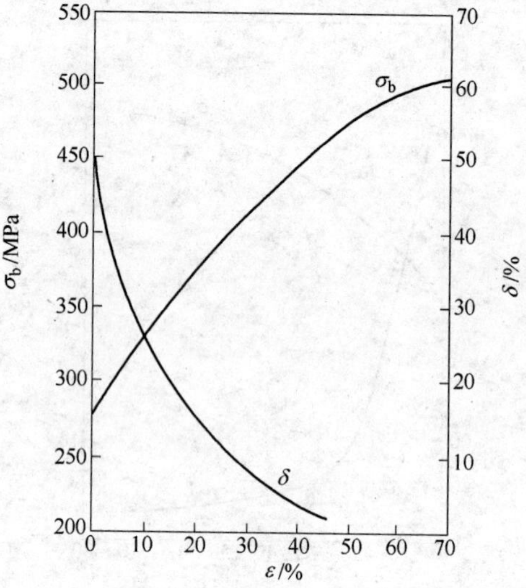

图 6-33 H96 的力学性能与加工率的关系

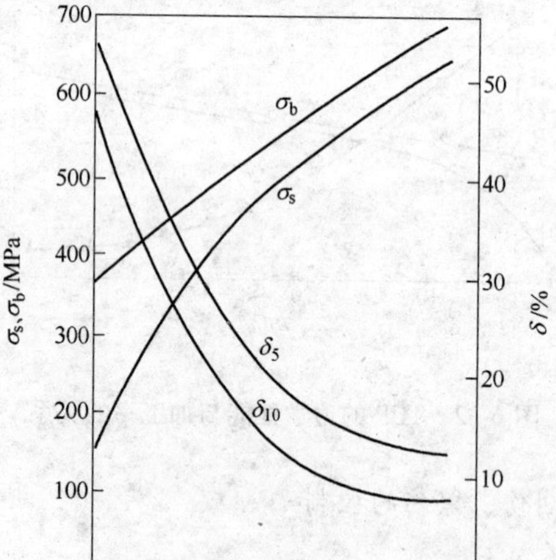

图 6-34 H62 的力学性能与加工率的关系

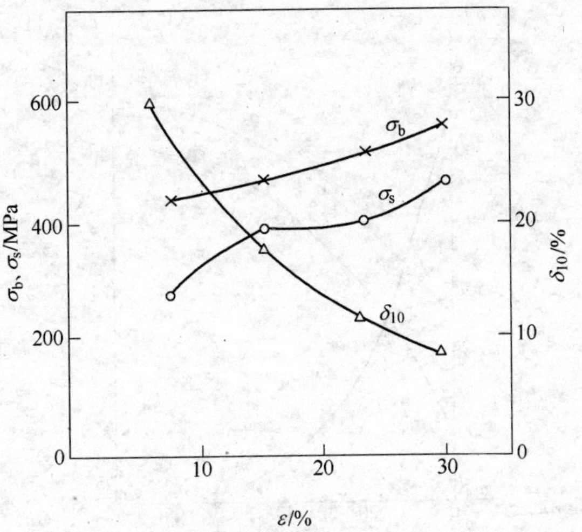

图 6-35 H60 的力学性能与加工率的关系

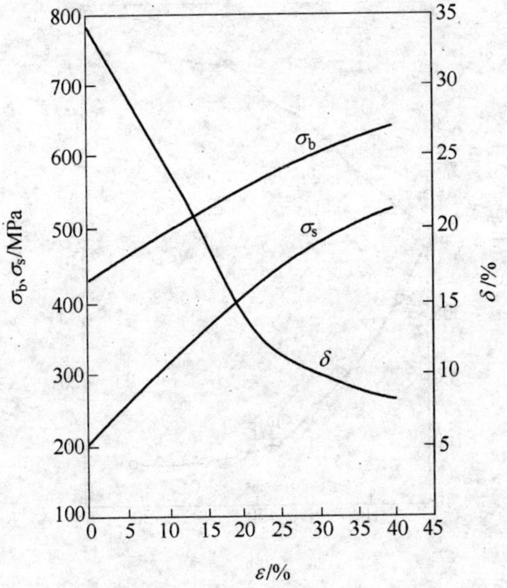

图 6-36 HSn60-1 的力学性能与加工率的关系

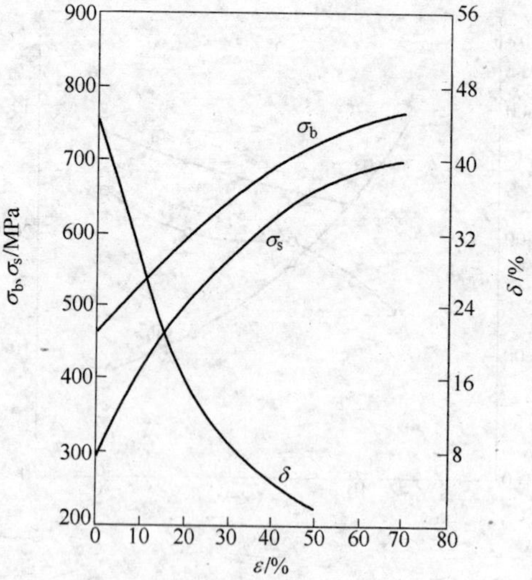

图 6-37　HNi65-5 的力学性能与加工率的关系

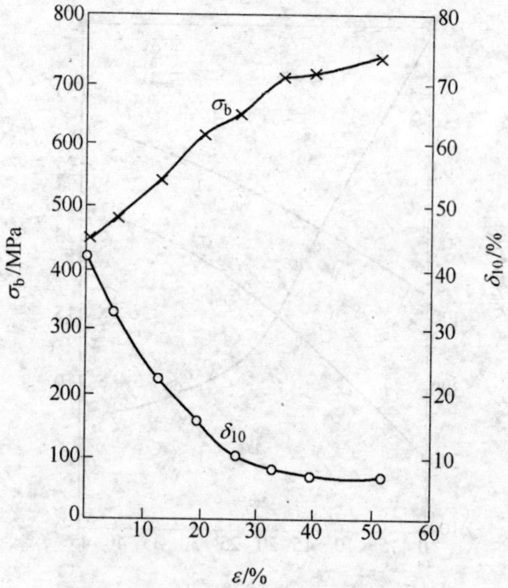

图 6-38　HMn58-2 的力学性能与加工率的关系
（直径为 24.6mm 的挤制棒）

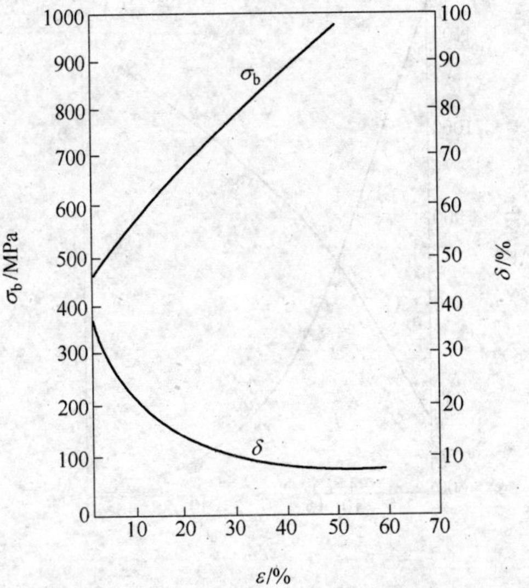

图 6-39 QAl7 的力学性能与加工率的关系

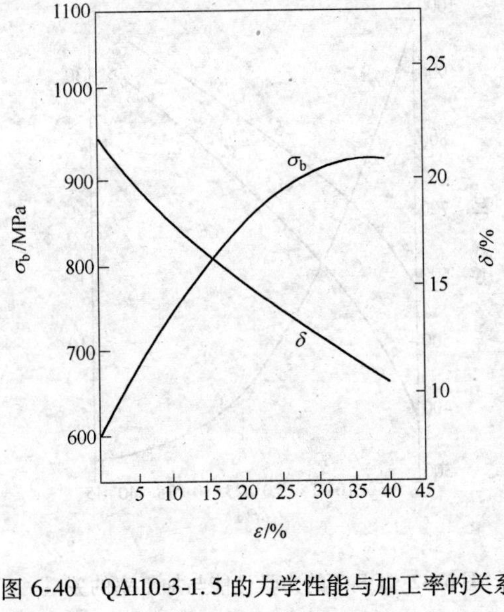

图 6-40 QAl10-3-1.5 的力学性能与加工率的关系

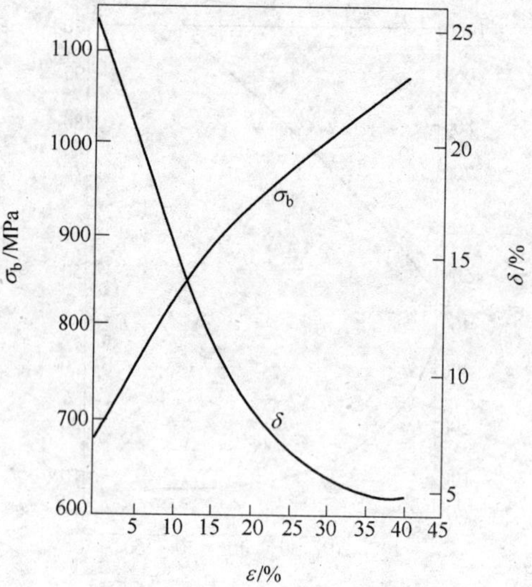

图 6-41　QAl10-4-4 的力学性能与加工率的关系

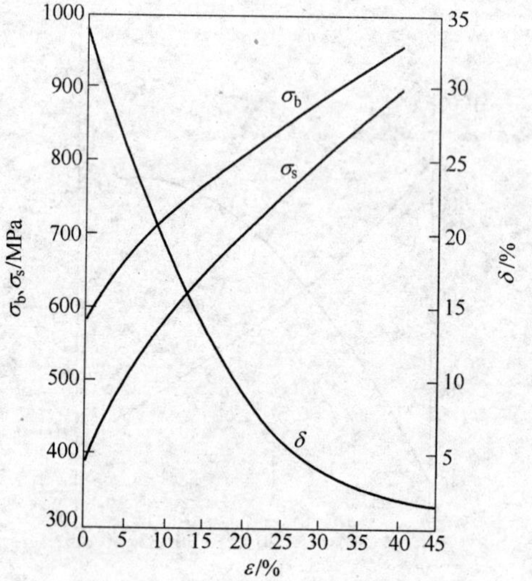

图 6-42　QBe2 的力学性能与加工率的关系

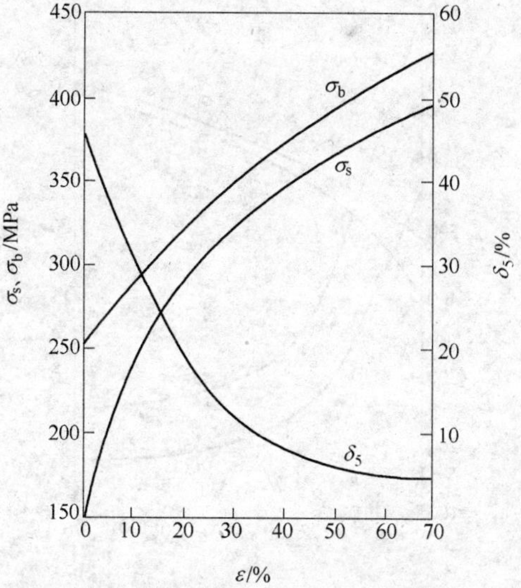

图 6-43 B5 的力学性能与加工率的关系

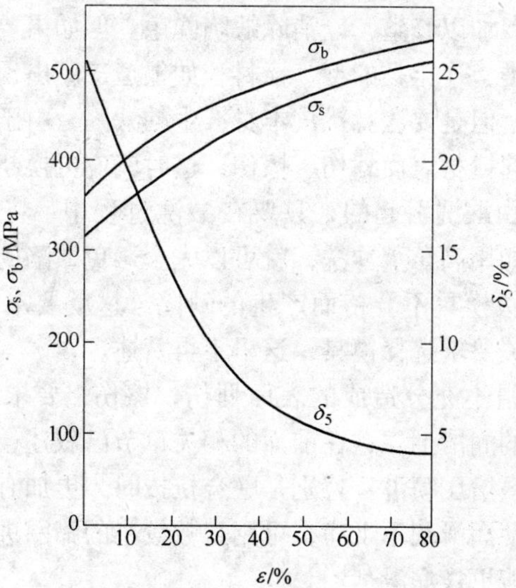

图 6-44 B10 的力学性能与加工率的关系

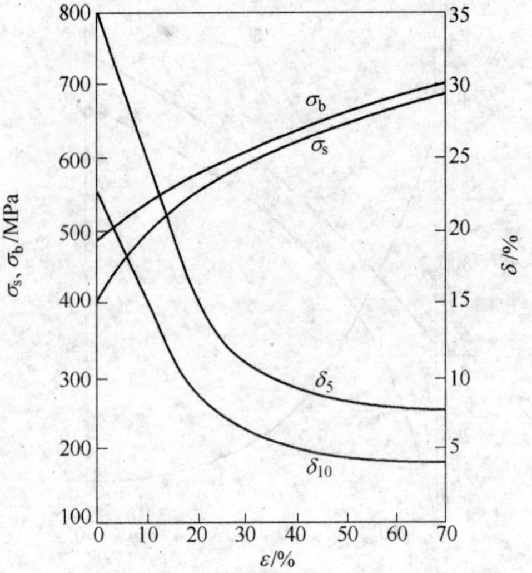

图 6-45　B30 的力学性能与加工率的关系

度，如润滑及光洁程度不够，就会引起表面划伤、擦伤，这种情况下，就要对平台加以修整，以消除缺陷隐患。但如果要经过扒皮这道工序，对轧制类、连铸类的型、棒材，如上道工序出现缺陷，都可经过扒皮而避免，但是要注意扒皮本身产生的缺陷，由于扒皮模具的破损，就容易引起棒材表面划伤、擦伤，这时就应更换新的模具。

（2）对于由酸洗引起的，只要在酸洗过程中，将型、棒材的表面处理干净，如用高压水冲洗，就可以完全避免缺陷的产生。

（3）由拉拔模具不合格而产生的缺陷，这就要求严格按前面各章节所述的相关要求选择模具，这里不再赘述。

（4）对润滑不充分造成的表面划伤、擦伤，要求根据合金的不同，选择相应的润滑剂，这在前面的相关章节已叙述；对于润滑剂不足，可采用油泵增压喷淋，特别是联合拉拔时，更加有效；润滑剂使用时间过长，使润滑剂不干净，可用目数较小的筛网进行过滤，如达不到效果，只能更换润滑剂。

（5）对于表面粘有沙土、氧化皮等引起的缺陷，一方面应加强对拉拔前棒材表面的防护，如用一些布与塑料纸盖起来，或尽量使拉拔前的棒材在生产过程中的停滞时间短一些；另一方面，可采取扒皮、酸洗等工艺加以消除。

6.6.3.3 产品形状弯曲的控制

采取以下控制措施：

（1）模具本身的缺陷，可采用更换模具的方法，或在拉拔过程中采用手工借力，使不同的面受力尽量趋于均匀，同时也可在条件允许的情况下，适当降低加工率。

（2）由模具装配问题产生的缺陷，就应根据弯曲的方向，来调整模具，并进行试拉，直到缺陷消除为止。但如果存在的是小的弯曲，可在拉拔后通过矫直工艺使型、棒材的直度达到规定要求。

（3）由拉拔机原因而产生的缺陷，只能对拉拔机进行修复性调整，使之能达到要求的精度。

（4）由前道工序引起的缺陷，就应加强对前道工序的控制，在棒材处于热状态时就使之直度达到一定的要求，如对刚挤出的型、棒材，就应在矫直平台上将其矫直。

6.6.3.4 产品表面环状痕的控制

采取以下控制措施：

（1）由拉拔工艺不合理引起的环状痕，应根据实际情况，相应调整产品加工率，使之能与不同的合金相适应。

（2）如拉拔毛坯本身存在这种缺陷，就应控制前面各道工序，如退火、轧制等等。

（3）如由润滑不均匀引起的环状痕，就应改善润滑条件，使产品各个面的润滑均匀。

6.6.3.5 产品尺寸不均匀缺陷的控制

采取以下控制措施：

（1）如由模具公差引起的产品尺寸不均匀，就要对模具进行更换，一般情况下，对新的模具，在使用前应先进行试拉，试拉合格的模具才能投入生产，以避免模具不合格产生的损失。

(2) 如由坯料引起的尺寸不均匀，应加强前道工序的控制，包括工装、模具等，同时也要加强拉拔前的检验。

产品表面有夹杂及夹灰主要是由拉拔前道工序缺陷引起的，应加强对前道工序的控制，包括铸锭表面质量的控制，挤压温度、挤压速度的控制等。对由润滑油引起的缺陷，应对润滑油进行过滤，如润滑油使用时间过长，则应及时更换。

根据上面分析的拉裂原因，首先应从模具入手，看模具是否符合工艺要求，其次是看拉拔的加工工艺，是否加工率过大，是否超过了型、棒材本身的抗拉强度，润滑是否充分。还有，对于一些异形材料，有棱角的规格，毛坯应尽量用 R 角过渡，以免角上应力过于集中而拉裂。另外，对拉拔伸制品的夹头应尽量做正，同时也要防止头部本身的裂纹，特别是对热塑性不好的合金，更要注意。

总之，拉拔过程形成的各种缺陷是多方面的，必须分析清楚其产生的原因，之后才可针对各类原因采取有力措施，进行有效的控制，从而避免缺陷的产生。

6.6.4　铜及铜合金线材拉拔常见废品

前面的章节以介绍铜棒、型材拉拔过程的缺陷为主，其中也有与线材缺陷共性的部分。这里介绍线材在生产过程中，常见废品的种类、特征和产生原因（见表 6-64），以供读者参考。

表 6-64　常见废品的种类、特征与产生原因

废品种类	特　征	产生原因
公差不合	线材直径全部或局部不符	量具使用不当； 模具变形区角度偏小，而加工率过大； 线坯没理顺
椭　圆	线材横断面上各方向直径不等的现象	模孔不圆； 模孔中心线与绞盘的切线不一致
拉　痕	线材表面沿纵向局部或全部出现拉道现象	模孔抛光不好或粘金属； 润滑剂质量不好或供应不足； 线坯酸洗、水洗不彻底； 加工率过大

续表 6-64

废品种类	特 征	产生原因
擦 伤	线材表面呈沟状划痕	绞盘表面粗糙； 线坯表面机械磕碰伤； 润滑剂不清洁
“8”字线	线材从绞盘上卸下来呈紊乱状态，扭成“8”字形	模孔中心线与绞盘切线不一致； 收线绞盘直径过大； 模孔定径区过短
裂 纹	线材表面出现纵向或横向开裂现象	线坯有皮下气泡、夹渣物； 退火温度过低或过高； 线坯没有及时消除内应力退火； 加工率过大
起 皮	线材表面呈“舌状”或“鱼鳞状”的翘起薄片	扒皮不净； 锭坯皮下气泡、夹渣物加工后破裂
竹 节	线材表面出现沿轴线方向的环状痕迹	拉伸机有振动，不平稳； 润滑不良； 拉伸模角大，定径区短； 夹丝痕； 开、停车痕
毛 刺	线材表面出现局部纵向的尖而薄的飞刺	扒皮不净； 模具拉裂； 机械磕碰伤； 锭坯皮下气泡、夹渣； 线坯表面裂纹、压折
断口不合	线材横断面有气孔、缩孔、夹渣等	锭坯带来缺陷； 挤压造成缺陷
表面腐蚀	线材表面局部出现锈蚀现象	酸、碱、盐等腐蚀介质侵蚀表面造成的
氧化色	线材表面失去光泽，发生氧化现象	退火时氧化； 酸洗、水洗不彻底； 变形量过大，使料变热； 放置时间过长

续表 6-64

废品种类	特　征	产生原因
凹　坑	线材表面出现局部点状或块状凹陷现象	线材表面粘有金属或非金属压痕；线材退火料装得多或没有分层
麻　面	线材表面出现微细麻点粗糙面，有时连成一大片	线材过酸洗； 退火温度过高，时间过长； 加工率过小
黑斑点	线材退火后，表面出现碳化物的痕迹	线材表面有润滑剂或脏物，退火后残留在表面上
紫铜氢脆	紫铜退火后，拉伸时产生脆断	紫铜在氢气或含有氢的还原性气氛退火时，氢渗入铜中与氧化铜作用，产生水蒸气，造成晶间破裂
黄铜脱锌	黄铜退火后表面出现白灰，酸洗后出现不同深度麻面	退火温度过高
酸、水迹	线材表面出现局部酸洗、水洗痕迹	线材酸洗、水洗不干净； 线材酸洗后未烘干； 水箱车出线模不平而漏水
力学性能不符合要求	线材性能达不到标准要求	规定加工率不合理； 退火温度不合理
反复弯曲或扭转不符合要求	成品反复弯曲不符合要求，扭转后开裂或断裂	加工率过大； 成品坯退火温度过低或过高
缠绕不符合要求	青铜线缠绕开裂或断裂	加工率过大； 表面氧化皮； 成品坯退火不好
打钉不符合要求	铆钉线打钉时开裂	扒皮不净； 加工率过大
电气性能不符合要求	电气性能不符合标准规定	化学成分不符合要求

6.7　铜及铜合金材料表面处理技术

6.7.1　铜及铜合金材料表面着色处理技术

铜及铜合金线材，一方面由于具有良好的强度和耐久性而被用作重要的功能材料，另一方面铜属于一种独特的有色金属，也有彩金之称，纯铜、紫铜、青铜、黄铜、白铜都能呈现出各种颜色，而且其表面经过长年氧化，还会呈现出丰富多彩的色调，因此，作为装饰设计材料使用也有着悠久的历史。

铜及铜合金材料常规的表面处理，是通过还原反应呈现金属原有色泽，并暴露出材料新鲜的表面，同时为了保持该表面的新鲜度，还需要采取一定的保护措施，如表面喷涂保护蜡等。

但随着社会的不断进步，对铜及铜合金材料表面色泽提出了更多的需求，这种对材料外观"美"的追求，也促进了金属着色处理技术的进步和发展。

6.7.1.1　铜及铜合金的着色方法

铜与氧、硫、氯、羟基和碳酸离子发生氧化反应，变成不溶于水的铜盐，即氧化亚铜（Cu_2O，红色）、氧化铜（CuO，黑色）、硫化亚铜（Cu_2S，黑色）、硫化铜（CuS，黑色）、碱性氯化铜（$CuCl_2 \cdot 3Cu(OH)_2$，绿色）、碱性碳酸铜（$CuCO_3 \cdot Cu(OH)_2$，绿色）、石青（$2CuCO_3 \cdot Cu(OH)_2$，青色）、氢氧化铜（$Cu(OH)_2$，青色）、碱性硫酸铜（$CuSO_4 \cdot 3Cu(OH)_2$，青绿色）等，这些物质在自然环境中都比较容易生成。但是，铜的氧化只限于表面极薄的部分，不会像铁或铝那样快速地侵蚀到金属基底或局部受到深的侵蚀。虽然铜的表面发生氧化而容易变色，但耐腐蚀性非常强，具有良好的耐久性。覆盖铜的氧化物中，有的在表面形成致密的薄膜加上铜基底的颜色而呈美丽的古铜色，有的则呈鲜艳的铜绿色或稳重的青黑色，其颜色可分为黄、红、茶、绿、青、黑等多种。呈现如此多种多样的色调，是由于多种氧化物、生成氧化物的致密性和厚度或光泽差异都参与色调变化的缘故。

表6-65所示的6种基本色，加上颜色的深浅变化以及金属表面和基底表面的差异，着色所得色调的种类可以说是无限的。

表6-65　铜及铜合金着基本色及其方法

基本色	方　法
黑　色	硝酸铜溶液，过氧二硫酸盐溶液、亚氯酸溶液、碳酸铜（青到黑）、阳极氧化
青　色	硫代硫酸钠＋醋酸铅
茶　色	多硫化物、重铬酸盐、高锰酸盐、氯酸盐、硫酸亚铁、氨水、硒酸
黄　色	重铬酸盐
绿色（电解法）	氯化铵、硫酸铵
红　色	硝酸钾溶盐

着色有下列3种方法：

（1）浸渍着色法：化学着色、电解着色；

（2）涂敷着色法：铜绿色、硫化着色，大多用于建筑金属配件；

（3）加热氧化着色法：发蓝回火。

而铜及铜合金的化学处理，通常按下列顺序进行：

表面清洗→水洗→酸洗→水洗→化学着色处理→水洗→热水洗→干燥

6.7.1.2　表面清洗工序

铜及铜合金表面的污物有：矿物油、润滑油、拉拔和成形时用的油脂、铣削和冲切用的皂质乳化液、钻削和攻丝等用的复合型切削油、冷却油、粗磨粒、周围的垃圾等，为了清除这些表面污染物和油脂，可以采用研磨、砂纸打磨、钢丝刷清理、喷砂等物理法和钢铁、铝用碱性洗洁剂的化学法。

6.7.1.3　酸洗工序

酸洗也称光亮浸染，是一道很重要的工序，其目的是清除铜及铜合金上的氧化亚铜。如果酸洗不彻底，着色皮膜就会不均匀。轻度氧化膜只用5%硫酸即可。纯铜采用混合酸溶液和铬酸硫酸混合液；铜合金则采用氯化铁溶液。酸洗应浸渍到金属表面出现均匀的光泽为止，其常温下浸渍时间为0.5～2min。铜合金1min以下即可。浅腐蚀使用过氧二硫酸钾；深腐蚀则使用铬酸、氯化铁、盐酸。另外，无论哪种酸洗液，浓度高，氧化性就强，操作时应注意。酸洗后应充分水洗，并进行着色处理，着色处理后，经过水洗、热水洗以后干燥。

6.7.1.4 化学着色工序

以下介绍的着色方法均以发黑工艺为例进行说明。

为了发黑处理，使用的溶液应具有能在铜及铜合金上析出氧化铜及硫化铜薄膜的成分。前者使用氧化剂溶液；后者则使用硫化物溶液。

A 硫化着色法

铜及铜合金浸渍于硫化钾（K_2S）、硫化钠（Na_2S）、硫化钡（BaS）、硫化铵（$(NH_4)_2S$）等硫化物水溶液。着色性因被着色件的铜含量不同而异，对于纯铜表面着色，能获得范围很宽的色调，甚至达到深色，而铜合金随着锡、锌添加元素含量的增加，色调受到一定的限制，着色性也会恶化。而且，对于铜合金，由于硫化着色所得到的是不同于纯铜的特有色调，因此也大多被采用。着色法有湿式法和干式法两种。

a 湿式法

（1）浸渍法：

1）硫化铵溶液。常用硫化铵3～6mL/L溶液，在室温下浸渍数秒，便可着上青铜色，如果处理时间较长，则呈黑色。此着色法一般用于装饰品等。

2）硫化钡溶液。使用硫化钡12.5g/L水溶液，在沸腾状态下浸渍，可着色范围从深褐色到近似青色，或从灰色到黑色。着色作业往往重复进行。

（2）涂敷法：经物理清洗后，用刷子重复涂刷硫化钾溶液，然后用碳酸氢钠刷光，水洗，擦净，干燥，上透明漆。色调因硫化钾溶液的浓度和薄膜的厚度不同而异。

b　干式法

经物理清洗后，用毛刷涂敷五硫化二锑软膏后，干燥，再次进行刷光，涂刷抛光粉（五硫化二锑和石墨的混合物）。擦净着色剂后，上透明漆。如果五硫化二锑用乙醇加以调和，则最终呈黑色；如果加上孟加拉颜料，则硫化力减弱，色调更加明快。

B　氧化铜着色法

发黑处理所用的氧化铜（CuO）薄膜处理，是以 10% 氢氧化钠溶液、亚氯酸钠、过氧二硫酸钾等强氧化剂的混合溶液，在 100℃ 以上的沸腾温度下处理 3 ~ 15min。处理液的浓度、温度和处理时间因待处理件的材质不同而异（见表 6-66），铜含量越多，在低温且短时间内就能获得黑色薄膜（见表 6-67）。

表 6-66　材质与处理时间

处理材质	处理时间/min	处理材质	处理时间/min
纯　铜	3 ~ 5	6.5∶3.5 黄铜	15
7∶3 黄铜	5 ~ 10	6∶4 黄铜	15（预处理表面镀铜）

表 6-67　处理条件与颜色（对于纯铜）

色　调	亚氯酸浓度/$g \cdot L^{-1}$	温度/℃	时间/s
黑　色	24	104	180
褐　色	17	55 ~ 82	120
青　色	17	55 ~ 82	30
金　色	17	55 ~ 82	15

6.7.2　苯并三氮唑（BTA）在铜合金材料表面处理中的应用

苯并三氮唑（BTA）是国内外公认为较好的抑制铜材表面变色的表面钝化剂。具有使用成本低、无毒性，并能较好保持铜材美丽色泽的优点。它已被铜加工企业广泛用于铜材的后期处理过程中，其中还包括利用润滑过程，把 BTA 添加到工艺润滑剂，特别是硬态或半硬态制品成品加工时的全油型润滑油中，完成钝化处理。

6.7.2.1 苯并三氮唑冷加工润滑油的应用基础

在冷加工润滑油中添加 BTA，是对不需要进行退火的硬态或半硬态铜材而言的。

A 适用性广泛

在我国众多的中、小型铜材生产企业中，缺少专用的钝化处理生产线，然而，不管哪种铜材产品，加工时均需要使用工艺润滑剂，尤其是全油型润滑剂。因此，从铜材表面钝化处理角度，配制 BTA 润滑油应有更广泛的适用性。

B 有利于提高铜材表面抗变色能力

加工的铜材在存放或使用过程中会出现表面变色，作为其影响因素除高温、高湿度环境、大气中微量腐蚀性气体与大气沉降物等外，作为残留润滑油膜，有利于水膜的形成，易出现电化学腐蚀过程形成腐蚀变色斑痕迹。然而，添加 BTA 之后，残留油膜就如同防锈油膜，可起到防腐蚀变色作用。事实上，早期的 BTA 就是一种常用的铜材表面防锈剂。

C 有利于提高润滑油使用性能

作为工艺润滑剂（特别是全油型润滑剂），应具有良好的润滑（吸附成膜）性能与良好的抗污染性（对铜材不腐蚀等）。在添加 BTA 后，不管从哪种钝化作用机理来看，它都会在铜材表面成膜。因此，有利于两个膜层在铜材加工过程中协同起到更好的“防黏、降摩与减少磨损”的作用，增强润滑油的使用性能。

D 使用方便

这是指在成品加工过程中可顺便完成钝化处理。

6.7.2.2 铜材冷加工润滑油的配制

A BTA 溶媒的选择与要求

BTA 在润滑油中的溶解度极小。一般情况下要配制出含 BTA 的铜材冷加工润滑油，首先必须选择好“溶媒”。它是既可以溶解 BTA，又可溶入乳化液中，且对润滑油本体性能没有影响，不腐蚀金属的溶剂媒体。

BTA是一种白色的针状或粉末状结晶体。它在水中的溶解度，在20～80℃温度范围为1.6%～18%（质量分数或体积分数）。但是由于油、水不相溶，故不能选择纯水作为“溶媒”。而BTA在几种溶剂中有较大的溶解度（见表6-68），且具有一定的分散于油中的性能，因此它可作为“溶媒”选用材料。

表6-68 BTA在一些溶剂与溶液中的溶解度（20℃）

溶剂或溶液	溶解度（质量分数或体积分数）/%	溶剂或溶液	溶解度（质量分数或体积分数）/%
甲醇	58.0	全氯乙烯	0.5
丙酮	50.0	四氯化碳	0.25
乙二醇单甲醚	50.0	苯	1.5
庚醇	31.0	主轴油	0.06
环乙烷	25.0	煤油	0.1
乙二醇	25.0	10%苛性钠	20.0
乙醚	17.5	30%苛性钠	50.0
三氯乙烯	1.0	2N盐酸	50.0

B BTA润滑油配制与适宜添加量的确定

配制BTA润滑油的方法如下：

（1）根据润滑油中要求的BTA适宜添加量以及润滑油需要量计算出BTA的用量；

（2）根据所选择溶媒对BTA的溶解能力，确定为保证BTA能充分溶解所需要的溶媒质量，并把BTA溶媒搅拌；

（3）把含BTA的溶媒加入润滑油中充分搅拌。至此，配制工作即完成。

在使用一些有机溶剂时需要注意安全防护工作，特别是对人体有害的刺激性溶剂要严加防护。关于BTA的适宜添加量（质量分数,%），根据水溶液处理液BTA添加量一般为0.05%～0.25%（质量分数），铜及黄铜用变色防护油BTA添加量只需0.1%（质量分数）。该数据在实际使用过程中应针对不同的溶媒进行进一步的验证，以获得最佳的添加量（添加量并非越大越好）。

6.7.2.3 BTA 铜材冷加工润滑油的优良性能

A 防变色性

在潮湿的雨季，通过环乙酮溶媒添加 BTA 与不添加 BTA 的菜籽油，作为润滑剂轧制、拉制铜材，并取样在大气中悬挂，进行表面变色观察比较。试验结果表明，由 BTA 菜籽油拉制的样品，不出现明显变色，时间会比未添加 BTA 的增加 3~4 倍。同时，润滑油中添加微量变色抑制剂对其润滑油性能的影响因合金的不同而异，但均不影响添加剂本身具有的抑制变色的功能。

B 降低摩擦系数

国外文献对利用专门的实验测试装置研究 BTA 对浸泡在润滑油中铜材表面摩擦系数的影响作了报道：

（1）BTA 在铜材表面成膜而导致摩擦系数降低；

（2）即使润滑油温度高达 200℃，BTA 的降低摩擦系数的效果也很明显；

（3）BTA 的添加使润滑油在更高载荷与更长时间下，仍然保持较低的摩擦系数。

C 提高耐压抗摩擦性能

国内的一些学者也研究了 BTA 及其衍生物在菜籽油中的抗摩擦性能，并认为：BTA 可在一定程度上改善菜籽油的抗摩擦性能，这是由于其在金属表面发生化学吸附或摩擦化学反应，进而生成含有机氮化物的复合表面保护膜所致；还进一步研究了 BTA 功能团与极压抗摩活性元素 S 和 P 的相互作用以及所得衍生物的极压抗摩作用机理。

在 BTA 无法直接均匀地溶入所用铜材加工润滑油时，需要通过适宜的“溶媒”来配制。由于 BTA 加入润滑油中不会影响其抑制铜材表面变色作用，因此可使残留于加工制品表面润滑油膜，由促进变色的不利作用转变为防止变色的有利作用；同时，BTA 的加入还可以改善润滑油的性能。因此把 BTA 润滑油应用于不需要经退火处理的铜材加工过程中，具有较大的实用价值。

参 考 文 献

[1] 钟卫佳主编．铜加工技术实用手册．北京：冶金工业出版社，2007.

[2] 东北工学院《有色金属材料加工学》编写组．有色金属材料加工学（第三分册——挤压工艺）．沈阳：东北工学院出版社，1978.

[3] 马怀宪．金属塑性加工学．北京：冶金工业出版社，1991.

[4]《重有色金属材料加工手册》编写组．重有色金属材料加工手册（第四分册）．北京：冶金工业出版社，1980.

[5] 王祝堂，田荣璋主编．铜合金及其加工手册．长沙：中南大学出版社，2002.

[6] 谢建新，刘静安．金属挤压理论与技术．北京：冶金工业出版社，2002.

[7] 沈旦华．纵论铜棒品质的精密化．有色金属加工，2005（2）.

[8] 魏军．有色金属挤压加工技术的现状及其发展趋势．铜加工，2006（1）.

[9] 朱祖泽，贺家齐．现代铜冶金学．北京：科学出版社，2003.

[10] 王碧文，陈连英．中国潜流式连铸技术及产业化．2006 年中国铜加工技术创新文集，2006.

[11] 孙徐良．潜流式铜合金熔炼铸造技术．2006 年中国铜加工技术创新文集，2006.

[12] 刘召见．铜、铝杆生产工艺学．机械工业职业技能鉴定指导中心培训教材．

[13] 娄燕雄，刘贵材．有色金属线材生产．长沙：中南工业大学出版社，1999.

[14] Oriol G A，Giulio Properzi. 用 100% 废铜生产连铸连轧铜杆．黄崇祺译．电缆金属文集．2001.

[15] 张正榕．康特洛德法铜杆连铸连轧设备的特点．上海电缆研究所．金属线缆文集．2002.

[16] 肖恩奎．熔铜感应炉技术．铜加工，2005（3，4）.

[17] 福钦柯夫，谢梅诺夫．铍青铜在保护性气体介质中的熔炼．铜加工．2004（4）.

[18] 李宏磊，篓花芬．高性能铜合金材料研究进展．铜加工，2004（2）.

[19] 徐灏主编．机械设计手册（第一卷、第三篇　机械工程材料），北京：机械工业出版社 1995.

[20] 任鸿九，等．有色金属熔池熔炼．北京：冶金工业出版社，2001.

[21] 胡洪圣．上引连铸无氧铜工艺生产中的铜液在线定氧．铜加工，2003（2）.

[22] 姚若浩．稀土改善铅黄铜性能的作用与机理．铜加工，2004（4）.

[23] 钟卫佳，肖恩奎．铸锭的结晶组织及压力加工塑性．铜加工，2004（2）.

[24] 程镇康．锡青铜带生产技术的发展和几个关键问题的评述．铜加工，2005（1）.

[25] 赵新生．中国电线电缆行业市场预测及电工圆铜杆生产技术发展．中国铜加工技术创新文集，2006.

[26] 韩淑敏，刘刚，赵军．铸轧法生产 H65 黄铜带工艺研究．中国铜加工技术创新文集，2006.

[27] 山野辺宽，等．双带法连续铸造时铜凝固过程的数字模拟．铜加工，2003（3）．
[28] 过热度与晶粒组织．美国南方线材公司内部资料．
[29] SCR 连铸连轧培训材料．美国南方线材公司内部资料．
[30] 邓康，等．电磁脱氧-电磁连铸法生产高性能无氧铜新技术．中国铜加工技术创新文集，2006.
[31] 李廷举，等．锡青铜板带水平电磁连续铸造的研究．中国铜加工技术创新文集，2006.
[32] 程镇康，等．锌白铜板带坯水平连铸电磁搅拌与生产试验．中国铜加工技术创新文集，2006.
[33] 王碧文．焊接工业用铜合金．铜加工，2002（2）．
[34] 姚若浩．铜合金加工开裂现象述评．铜加工，2002（2）．
[35] 姚若浩，孙来保，王永生．中小型铜合金板带厂提高带材表面光亮度的途径与措施．铜加工，2000（3）．
[36] 姚若浩，刘朝金，刘建新，罗建宏．中小型铜合金线材厂拉伸润滑剂的应用．铜加工，2000（3）．
[37] 鹋隆司．铜及铜合金的发黑处理．铜加工，2005（1）．
[38] 姚若浩．关于添加 BTA 铜材冷加工润滑油的配制与性能．铜加工，2004（1）．
[39] 冯建平，聂勇．常见的铜管冷拉设备简介．铜加工，2005（3）．

冶金工业出版社部分图书推荐

书　　名	定价(元)
铜加工技术实用手册	268.00
铜加工生产技术问答	69.00
铜及铜合金精密带材生产技术	30.00
铜水(气)管及管接件生产、使用技术	28.00
冷凝管生产技术	29.00
铜及铜合金挤压生产技术	35.00
铜及铜合金熔炼与铸造技术	28.00
铜加工产品性能检测技术	36.00
铜合金管及不锈钢管	20.00
现代铜盘管生产技术	26.00
高性能铜合金及其加工技术	29.00
铝加工技术实用手册	248.00
铝合金熔铸生产技术问答	49.00
镁合金制备与加工技术	128.00
薄板坯连铸连轧钢的组织性能控制	79.00
彩色涂层钢板生产工艺与装备技术	69.00
铝合金材料的应用与技术开发	48.00
大型铝合金型材挤压技术与工模具优化设计	29.00
连续挤压技术及其应用	26.00
多元渗硼技术及其应用	22.00
铝型材挤压模具设计、制造、使用及维修	43.00
金属挤压理论与技术	25.00
金属塑性变形的实验方法	28.00
复合材料液态挤压	25.00
型钢孔型设计(第 2 版)	24.00
简明钣金展开系数计算手册	25.00
控制轧制控制冷却	22.00
金属塑性变形力计算基础	15.00
板带铸轧理论与技术	28.00
高精度板带轧制理论与实践	70.00
小型型钢连轧生产工艺与设备	75.00